L'AQUARIUM D'EAU DOUCE

DU MÊME AUTEUR

Les Mollusques. Introduction à l'étude de leur anatomie, développement, classification, principaux types et affinités.
    1er fasc. — Acéphales, Scaphopodes, Amphineures.
    2e fasc. — Gastéropodes.
    3e fasc. — Ptéropodes, Céphalopodes.
    (Un vol. in-8º de 260 p. et 342 fig. Paris, 1892).

Les Cyclostomes. — Le Peripatus. — Le Balanoglossus. — Développement des Anthérozoïdes. — Chimie du sang. — Les Crucifères. — Développement de l'appareil circulatoire. — Les Renonculacées. — Les feuilles du petit-houx. — La peau et ses dépendances chez l'homme. — Les Brachiopodes, etc. *(Bull des sciences naturelles.)*

Laboratoires de zoologie maritime. — Le Mimétisme. — La dissémination des graines. — Le protoplasme artificiel. — Mouvement général de la Botanique en 1891 et 1892. — Phénomènes intimes de la fécondation. — Physiologie des plantes phanérogames parasites. — Les lichens. — La coloration artificielle des fleurs. — Les moyens de défense des plantes contre les animaux, etc. *(Revue encyclopédique)*.

L'Argonaute de la Méditerranée. — La famine dans l'Inde. — Les organes des sens des araignées. — Un nouveau fourrage. — La Soya. — Solanées à cultiver, etc. *(La Nature)*.

La Prévoyance des fourmis. — L'aquarium d'eau douce. — Les associations entre animaux de même espèce. — Les plantes carnivores. — Les plantes médicinales. — Le Bernard l'ermite et ses commensaux. — Les Fucus. — L'Électricité animale, etc. *(La Science Moderne)*.

Les Animaux à projectiles — Le langage des singes. — Le langage sifflé, etc. *(Le Monde Illustré.)*

En Préparation :

La Chasse et la destruction des animaux nuisibles. 1 vol. in 18 jésus, de 350 pages avec 150 figures. cartonné. *(Bibl. des connaissances utiles)* . . . . 4 fr.

L'Amateur de Coléoptères. 1 vol. in-18 jésus de 350 pages avec 150 figures. cartonné. *(Bibl. des connaissances utiles)* . . . 4 fr.

L'Amateur de Papillons, 1 vol in-18 jésus de 350 pages avec 150 figures cartonné. *(Bibl. des connaissances utiles)*. . . . . . . 4 fr.

Lyon. — Imp. Pitrat Ainé, A. Roy Successeur, 4, rue Gentil. — 5330

BIBLIOTHÈQUE DES CONNAISSANCES UTILES

NOUVELLE COLLECTION

De volumes in-16 comprenant 400 pages, illustrés de figures intercalées dans le texte

à 4 francs le volume cartonné

40 volumes en vente. — Derniers volumes parus :

ARTS ET MÉTIERS

INDUSTRIE MANUFACTURIÈRE, ART DE L'INGÉNIEUR, CHIMIE, ÉLECTRICITÉ

BEAUVISAGE. Les matières grasses, caractères, falsifications et essai des huiles, beurres, graisses, suifs et cires

BREVANS (DE). La fabrication des liqueurs et des conserves.

GRAFFIGNY (H. DE). Les industries d'amateurs.

HALPHEN (G.). La pratique des essais commerciaux et industriels.

HÉRAUD Les secrets de la science et de l'industrie.

LACROIX-DANLIARD. La plume des oiseaux.

—— Le Poil des animaux.

LEFEVRE (J.). L'électricité à la maison.

MONTSERRAT (E. DE) et BRISAC (E.). Le gaz et ses applications.

PIESSE (S.). Histoire des parfums et hygiène de la toilette.

—— Chimie des parfums et fabrication des savons.

RICHE (A.). L'art de l'essayeur.

—— Monnaie, médailles et bijoux, essai et contrôle des ouvrages d'or et d'argent.

TASSART. Les matières colorantes et la chimie de la teinture.

—— L'industrie de la teinture.

VIGNON (L.). La soie.

WITZ (AIMÉ). La machine à vapeur.

ÉCONOMIE RURALE

AGRICULTURE, VITICULTURE, HORTICULTURE, ÉLEVAGE

BEL (J.). Les maladies de la vigne, et les cépages français et américains.

BELLAIR (G.). Les arbres fruitiers.

BOIS (D.). Le petit jardin.

—— Plantes d'appartement et plantes de fenêtres.

BUCHARD. Le matériel agricole.

—— Constructions agricoles et architecture rurale.

CAMBON. Le Vin et la pratique de la vinification.

DUJARDIN. Essai commercial des vins et des vinaigres.

FERVILLE. L'industrie laitière, le lait, le beurre et le fromage.

GOBIN (A.). La pisciculture en eaux douces.

—— La pisciculture en eaux salées.

GUYOT. Les animaux de la ferme.

LARBALETRIER. Les engrais.

LOCARD (A.). La pêche et les poissons.

MONTILLOT. L'amateur d'insectes.

—— Les insectes nuisibles.

RELIER. L'élevage du cheval.

ÉCONOMIE DOMESTIQUE

HYGIÈNE ET MÉDECINE USUELLES

DALTON (C.). Physiologie et hygiène des écoles, des collèges et des familles.

DONNÉ. Conseils aux mères sur la manière d'élever les enfants

ESPANET (A.). La pratique de l'Homéopathie simplifiée.

FERRAND (E.) et DELPECH (A.). Premiers secours en cas d'accidents et d'indispositions subites.

HÉRAUD. Les secrets de l'alimentation.

—— Les secrets de l'économie domestique, à la ville et à la campagne, recettes, formules et procédés d'une utilité générale et d'une application journalière.

LEBLOND et BOUVIER. La gymnastique et les exercices physiques.

SAINT-VINCENT (A.-C. DE). Nouvelle médecine des familles.

HENRI COUPIN

Licencié ès sciences naturelles et ès sciences physiques

Préparateur d'Histologie zoologique à la Sorbonne

L'AQUARIUM D'EAU DOUCE

ET SES HABITANTS

ANIMAUX ET VÉGÉTAUX

Avec 228 figures intercalées dans le texte

L'Aquarium — L'Eau et son aération
Les Plantes dans l'Aquarium
Chasse et transport des Animaux
L'Étude des Animaux
Les Protozoaires, les Cœlentérés
Les Spongiaires
Les Vers, les Crustacés et les Insectes
Les Mollusques
Les Batraciens et les Reptiles

PARIS

LIBRAIRIE J.-B. BAILLIÈRE ET FILS

19, RUE HAUTEFEUILLE, PRÈS DU BOULEVARD SAINT-GERMAIN

—

1893

PRÉFACE

Ce livre s'adresse aux jeunes naturalistes et aux gens du monde qui s'intéressent aux choses de la Nature. Prenant un sujet, en apparence un peu spécial, mais en réalité très vaste, nous nous efforçons de montrer que, sans grandes connaissances scientifiques préalables, et en ne se servant presque jamais du microscope, on peut faire, avec le plus simple des aquariums, une multitude d'observations aussi variées qu'intéressantes.

Nous indiquons les moyens de récolter, de conserver, d'étudier quelques-uns des types, animaux et végétaux pris en général parmi les plus communs et qui habitent nos fleuves, nos rivières, nos lacs, nos étangs et même la plus modeste mare.

L'étude des animaux *vivants*, envisagés dans leurs mœurs, leur biologie et leur évolution est, à notre avis, un peu délaissée par les amateurs. C'est un aperçu sur cet horizon que nous avons voulu donner ; nous osons espérer qu'après l'avoir lu, nos lecteurs seront bien convaincus qu'un aquarium n'est pas seulement un « récipient pour élever des poissons rouges », mais que, dans des mains même inexpérimentées, il peut devenir un sujet d'études des plus instructifs et des plus attrayants.

Pour la rédaction des chapitres, nous avons surtout fait appel à nos observations personnelles et à nos souvenirs.

Pour rehausser la valeur du texte, nous avons donné plusieurs extraits des auteurs les plus compétents qui se sont occupés de la question, tels que Trembley, Réaumur, Léon Dufour, Ed. Perrier, Vaillant, etc.

Enfin nous avons multiplié les figures autant qu'il était possible de le faire ; c'est là un point que nos lecteurs apprécieront, nous en sommes convaincu, tout particulièrement.

Henri COUPIN.

Paris, 15 Janvier 1893.

L'AQUARIUM D'EAU DOUCE

CHAPITRE PREMIER

L'AQUARIUM

Définition d'un aquarium. — Aquarium parallélipipédique. — Aquarium rustique. — Aquariums polygonaux. — Bocal à pied. — Rien ne vaut un cristallisoir. — Ses avantages multiples. — Cloche à melon retournée. — Garniture intérieure. — Bassin de jardin. — Mastics pour aquarium.

Le récipient dans lequel on fait vivre des animaux ou des plantes aquatiques s'appelle un *Aquarium* [1]. Rien n'est plus variable qu'un aquarium. La forme la plus habituelle, celle qu'on pourrait appeler, jusqu'à un certain point, la forme classique de cet appareil, est un parallélipipède rectangle dont les quatre faces latérales sont constituées par des plaques de verre, tandis que la

[1] Par extension on donne aussi le nom d'Aquarium à une salle renfermant des bacs à animaux : tel est l'Aquarium du Trocadéro, du Jardin d'acclimatation. Par extension aussi on donne le même nom aux établissements qui en contiennent : tel est l'Aquarium du Havre ; mais ce dernier terme tend à disparaître sous celui de Laboratoire. On ne dit plus l'*Aquarium* de Concarneau ; mais le *Laboratoire* de Concarneau.

face inférieure est résistante et la face supérieure est libre. De tels aquariums sont difficiles à construire soi-même : heureusement on les trouve facilement dans le

Fig. 1. Aquarium en cuivre poli, avec fond ardoise.

commerce. Jetons un coup d'œil sur les principales dispositions que l'on peut rencontrer.

Aquariums parallélogrammiques. — Voici d'abord (fig. 1) l'un des meilleurs, grâce à sa simplicité relative. Le fond est en ardoise ou en métal. Les arêtes du parallélpipède sont des lames de cuivre poli. L'avantage de cet aquarium est double : il est d'abord très solide et ensuite les baguettes qui relient les lames de verre sont très minces, ce qui ne cache pas à la vue l'eau intérieure.

Plus souvent, les marchands vendent des formes qu'ils appellent « rustiques ». Les arêtes sont ici constituées par une sorte de plâtras multicolore, garni de

FIG. 2. — Aquarium, imitation bois.

FIG. 3. — Aquarium en rocailles; avec une simili cascade
et un rocher artificiel.

rocailles qui simulent des bûches de bois (fig. 2) ou
des rochers (fig. 3). D'autres fois, dans les modèles dits
« riches », on augmente encore l'aspect artistique (?) en

Fig. 4. — Aquarium octogonal, reposant sur un pied.

imitant une sorte de cascade ou bien encore un château
fort, armé de tourelles, de ponts, de contre-forts, de cré-
neaux, etc. Tous ces appareils présentent un inconvénient grave pour le naturaliste qui ne cherche pas

seulement à « regarder des poissons rouges ». Les prétendus embellissements qui sont destinés à les orner sont très épais et diminuent la surface visible.

On ne vend pas seulement des aquariums quadrangulaires. Il peut y en avoir en forme de prismes à six ou huit faces (fig. 4), l'inconvénient que nous venons de signaler est ici encore augmenté. Ajoutons enfin, que la plupart ont des pieds très petits pour leur permettre d'être posés sur une table, sur une cheminée ou sur une fenêtre. On en fabrique aussi qui sont supportés par des pieds fort longs ou un petit meuble, soit en fer, soit en bois : ils peuvent alors se placer dans le coin d'une chambre, dans une serre ou dans un jardin.

Fig. 5 et 6. — Aquariums simples en cloche et en boule.

Bocaux. — On trouve encore dans le commerce une forme d'aquarium, celui-là tout en verre et d'une construction très simple (fig. 5 et 6) : c'est un bocal arrondi soit en forme de coupe, soit en forme de sphère, avec une ouverture généralement rétrécie, et supportée par un pied également en verre. Des modèles de cette nature ont l'avantage d'être transparents de tous les côtés ; mais ils présentent un inconvénient grave. La surface du récipient présente deux courbures, de telle sorte que l'eau interposée entre l'animal et le verre constitue, en quelque sorte, une loupe qui grossit la bête et en même temps la déforme sensiblement. En regardant un poisson, on voit, par exemple, le milieu de son corps très ventru, tandis que la tête et la queue se perdent dans le vague.

Aquariums simples. — Quel est donc le modèle d'aquarium que l'on doit choisir ? Ici, comme partout ailleurs, l'appareil le plus simple est encore le meilleur. Nous recommandons très vivement, à ceux qui veulent étudier les êtres aquatiques, ces grandes cuvettes tout en verre, que les chimistes appellent

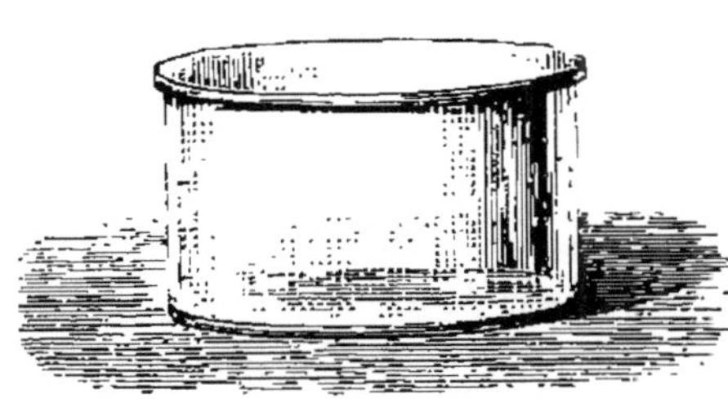

Fig. 7. — Cristallisoir, le meilleur des aquariums.

cristallisoirs (fig. 7) ; on peut s'en procurer facilement chez tous les marchands de verreries qui en possèdent de toutes les tailles. Les cristallisoirs offrent des avantages multiples. D'abord, étant entièrement en verre, ils suppriment l'emploi des montants en cuivre ou en pierre qui cachent à la vue une partie des animaux intérieurs. Leur forme cylindrique permet d'examiner par le côté et presque sans déformation, les animaux captifs. En outre et surtout, leur large ouverture supérieure permet de faire des observations très facilement, *non latéralement* comme dans les systèmes précédents, *mais par-dessus*. Et comme le fond est en verre, on peut placer l'aquarium sur des fonds de diverses couleurs sur lesquels se projettent nettement les sujets d'études : s'ils sont blanchâtres on fait reposer le cristallisoir sur du papier noir, s'ils sont foncés, on le fera reposer sur du papier blanc ; on ne peut rien imaginer de meilleur pour l'étude, car on aperçoit les plus petites bestioles et les moindres détails de leur organisation visible à l'œil nu. D'autre part, un point sur lequel nous aurons à revenir souvent, c'est la nécessité d'avoir, à côté du grand aquarium commun, destiné surtout au plaisir des yeux, plusieurs aquariums de tailles différentes dans chacun desquels on ne mettra qu'une ou deux espèces d'animaux, ceux-là destinés surtout à l'étude. Les cristallisoirs, avec leur taille variée et leur prix relativement modique, se prêtent fort bien à cette multiplicité, qui deviendrait fort onéreuse avec les modèles d'aquariums ordinaires.

Si l'on est dans une campagne isolée et que l'on ne puisse pas se procurer de cristallisoirs, le premier récipient venu pourra les remplacer : nous recommandons entre autres ces cuvettes en faïence blanche dans lesquelles on fait sa toilette; le fond blanc naturel fait très bien ressortir les animaux.

On pourra aussi employer avantageusement une cloche à melon retournée (fig. 8) : on pourra la faire reposer sur une table percée d'un trou circulaire, ou encore sur un de ces pieds sur lesquels, dans quelques jardins, on supporte des miroirs en forme de boules ; on pourra aussi, par un treillis de ficelles, la suspendre à une branche d'arbre.

Fig. 8. — Aquariums simples faits avec une cloche à melon et un bocal à conserves.

Les pots à confiture, les verres à boire et enfin les bocaux à cornichons sont particulièrement à recommander (fig. 8).

Pour terminer ce qui a trait à la partie matérielle de l'aquarium, nous n'avons plus qu'à rappeler que, dans les aquariums d'appartements, on place divers corps bruts dont l'utilité n'est pas toujours très grande. Ce sont d'abord des simili-rochers, faits en platras, que l'on vend au prix de 0 fr. 75 et au-dessus. Les uns imitent simplement un frêle rocher creusé par les eaux. D'autres sont massifs et alors servent généralement à contenir, en leur milieu, l'extrémité d'une monture pour jets d'eau. D'autres enfin, sont volumineux, poreux et creusés de cavités remplies de terre ou de pots dans lesquels poussent des plantes aériennes ou semi-aquatiques.

Beaucoup de personnes garnissent en outre le fond de l'aquarium de galets, de plantes artificielles, de coquillages, etc., dont le but est surtout de flatter les yeux.

Dans les aquariums d'étude, il vaut mieux laisser le fond tel quel. Il n'y a que dans certains cas que nous aurons soin d'indiquer, qu'il faut garnir le fond soit avec du sable fin de rivière qui a l'avantage de ne pas salir l'eau, ou, plus rarement, de vase que l'on a alors soin de recouvrir d'une couche de sable.

Bassin de jardin. — Les amateurs qui possèdent un jardin auront grand avantage à y faire creuser un bassin qui deviendra pour eux non pas un lieu d'observation, mais un lieu d'approvisionnement, en même temps qu'ils pourront y élever des poissons ne pouvant pas vivre dans des aquariums exigus. Ce sera un simple trou cylindrique, à fond et à parois mastiqués, au moins dans une partie de leur hauteur. On aura avantage à semer, sur tout le pourtour, du gazon dont les racines en allant plonger dans l'eau formeront un chevelu qui servira de repaire à une foule d'animaux. Tout au centre on placera un vieux baquet ou un vieux tonneau cerclé de fer, et rempli de terre où l'on fera pousser diverses plantes telles que des iris, des nénuphars, etc. Un système de tuyaux amène l'eau d'un réservoir voisin : on peut la faire aboutir au milieu des plantes et la faire jaillir, si possible, sous forme d'un jet d'eau.

Mastics pour aquariums. — Comme il arrive parfois que les aquariums du commerce *fuient*, il est bon de savoir comment on peut parer à cet accident. Voici la composition de divers mastics, tous également bons, surtout le premier.

1° On fond au bain de sable le mélange suivant et on l'applique à chaud.

Asphalte.	50 parties.
Résine.	50 —
Sable.	10 —

2° La glu marine, qui est un mélange d'asphalte, de caoutchouc et d'huile de lin, peut être employée, dissoute dans l'alcool absolu ou simplement fondue par la chaleur.

3° Une dissolution de 5 parties de gélatine dans de l'eau, additionnée de chromate de potassium. Cette préparation durcit à la lumière.

4° Le mastic de vitrier, en remplaçant une partie de la céruse par du minium.

5° Pour boucher les petites fentes, un mélange de litharge fine et de glycérine pure.

CHAPITRE II

L'EAU ET SON AÉRATION

Importance du renouvellement de l'eau. — Robinet d'arrivée.
— Tuyau de sortie. — Il doit aboutir à la surface. — L'eau
doit être aérée. — Emploi des trompes. — Dispositif de
M. Regnard. — Simple tube effilé. — Siphons divers.

Nous voici maintenant en possession d'un aquarium.
La première chose à faire est de le remplir d'eau et de
renouveler celle-ci fréquemment. En effet, la plupart
des animaux aquatiques puisent dans l'eau l'air qui y est
dissous, absorbent l'oxygène et rejettent de l'acide carbonique, gaz éminemment défavorable à la respiration.
Il en résulte que, si l'aquarium contient une assez grande
quantité d'animaux, ceux-ci ne tardent pas à mourir
asphyxiés par manque d'oxygène. Pour régénérer ce
gaz, on peut agir de deux façons, ou bien en renouve-
lant l'eau, ce qui revient à apporter une nouvelle quantité d'oxygène, ou bien, comme nous le verrons dans le
chapitre suivant, en plaçant dans le liquide des plantes
aquatiques. Mais il vaut mieux combiner les deux ma-
nières de procéder. Occupons-nous d'abord du renouvellement de l'eau.

Écoulement de l'eau. — Quand on le peut, on
fait construire un système de tuyaux amenant dans
l'aquarium l'eau qui en sort ensuite par un autre tube

venant aboutir dans le fond du récipient. Il faut régler au moyen de robinets le débit des deux ouvertures, de manière à ce que le niveau de l'eau reste constant. Le diamètre du tube de sortie n'a pas une importance très grande lorsque l'aquarium ne contient que de très gros animaux, comme des poissons ou des lymnées. Mais quand il contient des bêtes aussi petites que des Cyclopes, on comprend que ces bestioles, entraînées par le courant, disparaîtraient bien vite par l'orifice de sortie. Pour obvier à cet inconvénient, on peut recouvrir ce dernier d'un petit dôme en toile métallique, analogue à un dé ou à une cloche à fromage. Un meilleur procédé consiste en ceci : on perce le fond de l'aquarium d'un trou circulaire que l'on oblitère avec un bouchon de liège qui lui-même est traversé par un tube de verre d'assez grand diamètre. Le tube vient aboutir *à la surface* libre de l'eau (fig. 11). Ainsi, dès que le niveau du liquide s'élève, l'eau s'écoule par le tube sans créer de courant bien sensible : le diamètre du tube peut être quelconque, on sera toujours sûr que l'eau ne pourra pas passer par-dessus les bords de l'aquarium, de même qu'on sera sûr que le récipient ne se videra jamais.

Arrivée de l'eau. — La question de l'écoulement étant ainsi réglée, revenons à celle de l'arrivée. Il faut que l'eau soit très chargée d'air : si l'on se contente de faire arriver purement et simplement l'eau ordinaire, il peut se faire que l'air n'y soit pas en quantité suffisante pour permettre la respiration des animaux aquatiques. Il s'agit donc de la saturer d'autant d'air que l'on pourra.

Jet d'eau. — Un premier procédé consiste à faire arriver l'eau sous la forme d'un jet d'eau : les gouttelettes liquides, en retombant, disolvent une partie de l'air ambiant. Mais cette disposition, outre qu'elle n'est pas à la portée de tout le monde, a l'inconvénient de produire dans l'aquarium un remous continuel qui nuit aux observations : il n'est d'ailleurs employé que pour les aquariums « pittoresques » de serres ou pour les bassins des jardins.

Trompes. — Un second procédé est basé sur les propriétés des *trompes* (fig. 9). On sait que les appareils désignés sous ce nom sont basés sur le principe suivant. Soit un tube de faible diamètre se terminant dans un tube plus large et percé de trous en rapport avec l'extérieur. L'eau en s'écoulant adhère

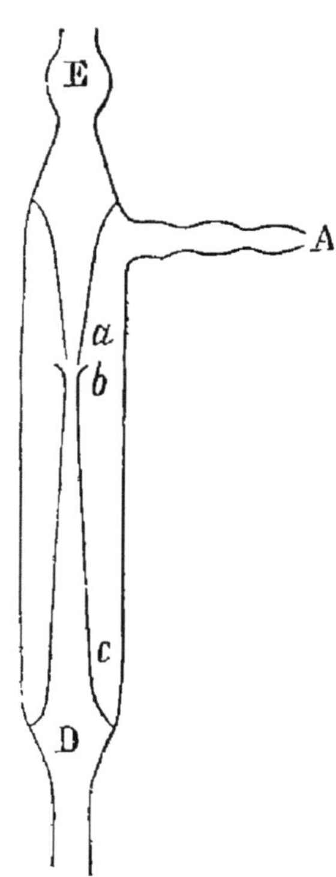

Fig. 9. — Schéma d'une trompe. L'eau arrive par E, se charge, en *ab*, d'air venu par A, et s'écoule en D dans l'aquarium.

fortement aux molécules de l'air voisin et les entraîne avec elle. L'air du tube large est bientôt remplacé par l'air extérieur qui se dissout ainsi au fur et à mesure. On a de cette façon un écoulement d'eau très oxygénée. M. Alvergniat a construit de petites trompes qui peuvent s'adapter au tube d'arrivée de l'eau, qui se trouve ainsi suffisamment aérée.

Dispositif Regnard. — Voici un autre procédé imaginé par M. P. Regnard [1] pour les aquariums d'eau de

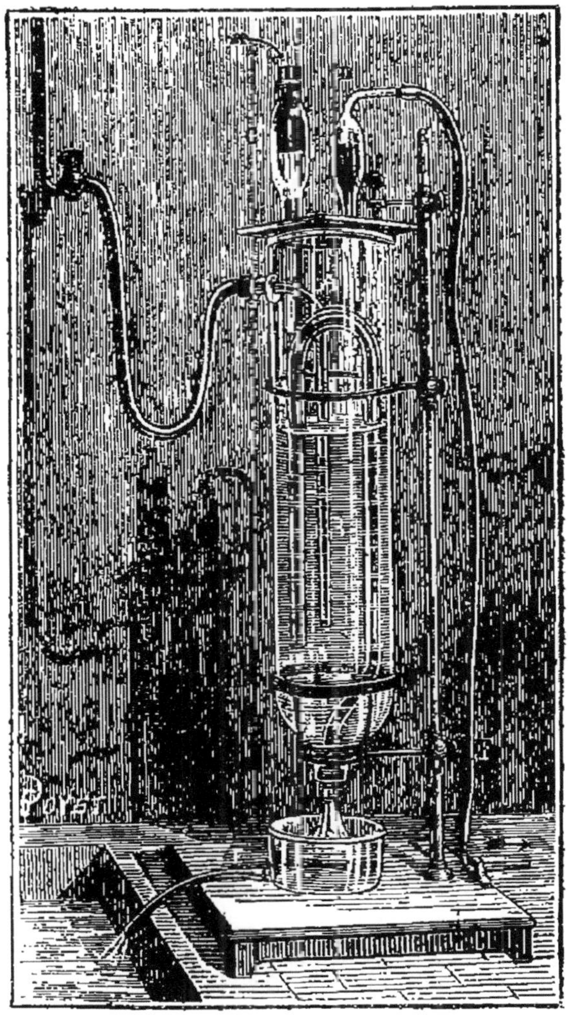

FIG. 10. — Appareil de P. Regnard pour la ventilation des aquariums.
(Voir l'explication des lettres dans le texte.)

mer et qui, bien entendu, peut s'appliquer aux aquariums d'eau douce (fig. 10). « Il est certain, par exem-

[1] P. Regnard, *Recherches expérimentales sur les conditions physiques de la vie dans les eaux*, Paris, 1891.

ple, dit–il, qu'on pourra faire vivre très longtemps dans la même eau des animaux aquatiques, si on fait barboter dans cette eau un courant d'air actif. C'est ainsi qu'on entretient les animaux marins dans des aquariums situés loin de la mer et où on ne peut renouveler facilement l'eau saline. Ces barbotages sont entretenus à grands frais par des trompes débitant une grande masse d'eau ou même par des machines soufflantes très coûteuses. En voici une que nous avons utilisée dès 1882 et qui nous a rendu les plus grands services pour conserver des animaux marins dans des endroits où nous ne disposions pas d'une masse d'eau ou d'une pression suffisantes pour faire manœuvrer des trompes. Notre appareil fonctionne simplement avec un courant d'eau sans pression, il dépense fort peu et coûte si bon marché que chacun peut le fabriquer dans son laboratoire. Il se compose (fig. 10) d'un tube conique A, fermé en haut par une plaque rodée, maintenue bien appliquée par une vis de pression. Dans l'intérieur de ce vase plonge un tube de verre en communication par un caoutchouc avec le robinet d'eau. Dans l'appareil se trouve un second tube B très large, ayant la forme d'un siphon de vase de Tantale. Ce gros tube B traverse un bouchon de caoutchouc qui ferme en bas l'appareil A ; il aboutit à un vase quelconque E, où l'eau se déversera tout à l'heure. La plaque supérieure est percée de deux trous. Dans l'un est luté un tube de verre C où se trouve une soupape de caoutchouc; dans l'autre est enfermé le tube D, muni d'une soupape inverse de la première. Voici comment fonctionne l'appareil : on ouvre le robinet d'eau. Celle-ci pénètre dans le vase A, elle le remplit et chasse l'air par la soupape D et le tube F jusque dans l'eau de l'aquarium. Puis dès que l'eau arrive à la crosse du tube B, le siphon de Tantale, qui constitue ce tube, s'amorce et, comme ce tube B est trois fois plus gros que le conduit de l'eau, le vase se vide très rapidement, bien que l'eau continue à y entrer. Cette évacuation produit une aspiration, fait pénétrer de l'air par la soupape C. Quand l'eau arrive en bas, tube E, le siphon se désamorce. Immédiatement, le vase se met à se remplir de nouveau en produisant l'insufflation, et cela se reproduit indéfiniment sans qu'on s'en occupe et avec une rapidité qui varie suivant la quantité dont on a ouvert le robinet d'eau. » L'avantage du dispositif de M. Regnard est donc de n'avoir pas besoin d'eau sous pression.

Emploi d'un tube effilé. — Les diverses dispositions que nous venons d'indiquer exigent, en somme, un matériel spécial. En voici un bien plus simple que nous avons vu employer aux Laboratoires de Roscoff et de Banyuls. Il consiste à faire arriver l'eau sous pression dans un tube de verre effilé au bout (fig. 11). L'eau qui en sort avec force forme un cône allongé qui, étant formé de gouttelettes distinctes, entraîne avec lui une multitude de bulles d'air qui vont tourbillonner dans l'eau de l'aquarium pour remonter en se dissolvant en partie : on a ainsi une eau très aérée. Il est vrai que le bouillonnement de l'eau empêche de rien y voir; mais lorsqu'on veut faire des observations on n'a qu'à fermer le robinet d'arrivée.

Siphons pour aquariums simples. — Dans les aquariums simples que nous avons décrits plus haut, on
pourra éviter toutes ces manipulations : 1° en plaçant
des plantes submergées (voir le chapitre suivant) ; 2° en
ne mettant qu'un petit nombre d'animaux dans une
grande quantité d'eau. Le liquide sera ainsi suffisam-

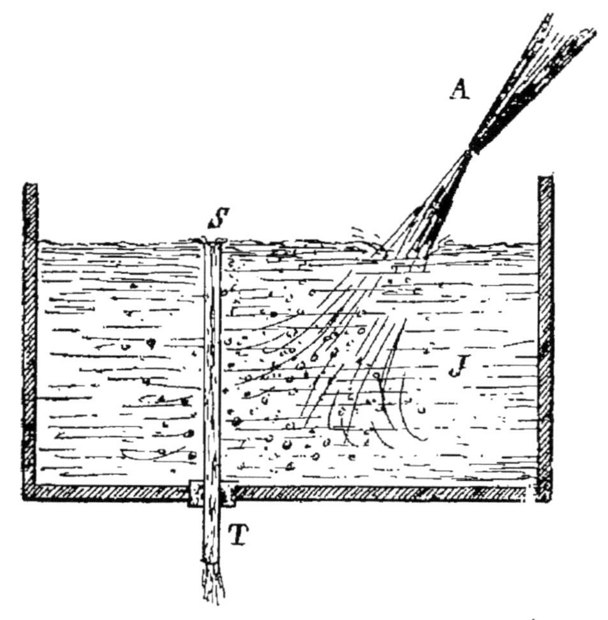

FIG. 11. — Schéma montrant comment on aère l'eau
avec un tube effilé. L'eau s'écoule en S par le tube T.

ment aéré. Il sera bon, néanmoins, de changer l'eau,
sinon tous les jours, du moins tous les deux ou trois
jours : d'abord pour éviter le trop grand développement
de certaines algues, telles que les conferves et ensuite
pour évacuer les particules de plantes qui se décomposent rapidement en dégageant des gaz délétères pour
nos hôtes.

Pour vider un aquarium, l'appareil tout indiqué est le *siphon* (fig. 12). On peut employer diverses formes. D'abord un tube de verre recourbé en U ou en V, dont un des côtés est plus long : la petite branche plonge dans le liquide, l'autre pend au dehors. On aspire par celle-ci et au moment où l'eau va arriver à la bouche, on retire les lèvres et l'eau coule alors aussi long-temps que l'on veut. Au fur et à mesure, on reverse

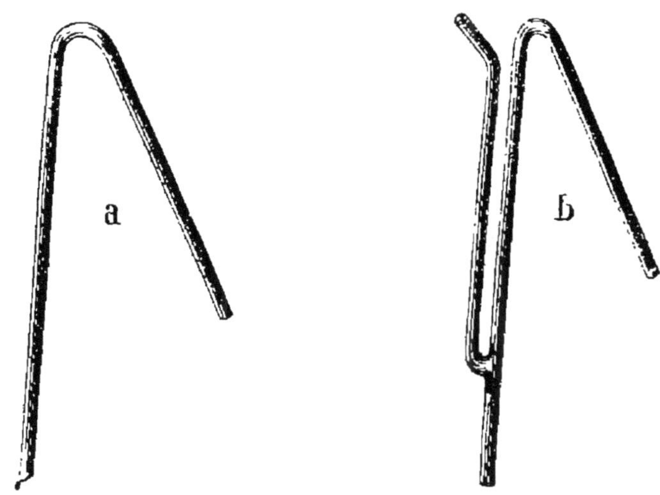

FIG. 12. — Siphon ordinaire pour vider l'eau d'un aquarium.

FIG. 13. — Siphon avec un tube spécial pour aspirer l'eau.

de l'eau bien propre dans l'aquarium et lorsqu'on suppose que celui-ci est suffisamment bien lavé, on retire le siphon. Le tube employé ne devra pas être trop large, car une partie des animaux passerait dans sa cavité ; il ne doit pas être non plus trop capillaire, car il se boucherait rapidement. On pourra aussi garnir l'extrémité du tube qui plonge dans l'eau d'une petite enveloppe faite en toile métallique. Avec cet appareil, il faut une certaine habitude pour ne pas avaler en aspirant de l'eau de l'aquarium, ce qui est toujours peu agréable et peu hygiénique. Aussi emploie-t-on de préférence la disposition représentée par la figure 13. Le tube étant placé comme précédemment, on bouche avec le doigt

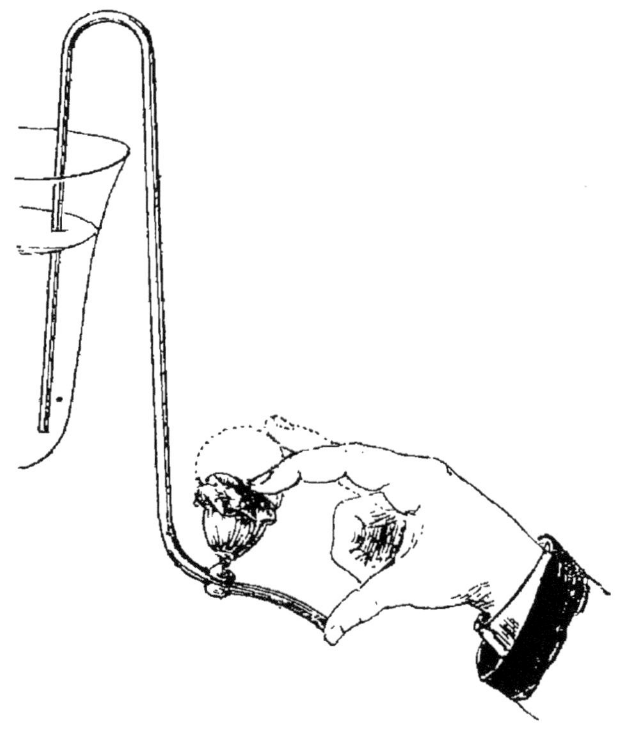

Fig. 14. — Siphon à poire de caoutchouc, évitant l'aspiration par la bouche.

l'extrémité du tube qui est dans l'air. On aspire par le tube vertical et quand l'eau arrive au contact du doigt, on cesse l'aspiration : l'écoulement continue.

Le modèle de la figure 14 est également avantageux. On place encore le tube comme tout à l'heure, on bouche avec le doigt l'extrémité libre et, on presse la poire de caoutchouc, puis on la laisse se dilater jusqu'à ce que l'on sente l'eau arriver jusqu'au doigt, que l'on enlève.

Enfin, voici un procédé très simple et peut-être le plus pratique : on prend un tube de caoutchouc que l'on plonge obliquement dans un seau plein d'eau ; l'air intérieur sort et se trouve remplacé par le liquide. Quand on juge qu'il en est rempli, on le pince aux deux extrémités avec les mains et on le place sur le bord de l'aquarium comme nous l'avons fait tout à l'heure, pour le siphon de la figure 12. On cesse alors de pincer le tube qui, plein d'eau, continue à jouer le rôle de siphon.

A défaut de tube de caoutchouc, on peut prendre une simple corde humide qui jouit des mêmes propriétés : l'écoulement se fait plus lentement.

CHAPITRE III

LES PLANTES DANS L'AQUARIUM

Utilité des plantes. — Fonction chlorophyllienne. — Simple expérience. — Expérience de M. Gréhant. — Avantages multiples des plantes. — C'est M. des Moulins qui les a employées le premier. — Il ne faut pas mettre trop de plantes dans l'aquarium.

Un renouvellement continuel de l'eau est indispensable dans les grands aquariums où l'on élève un grand nombre d'animaux. Dans les aquariums d'appartement

ou d'études on pourra se contenter d'y mettre certaines plantes qui suffiront à donner à l'eau assez d'oxygène pour permettre la vie des animaux.

Utilité des plantes aquatiques. — Voyons d'abord
le mode d'action de ces plantes ; nous ne tarderons pas
à en comprendre l'utilité. Les animaux, en effet, en
respirant, absorbent de l'oxygène et rejettent de l'acide
carbonique ; s'ils sont aquatiques, l'acide carbonique
se dissout, et, l'eau devenant de moins en moins riche en
oxygène, ils ne tardent pas à périr. Les plantes vertes respirent comme les animaux ; mais en outre elles sont
douées d'une propriété spéciale, à laquelle on a donné le
nom de *fonction chlorophyllienne*, parce qu'elle est due
à la présence d'une matière colorante verte, la *chlorophylle*. Grâce à celle-ci, les végétaux décomposent
l'acide carbonique, fixent sur eux le carbone et rejettent de l'oxygène ; mais ce phénomène ne se produit
qu'à la lumière. Une plante verte exposée aux rayons du
soleil est donc le siège de deux phénomènes en sens
inverse : 1° Respiration (absorption d'oxygène ; rejet
d'acide carbonique); 2° fonction chlorophyllienne (absorption d'acide carbonique et rejet d'oxygène). Mais
les choses se passent de telle façon que le second
phénomène l'emporte en général de beaucoup sur le
premier : en définitive, on aura donc *un rejet d'oxygène*. Ce fait est facile à mettre en évidence ; prenons
une plante aquatique submergée, telle qu'une algue
ou un *Myriophyllum*, plaçons-la sous une éprouvette
ou simplement un verre à boire, complètement rempli
d'eau et reposant sur le même liquide (fig. 15). Expo-

sons le tout au soleil; nous ne tarderons pas à voir apparaître sur la plante des petites bulles de gaz qui

Fig. 15. — Une plante placée au soleil, dans une éprouvette remplie d'eau, dégage de l'oxygène.

vont grossir petit à petit et qui, lorsqu'elles auront atteint une certaine taille, vont se détacher pour aller s'accumuler au sommet de l'éprouvette. Au bout de quelques heures nous aurons ainsi recueilli une quantité notable de gaz. On retourne l'éprouvette avec les précautions habituelles et on y plonge une allumette présentant encore un point en ignition qui s'y rallume instantanément, nous indiquant ainsi que le gaz est bien de l'oxygène. A vrai dire les premières bulles qui se dégagent se dissolvent dans l'eau et ce n'est que lorsque l'eau est saturée d'oxygène qu'elles s'échappent au sommet de l'éprouvette.

Expérience. — Ainsi quand on met dans un bocal des animaux et des plantes, les premiers fournissent de l'acide carbonique aux secondes, et celles-ci en échange leur donnent de l'oxygène : d'où une entente parfaite. Les expériences suivantes, effectuées par M. Gréhant [1], montrent bien l'importance de cette réciprocité. « Une des plus belles expériences de Priestley, dit-il, consiste

[1] Gréhant, *Comptes rendus de l'Académie des sciences*, 2e sem., 1886.

Fig. 16. — L'étang. — Phragmites commun (en feuilles). Salicaire. Nénuphar blanc.

à placer, sous une cloche fermée, de petits mammifères, des souris par exemple, jusqu'à ce que l'air devienne irrespirable par suite de l'absorption de l'oxygène et du dégagement de l'acide carbonique. Si l'on introduit dans le milieu vicié un pied de menthe couvert de feuilles, et si l'on expose la cloche au soleil, au bout d'un certain temps, une souris introduite dans la cloche respire et vit parfaitement : l'acide carbonique a été décomposé par la chlorophylle sous l'influence de la lumière et a été remplacé par du gaz oxygène. J'ai réalisé une expérience analogue et facile à répéter. On prend deux éprouvettes à pied, d'une capacité de 1 litre environ, que l'on remplit d'eau ordinaire et qui reçoivent chacune un poisson ; on choisit deux cyprins de même volume. Dans l'une des éprouvettes, on introduit en même temps de 15 à 20 grammes de feuilles de *Potamogeton lucens* bien vertes ; les récipients remplis d'eau sont fermés par des membranes de caoutchouc, et il est bon de les immerger horizontalement dans un aquarium traversé par un courant d'eau froide. Au bout d'un temps variable, qui dépend du volume des poissons et de la température, au bout de cinq heures dans mes expériences, l'un des poissons, celui qui est placé dans l'eau pure perd l'équilibre, se dispose horizontalement ou tourne sur son axe : c'est un signe de l'asphyxie. Si l'on fait alors l'extraction des gaz de l'eau, à l'aide de la pompe à mercure, on trouve que les gaz ne renfermaient plus trace d'oxygène. L'autre poisson, au contraire, continue à nager au milieu des feuilles. Des bulles de gaz libre se sont dégagées dans l'éprouvette ; on extrait les gaz de l'eau.

Fig. 17. — Bords d'une rivière en juin. — Sagittaire.
Spirée Reine des prés. Renoncule d'eau.

Après avoir absorbé l'acide carbonique, qui est en quantité moindre que dans l'expérience précédente, on trouve, dans le mélange d'azote et d'oxygène, jusqu'à 30 pour 100 d'oxygène : ce poisson se trouve donc dans les meilleures conditions physiologiques ».

Après ce que nous venons de dire, pensons-nous, il ne fera aucun doute pour personne que les plantes sont, dans notre aquarium, d'une importance capitale pour la respiration et par suite la conservation de nos animaux. Elles sont aussi utiles à d'autres points de vue. D'abord, en les apportant dans l'aquarium, on amène avec elles une foule d'animaux, de larves, de pontes, dont on n'aurait pas soupçonné l'existence, si, une fois dans le bocal, on n'avait pu les étudier avec soin. Ensuite quelques animaux aquatiques sont herbivores ; les plantes leur servent de nourriture. En outre, elles servent de refuge naturel à nos captifs qui peuvent s'y cacher et s'y reposer de temps à autre. Enfin elles donnent à l'aquarium, un pittoresque qui n'est pas à dédaigner, quand il s'accompagne d'utilité.

Découverte de l'utilité des plantes pour les animaux aquatiques. — Quel est le naturaliste qui a eu le premier l'idée d'introduire des plantes dans un aquarium ? D'aucuns veulent attribuer cette découverte à Robert de Warington, mais on a reconnu que la priorité appartenait incontestablement à Charles des Moulins [1],

---

[1] Ch. des Moulins, Moyens d'empêcher la corruption dans les locaux où l'on conserve des animaux aquatiques vivants (*Actes de la Société linnéenne de Bordeaux*, 23 septembre 1830).

Fig. 18. — Bord d'un étang en été. — Hippuris vulgaire.
Alisma plantain d'eau. Carex des rives.

savant, bordelais, et, comme son mémoire est peu connu
nous tenons à en reproduire ici une partie.

« L'étude *de la vie* est des plus importantes en histoire naturelle, même pour la classification régulière des
êtres que nous placerons dans nos collections lorsqu'ils
en seront privés ; car, sans parler des animaux que leur
petitesse et leur peu de solidité ne permettent d'étudier
que sur le vivant, il en est un grand nombre dont l'habitation favorite, le mode de locomotion, la nourriture,
l'accouplement, etc., peuvent fournir des caractères plus
tranchés et plus faciles à saisir que ceux qui sont offerts
par l'inspection des organes privés de vie. Mais cette
étude est souvent très difficile, souvent même impossible
à suivre dans tous ses détails. Les animaux terrestres,
à quelque classe qu'ils appartiennent, présentent presque
toujours, sous ce rapport, des obstacles insurmontables
à l'observation.

« Il n'en est pas de même de ceux qui vivent exclusivement dans les eaux douces. Isolés, par le milieu
qu'ils habitent, de toute influence atmosphérique et, par
leurs sensations généralement obtuses, de l'influence
fâcheuse que la présence et les mouvements de l'observateur exerceraient sur des animaux supérieurs en intelligence, ils peuvent jouir, dans nos appartements, d'une
liberté pleine et entière ; et à l'exception de l'eau cou-
rante, qui n'est nécessaire qu'au plus petit nombre d'entre eux, nous pouvons les entourer de toutes les conditions d'une existence absolument semblable à celle dont
ils jouissent dans les fontaines, les fossés, les étangs et
les marais, localités dans lesquelles je conviens qu'il est

impossible d'étudier assidûment et en détail. Mais, dira-t-on, les animaux ne seront ni véritablement libres ni entièrement livrés à leurs habitudes naturelles, dans des bocaux où il faudra renouveler souvent l'eau pour empêcher sa putréfaction : on bouleversera ces petits êtres, on perdra leurs œufs, on ne pourra observer ni leur reproduction ni leurs mœurs, ni leur accroissement, ni la durée de leur vie.

« J'ai cru longtemps aussi que cet obstacle était insurmontable ; il n'y a guère que cinq mois que le hasard m'a fait faire une expérience qui lève toutes les difficultés. J'en ai présenté les détails à la Société Linnéenne, dans une notice où j'exposais les avantages que la science pourrait retirer d'une étude, plus assidue qu'on ne l'a fait jusqu'à ce jour, de la botanique et de la zoologie des eaux douces. Depuis lors, quelques savants naturalistes ayant examiné avec intérêt ma petite colonie d'animaux aquatiques, j'ai pensé qu'il ne serait pas sans utilité de donner de la publicité à son origine, à ses progrès, et à l'état dans lequel je l'ai laissée en partant pour la campagne, 125 jours après le dernier renouvellement de l'eau du bocal.

« Les Planaires que j'avais rapportées du Périgord en mars, et qui ont fait l'objet du mémoire que j'ai publié [1], étaient fort diminuées en nombre et en grosseur. Les jeunes individus grandissaient à peine, et la plupart d'entre eux avaient même disparu : je voyais

---

[1] Ch. des Moulins, *Actes de la Société Linnéenne*, troisième livraison du quatrième volume.

que ceux qui me restaient encore souffraient de faim
et qu'ils étaient malades quand je tardais à changer l'eau
du bocal, où il n'y avait aucun végétal vivant. Cependant, je voulais les conserver, et je leur donnais
de temps en temps de
l'eau fraîche. Dans les
premiers jours d'avril,
ayant passé une se-
maine sans pouvoir
m'occuper de cet objet,
j'aperçus qu'il se dé-
veloppait beaucoup de
conferves dans le bocal.
J'espérai qu'elles four—

Fig. 19. — Un coin d'étang. — Utriculaire. Potamot nageant.
Scirpe des étangs.

niraient quelque nourriture aux Planaires, et je renouvelai l'eau avec précaution, de manière à ne pas dé-
truire ces filaments légers, nombreux et allongés qui
me cachaient l'intérieur du bocal. Au bout d'une quin-

zaine de jours, les conferves disparurent en grande partie, et l'eau me parut plus pure qu'à l'ordinaire. Il restait seulement sur un morceau de bois pourri, sous lequel les Planaires lactées se mettent à l'abri de la trop grande lumière, de très petites touffes confervoïdes d'un beau vert d'émeraude foncé, qui ne tardèrent pas à disparaître aussi. Depuis lors, je n'ai plus vu aucune production de cette sorte.

« Le 25 avril, je rapportai de la campagne une pincée de *Riccia fluitans* et de *Lemna minor*, que je mis dans le bocal avec des Planorbes, des Physes et des Limnées que je voulais étudier. J'y versai en même temps l'eau que j'avais rapportée des fossés stagnants où j'avais récolté ces divers objets. Elle contenait de gros Cyclopes verts avec leurs paquets d'œufs, et une autre espèce plus petite, blanchâtre, ainsi que des Daphnies. La température était élevée pour la saison, et l'eau, recueillie depuis plus de vingt-quatre heures, était fort sale et déjà sensiblement puante.

« Mon étonnement fut grand, lorsque le lendemain, je trouvai toute l'eau du bocal pure et transparente comme du cristal et absolument sans odeur. Je résolus de ne plus changer l'eau du tout, cette expérience m'a parfaitement réussi. Je me suis borné, lorsque l'évaporation en avait enlevé un demi-pouce ou un pouce, à y ajouter, soit de l'eau propre, soit de l'eau de ruisseau ou d'étang que je rapportais de mes excursions. Je me suis procuré un bocal plus grand où j'ai versé tout le contenu du petit ; là, la touffe de *Riccia* a triplé de volume ; les Lentilles d'eau ont pullulé dans la même proportion, et les détritus qui proviennent de leur décomposition successive forment au fond du bocal une sorte de vase très fine et peu abondante qui suffit pourtant à la demeure des animaux qui ne vivent pas habituellement en pleine eau. Il est donc hors de doute que c'est à la végétation vigoureuse de ces plantes que je dois la conservation de la transparence, de la pureté et de la salubrité du liquide.

« L'expérience que je viens de relater nous conduit à une remarque générale et bien importante : sans les plantes flottantes que la bonté de la divine Providence a répandues avec tant de profusion sur les eaux stagnantes, les habitants des contrées marécageuses périraient, dévorés par les fièvres épidémiques. Mais le carbone, dégagé par la décomposition des tissus organiques, est absorbé par ces végétaux aquatiques, employé à leur nutrition, et ils fournissent en échange, une exhalation abondante d'air respirable et salubre.

« Je pourrais borner ici cette note, puisque j'ai appelé l'attention des observateurs sur un moyen si simple et si facile de préserver l'eau de la corruption. Cependant, pour atteindre plus complètement le but que je me suis proposé, je ne crois pas hors de propos de donner quelques détails sur les divers animaux que j'ai conservés dans mon petit étang factice, et sur la manière dont ce séjour a influé sur leur santé et sur leurs produits. En effet, mon expérience est très imparfaite. Il faut qu'elle soit répétée, modifiée, étendue par les naturalistes qui s'occupent de ces sortes d'études, pour que la science puisse en retirer tous les avantages que ce premier succès fait espérer. Privé, par mes occupations, de faire de fréquentes excursions à la campagne, je ne puis me procurer, pour mes animaux captifs, les diverses sortes de nourriture appropriées à leurs besoins ; et il est hors de doute que plusieurs d'entre eux en souffrent...

« Je n'ai pas assez varié mes observations sur les végétaux qui peuvent, à défaut du *Riccia*, remplir le même but. Je présume que les *Lemna* suffiraient pour l'atteindre. J'ai mis dans un bocal, le 1er juillet, huit ou dix individus de *L. polyrhiza* : non seulement leur végétation n'a pas été interrompue, mais encore ils se sont propagés. Vers le milieu de juin, j'y ai mis une tige très rameuse de *Fontinalis antipyretica*. Quoiqu'elle ne tienne à rien, elle n'avait rien perdu de sa fraîcheur au 1er septembre, et même ses jets avaient poussé de nouvelles feuilles et s'étaient sensiblement allongés. Je n'ai fait qu'une observation relative aux plantes aquatiques qui ne peuvent végéter sans racines et sans terre. Une sommité de rameau de *Potamogeton lucens* s'est conservée très fraîche pendant plus d'un mois, et lorsque ses feuilles se sont décomposées, cela a eu lieu d'une manière graduelle, qui permettrait l'examen le plus détaillé de leur structure et de leur organisation. »

Quantité de plantes à employer. — L'importance des plantes étant une fois pour toutes bien établie, nous terminerons par une remarque très importante à notre avis, car, que nous sachions, on ne l'a jamais faite.

Comme on ne voit dans la plante qu'un pourvoyeur d'oxygène, on est tenté de croire que, plus il y a de végétaux verts dans l'aquarium, et mieux les animaux se porteront. Les marchands d'animaux aquatiques se laissent prendre à cette fausse apparence et nous avons souvent vu leurs aquariums, littéralement comblés par des touffes d'*Elodea* et de *Myriophyllum*. Or, en ne regardant que les choses ainsi, on n'envisage qu'un côté de la question. Oui, es plantesfournissent de l'oxygène, mais *seulement pendant le jour*, quand le soleil nous éclaire. Mais, pendant la nuit, les choses changent, la fonction chlorophyllienne étant supprimée, la respiration seule subsiste; les plantes *absorbent de l'oxygène et rejettent de l'acide carbonique*. Pendant huit à dix heures d'obscurité donc, animaux et plantes vont agir sur les gaz dans le même sens et pour peu que les plantes soient en assez grand nombre, tout l'oxygène va être absorbé et les animaux vont mourir ! Nous conseillons donc d'employer *très peu* de végétaux : d'abord parce que, pendant le jour, une petite touffe de plante suffit à aérer l'eau ; ne voit-on pas des bulles d'oxygène se détacher de leur surface constamment ? Si l'eau n'était pas saturée, ces bulles ne tarderaient pas à se dissoudre. Ensuite, parce que pendant la nuit, l'influence des plantes est non seulement inutile mais encore nuisible. Moins il y aura donc de plantes, et plus cette action nocive sera supprimée. Mais, nous dira-t-on, quelle quantité faudra-t-il donc employer ? A cela, il est bien difficile de répondre; ce n'est qu'en expérimentant soi-même, qu'avec quelques tâtonnements on arrivera à résoudre la question. Il y aurait bien un moyen de la résoudre, mais disons tout de suite qu'il ne nous semble pas pratique; ce serait de laisser les plantes dans l'aquarium pendant le jour et de les retirer pendant la nuit.

En résumé, nous conclurons que, pour conserver bien vivants des animaux aquatiques, il faut en mettre une *petite* quantité dans un *grand* récipient, avec une *petite touffe* de plante submergée.

CHAPITRE IV

LES PLANTES AQUATIQUES

Classification des plantes au point de vue de leur utilité dans l'aquarium. — Plantes submergées. — Comment on les récolte et comment les cultive. — Algues. — Une plante qui marche. — Fontinale. — Volants d'eau. — Cornifles. — Chara. — Utriculaire. — Rôle des outres. — Potamots. — Elodea. — Renoncules d'eau. — Influence des milieux. — Cresson. — Châtaigne d'eau. — Vallisnérie. — Sa curieuse histoire. — Lentilles d'eau. — Salvinia. — Azolla. — Plantes décoratives.

Examinons maintenant quelles sont les plantes qui conviennent le mieux à notre aquarium, et donnons quelques détails sur chacune d'elles : un aquarium n'est pas seulement un lieu d'étude pour les animaux : il doit l'être aussi pour les végétaux.

En se reportant à ce que nous avons dit du mode d'action des plantes, on se rendra compte qu'un végétal remplira le mieux les conditions qu'on lui demande, quand l'oxygène pourra se dissoudre dans l'eau : les meilleures plantes sont donc les *herbes submergées*.

Il y a une deuxième catégorie de plantes qui rempliront un peu moins bien les mêmes *desiderata* : ce sont les *plantes flottantes;* ces êtres étant mi-partie dans l'air et mi-partie dans l'eau, ne dégageront d'oxygène utile pour les animaux que par une seule de leurs faces, celle qui est en contact avec le milieu humide.

Il y a enfin les *plantes amies de l'eau*, qui vivent, la base de leur tige dans l'eau, tandis que leurs feuilles et leurs fleurs viennent s'épanouir à l'air : celles-là ne seront utiles que pour décorer l'aquarium.

On peut encore établir des subdivisions dans ces trois groupes. Ainsi, parmi les plantes submergées, la plupart sont, dans la nature, implantées dans la vase au fond de l'eau, par des racines qui y puisent la nourriture. Très généralement, lorsque nous les arrachons dans une mare ou dans un ruisseau, nous enlevons seulement des lambeaux de la tige. Alors quand nous les mettrons dans l'eau, il en est qui continueront fort bien à croître et à se développer comme si de rien n'était. D'autres agiront de même pendant une semaine ou deux, puis finiront par pourrir et se décomposer; il faudra alors les enlever avec soin et les remplacer par d'autres. Evidemment les premières sont les plus utiles, mais les secondes rendent les mêmes services, avec cette différence toutefois, que leur renouvellement est nécessaire.

D'autre part, parmi les plantes flottantes, on peut disting er : 1° celles qui vivent librement sans avoir de support solide : ce sont celles qu'il faudra préférer ; 2° celles qui ont besoin d'avoir leurs racines dans le sol : leur culture est plus difficile que celle des premières.

Pour les plantes du troisième groupe, nous indiquerons pour chacune d'elles ce qu'il y a à en dire au point de vue cultural. Ceci dit, voici le tableau des principales plantes que nous avons à considérer.

<table>
<tr>
<td rowspan="12">1. PLANTES SUBMERGÉES</td>
<td>a. Pouvant vivre librement. . . .</td>
<td>Algues (Spirogyra, etc.)
Mousses(Fontinalis, Sphagnum, etc.)
Myriophyllum (fig. 23). Callitriche
Ceratophyllum (fig. 24). [(f.25).
Chara (fig. 26).
Utriculaire (fig. 27), etc.</td>
</tr>
<tr>
<td>b. Vivant temporairement détachées de leurs racines .</td>
<td>Potamogeton (fig. 28).
Elodea.
Naïas (fig. 29).
Renoncules aquatiques (fig. 30).
Cresson.
Trappa (fig. 31).
Vallisnérie (fig. 32), etc.</td>
</tr>
</table>

<table>
<tr>
<td rowspan="12">2. PLANTES FLOTTANTES</td>
<td>a. Libres naturellement. . . . .</td>
<td>Lemna.
Salvinia (fig. 33).
Azolla (fig. 34).
Stratiotes, etc.</td>
</tr>
<tr>
<td>b. Vivant seulement plantées . . . .</td>
<td>Nymphœa (fig. 35).
Nuphar (fig. 36).
Hydrocharis (fig. 37).
Sagittaires (fig. 38).
Nelumbo.
Hippuris (fig. 41).
Polygonum amphibium (fig. 40).
Aponogeton, etc.</td>
</tr>
</table>

<table>
<tr>
<td>3. PLANTES AÉRIENNES . .
(Semi-aquatiques).</td>
<td>Alisma (fig. 43).
Butomus.
Acorus.
Pédiculaire des marais.
Carex (fig. 18), Scirpus (fig. 19), Linaigrette.
Cyperus. Œnanthe.
Typha (fig. 42).
Joncs.
Sagittaires.
Iris.
Salicaires.
Myosotis aquatiques.
Veronica. Sparganium, etc.</td>
</tr>
</table>

Récolte et conservation de plantes. — La plupart de ces plantes se récoltent facilement à la main, quand elles ne sont pas trop éloignées de la rive. Pour celles qui en sont éloignées, comme cela arrive souvent pour les renoncules d'eau et les potamots, on pourra aller les chercher à l'aide d'un bateau. Mais lorsque l'on n'a pas ce moyen, de locomotion à sa disposition, voici le procédé que l'on emploie. On se sert d'un gros crochet en fer, présentant deux, trois ou mieux quatre branches ; on l'attache solidement avec une forte corde et on le lance sur la touffe que l'on désire. La plante s'accroche à cette sorte d'hameçon ; on tire la corde doucement et on amène peu à peu l'hameçon sur le bord, généralement couvert de rameaux verts et tout ruisselants. A défaut de crochet, on le remplace par une pierre solidement attachée, ou bien on lie un caillou avec deux ou trois branches d'arbre détachées.

Quant aux plantes qui demanderont de la terre pour vivre, on se servira d'un pot de fleur ordinaire que l'on remplira de terre végétale. Mais on aura soin de recouvrir celle-ci d'une couche assez épaisse de sable bien pur. Ce sable permettra à l'eau de circuler dans la vase, tout en empêchant la terre intérieure de salir l'eau ambiante. Pour les plantes flottantes, on pourra mettre le vase très profondément dans l'aquarium. Au contraire pour les plantes du troisième groupe, on le mettra plus haut, à quelques centimètres seulement du niveau de l'eau : il n'y aura ainsi que quelques centimètres de la plante qui plongeront dans le milieu liquide.

Ces considérations générales étant données, passons

maintenant rapidement en revue, les plantes qui nous occupent.

Algues. — Les algues sont des végétaux très précieux pour l'aquarium, car elles servent de repaire à une foule d'animaux, et de plus elles remplissent très énergiquement le rôle de pourvoyeuses d'oxygène. Extérieurement les algues de grande taille des eaux douces ont presque toutes le même aspect : ce sont des filaments verts, fins comme des cheveux et enchevêtrés en un paquet inextricable : on les voit flotter dans l'eau comme une chevelure abandonnée par une naïade. Ce n'est qu'au microscope que l'on peut déterminer les genres et les espèces. Les filaments verts appartiennent à quatre genres principaux.

1° Les *Conferves*, qui, à un faible grossissement, se montrent formées de cellules à contenu vert mises bout à bout ; on reconnaît les cloisons qui séparent les cellules à des bandes transversales plus claires.

2° Les *Spirogyres*, qui comptent parmi les plus jolies algues que l'on puisse examiner au microscope : chaque filament est formé d'une file de cellules et dans chacune de celles-ci, on voit une spirale verte extrêmement élégante : tout le filament est ainsi parcouru d'une extrémité à l'autre par une bande spiralée du plus joli effet.

3° Les *Sirogones*, qui ressemblent aux précédentes, avec cette différence que, dans chaque cellule, il y a trois ou quatre bandes vertes, non spiralées.

4° Enfin, les *Zygnèmes*, où les cellules renferment deux étoiles vertes.

Toutes ces algues vivent très bien dans l'aquarium; elles se multiplient abondamment. Il faudra même veiller à ce que cette multiplication ne soit pas trop forte, car, si l'on n'y prenait garde, les conferves auraient bientôt envahi tout l'aquarium.

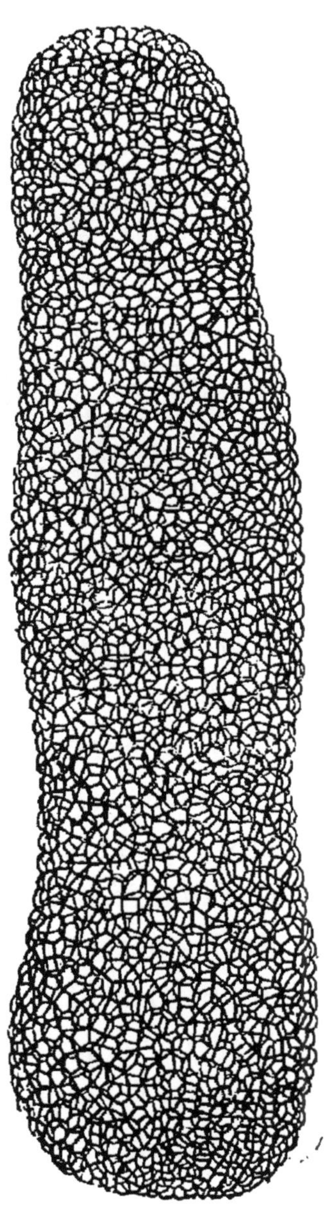

Fig. 20. — Réseau d'eau (*Hydrodictyon*).

En pêchant des animaux, on pourra parfois trouver des sortes de longs boyaux verts qui flottent au gré de l'eau : ce sont des *Hydrodictyon* (fig. 20); ils peuvent atteindre plusieurs décimètres et sont environ cinq à six fois plus longs que larges. Lorsqu'on examine d'un peu près ce tube vert, on voit que c'est un sac creux à l'intérieur, et dont la paroi est percée de nombreuses mailles hexagonales ou pentagonales : en raison de cette disposition qu'on ne peut mieux comparer qu'à celle d'un résille, on appelle souvent l'algue le *Réseau d'eau.*

On pourra aussi trouver une autre algue, appelée *Volvox*, qui se présente sous l'aspect d'une petite sphère

arrondie, d'environ un millimètre de diamètre (fig. 21).
Cette petite boule se promène dans l'eau en roulant sur
elle-même, s'élevant jusqu'à la surface de l'eau, puis
redescendant, se portant
de côté et ainsi de suite;
on croirait avoir devant soi
un animalcule ; si nous
voulions nous lancer dans
son étude microscopique,
combien son histoire serait-
elle intéressante à conter !

Toutes les algues que
nous avons décrites pré-
cédemment appartiennent

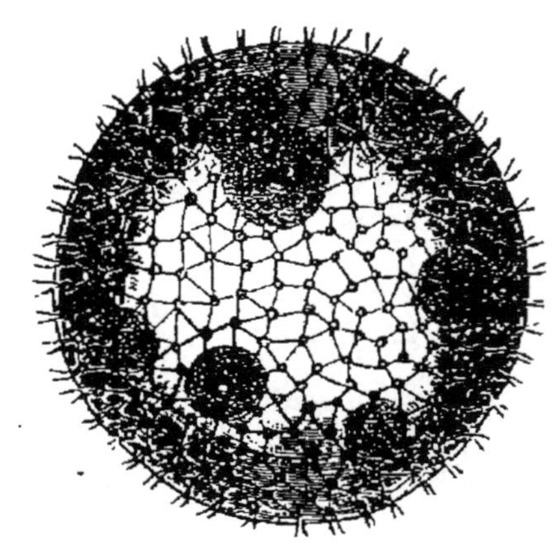

Fig. 21. — Volvox (très grossi).

au groupe des *Algues vertes* ou *Chlorophycées*.

Dans les petits étangs à eau bien claire ou dans les
petits ruisselets qui sillonnent les bois, on rencontrera
souvent des filaments verdâtres au toucher glaireux :
ce sont des *Batrachospermum*. Cette algue appartient
à l'ordre des *Algues rouges* ou *Floridées* : c'est
un des rares représentants de ces belles algues rouges
que l'on trouve si abondamment dans la mer. Il semble
inexact de placer ces algues à couleur verte parmi les
algues rouges ; à y regarder de près, on s'aperçoit que
ce prétendu vert n'a pas une couleur franche ; il a des
reflets olivâtres, un peu couleur groseille : c'est qu'en
effet les cellules renferment un principe rouge, masqué
en partie par un autre principe vert.

Le troisième groupe d'algues, les *Algues bleues* ou
Cyanophycées, est représenté dans les eaux douces

par les *Oscillaires*. Elles forment des plaques verdâtres sur les pierres et les rochers; souvent ces amas se détachent et viennent flotter à la surface; elles ont un aspect luisant, avec une couleur verdâtre très foncée, un peu bleutée et n'ont pas cette allure enchevêtrée des conferves. On n'en mettra que peu ou pas dans l'aquarium, car elles salissent l'eau par la vase qu'elles ont emportée avec elles. On pourra cependant les examiner à un faible grossissement; on verra, dans ces conditions, des petits tubes rectilignes arrondis aux extrémités. Et, ce qu'il y a de curieux, c'est qu'on les voit se déplacer lentement dans l'eau, en progressant dans le sens de leur longueur. Souvent une des extrémités est fixée et on voit les algues osciller alternativement à droite et à gauche; c'est de cet aspect que vient leur nom d'*Oscillaires*. Ces filaments mobiles, bien que dépourvus de tout organe visuel, sont capables probablement de percevoir la lumière : quand on les met dans un aquarium à eau bien tranquille et dont une des faces seulement est éclairée, on voit au bout d'un certain temps que toutes se sont dirigées et accumulées sur cette face. Voilà donc une expérience facile à réaliser et qui montre ce phénomène si curieux, si peu connu, d'une plante qui voit, qui perçoit, qui aime la lumière !

Puisque nous examinons des Oscillaires, il est bien probable que nous verrons, entre les filaments de l'algue, circuler des petites masses vertes aplaties, courant avec rapidité : ce sont des *Euglènes*, êtres bien curieux, que certains naturalistes placent dans le règne végétal, tandis que d'autres les considèrent comme des animaux·

Avec un peu d'attention, on peut les voir à l'œil nu.
Mais pour les mieux examiner, il faut faire usage d'un
grossissement un peu fort. On voit alors que chaque
Euglène est une cellule présentant en avant une légère
échancrure, du fond de laquelle naît un long cil fin,
très délié, s'agitant à droite et à gauche, constamment.
On voit aussi un point très net, arrondi, d'un beau
rouge que l'on croit être un œil. Enfin, une large tache
verte, irrégulière, montre à n'en pas douter qu'elle
contient de la chlorophylle. L'Euglène se meut facilement dans l'eau à l'aide de son cil antérieur, mais elle

Fig. 22. — Diverses diatomées (grossies).

se meut aussi d'une autre façon. En arrière, on voit le
corps former un gonflement qui marche insensiblement
jusqu'à la partie antérieure, puis revient de la même
façon en arrière : c'est comme une onde qui parcourt
l'être et se réfléchit à ses deux extrémités. On donne, à
ce mouvement tout à fait spécial, le nom de *mouvement
métabolique.*

Enfin, les *Algues brunes* ou *Phœophycées* sont largement représentées par des multitudes de *Diatomées* [1],

---

[1] Jules Pelletan, Deby, Paul Petit et Peragallo, *Les Diatomées,*
1 vol. in-8 de 900 pages, avec 464 fig. et 10 pl. Paris, J.-B. Baillière
et fils, 1891.

dont l'étude exige l'emploi exclusif du microscope (fig. 22).

Plantes submergées. — Mousses. — La plupart des mousses sont terrestres ; il n'y en a qu'un petit nombre d'aquatiques : parmi elles, il y a surtout les *Fontinalis*, qui vivent dans les ruisseaux bien clairs et qui sont remarquables par la longueur de leur tige, garnie de petites feuilles ; elles atteignent plusieurs décimètres de long, tandis que celles des mousses terrestres atteignent au plus 1 décimètre. Les Fontinales sont d'excellentes plantes d'aquarium ; on peut d'ailleurs s'en procurer chez les marchands de poissons rouges.

Les *Sphagnum* sont aussi des mousses aquatiques, mais de peu d'intérêt pour nous : rappelons que ce sont ces organismes qui, en se désagrégeant, tombent au fond des marais et constituent la majeure partie de la tourbe.

Myriophyllum. — Les *Volants d'eau* (fig. 23) se reconnaissent facilement à leurs feuilles extrêmement divisées et rangées en verticille tout autour de la tige. Ces plantes croissent fort bien dans les aquariums ; elles sont fort élégantes et de plus, comme elles représentent une très grande surface, elles fournissent beaucoup d'oxygène. On en trouve souvent de fleuries : les fleurs sont alors groupées en une sorte d'épi, au sommet de la tige. A la base de chaque fleur, il y a une petite feuille spéciale appelée *bractée*. Dans les environs de Paris, il y a deux espèces de *Myriophyllum* : 1° le *M. verticillatum*, dont les fleurs sont rapprochées au sommet en un épi condensé, avec des bractées divisées comme les feuilles ; et 2° le *M. spicatum*, dont les fleurs sont espacées au sommet en un épi lâche, avec des bractées non divisées. Ajoutons que, dans un même épi, on trouve deux sortes de fleurs, les unes à étamines, ce sont les fleurs mâles, les autres à carpelles, ce sont les fleurs femelles ; c'est ce qu'on appelle une *plante monaïque*.

Les feuilles de cette plante sont extrêmement molles : quand on enlève de l'eau un Myriophyllum, elles s'affaissent les unes sur les autres et on n'a plus sous les yeux qu'une masse informe, qui ne reprend toute son élégance que quand on vient à la plonger dans l'eau.

Fig. 23. — Myriophylle. Tige et feuilles dans l'eau et hors de l'eau. On remarque le dimorphisme foliaire.

CERATOPHYLLUM (fig. 24). — Il n'en est pas de même pour le *Ceratophyllum* ou *Cornifle* : les feuilles sont raides et ne s'affaissent pas au sortir de l'eau : la plante conserve à peu près le même aspect. Voici déjà un caractère qui permet de reconnaître un Cornifle au premier coup d'œil. Les feuilles sont aussi disposées en verticille sur la tige. Chacune d'elles n'est pas ramifiée latéralement : c'est une sorte d'aiguille qui se bifurque en deux branches, lesquelles se bifurquent de nouveau, et souvent même une troisième fois. A leur surface on voit de très légers petits crans. En essayant de les casser, on voit qu'elles sont raides et fragiles. Les fleurs mâles et femelles sont disposées sans ordre,

solitaires à l'aisselle des feuilles. Le fruit est coriace et
ne s'ouvre pas ; il présente le plus souvent à sa base

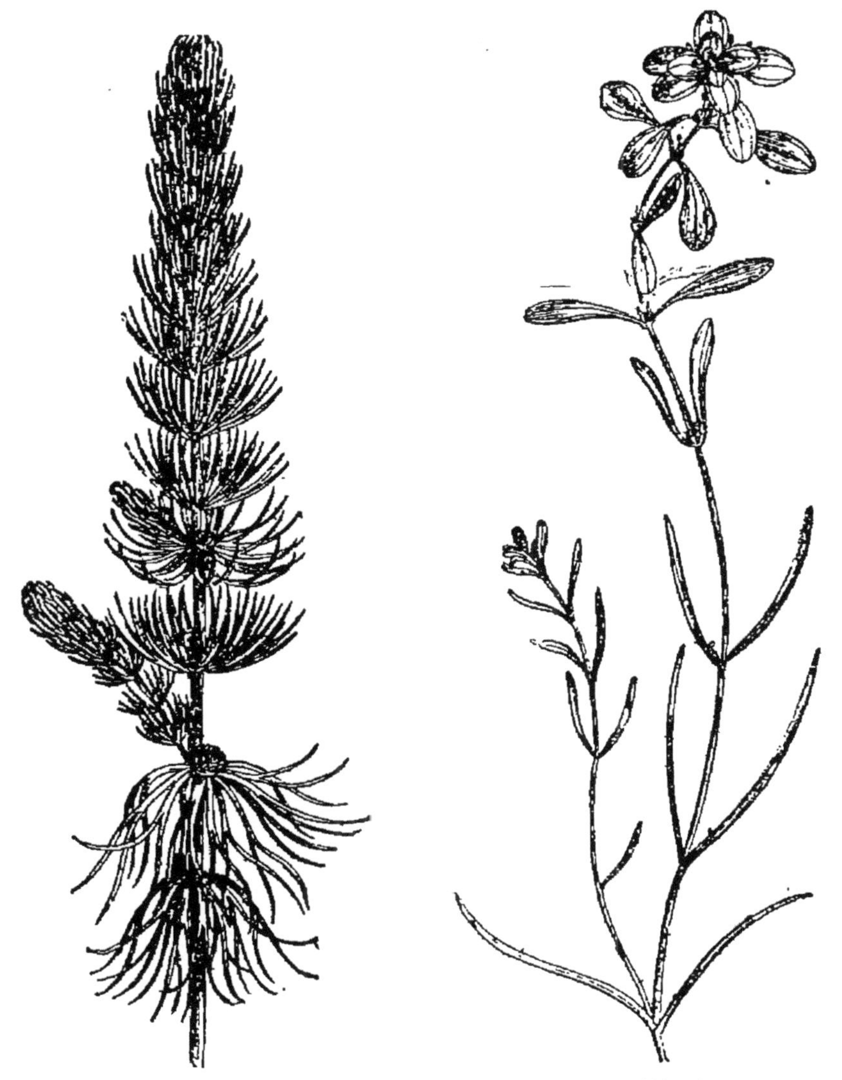

Fig. 24. — *Ceratophyllum*.   Fig. 25. — *Callitriche verna*.

deux pointes divergentes *(C. demersum)* ou bien il est
lisse *(C. submersum)*.

Chara. — Les deux genres précédents sont très
élevés en organisation : ce sont des plantes à fleurs, des

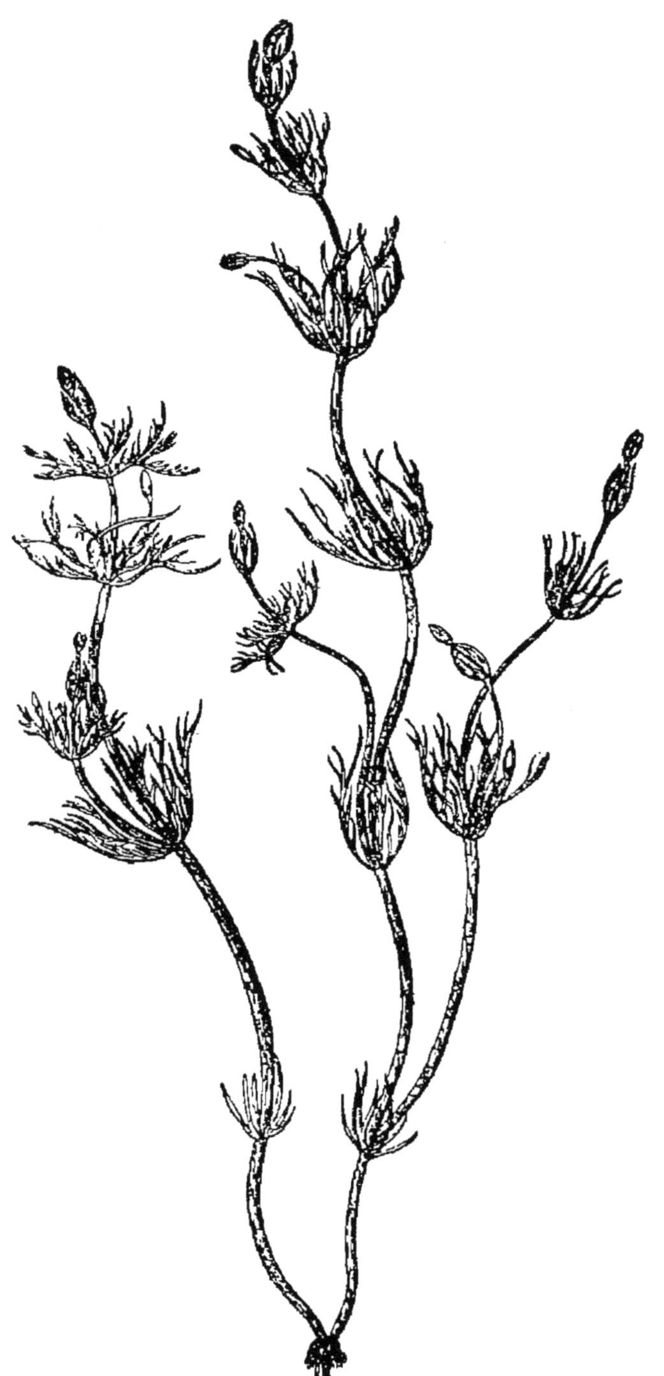

Fig. 26. — Chara.

phanérogames. Les *Chara* ou *Charagnes* (fig. 26) sont des êtres beaucoup plus simples, si simples même que beaucoup de botanistes les placent parmi les algues, tandis que d'autres veulent en faire des Muscinées. Ils sont formés d'une tige verte portant des verticilles de feuilles, sur lesquelles on aperçoit parfois des granulations qui sont les organes reproducteurs.

UTRICULARIA. — L'Utriculaire (fig. 27) est une plante peu commune, mais qu'on récoltera avec soin quand on la trouvera, car elle est fort curieuse. Elle possède deux sortes de feuilles : les unes, petites, en forme d'aiguilles ; les autres en forme d'outres, garnies de poils sur les bords et à l'intérieur. Si un petit animal

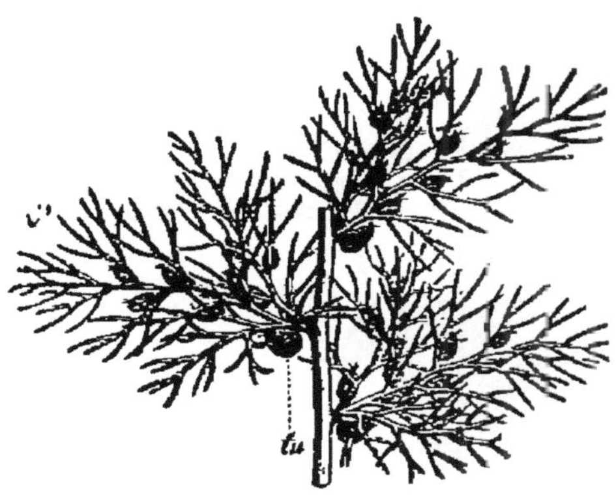

FIG. 27. — Utriculaire. Portion de la tige montrant les outres.

mal aquatique, un crustacé par exemple, pénètre dans une de ces outres, par suite de la direction des poils, il lui est impossible d'en sortir. Il paraît qu'une fois pris au piège, il est digéré ; mais il faut bien dire que c'est là un point qui est loin d'être établi. On tend aujourd'hui à considérer la capture des animaux comme accidentelle et n'étant d'aucun profit pour la plante. Les vésicules servent en effet, à un autre usage, et celui-là personne ne le met en doute. Au moment de la floraison, les outres se remplissent d'air et soulèvent la plante jusqu'à ce qu'elles viennent flotter à la surface de l'eau, de manière que les fleurs puissent s'épanouir à l'air. Lorsque le fruit commence à se former, l'air des vésicules est remplacé par un mucus abondant ; la plante, redevenue

FIG. 28. — Potamot.

plus pesante, redescend au fond de l'eau pour y mûrir tranquillement ses graines et les déposer, dans la vase, seul endroit où elles puissent germer [1].

[1] H. Coupin, La dissémination des graines (*Revue Encyclopédique*, n° 38).

POTAMOGETON. — Avec les *Potamots* (fig. 28) nous inaugurons la série des plantes qui ne vivent qu'un certain temps dans l'aquarium. Les rameaux de Potamogeton subsistent environ quinze à vingt jours. Il faut avoir soin d'enlever les feuilles mortes au fur et à mesure, avant qu'elles se désagrègent ; souvent l'extrémité du rameau qui est en voie de croissance reste verte et parfois même pousse de nouvelles branches feuillues ; en réalité donc, on peut conserver des Potamots pendant fort longtemps. D'ailleurs ce sont des plantes extrêmement communes ; il n'y a pas une rivière ou une mare qui n'en contienne. Ce sont elles qui constituent ce que le public appelle les *Herbes* et qu'il faut éviter avec tant de soin quand l'on fait

Fig. 29. — Naïas.

« une pleine eau » dans la Seine ou dans la Marne. Ce sont des tiges flexibles extrêmement longues, fixées au fond et venant flotter jusqu'au voisinage de la surface de l'eau, en ondulant lentement sous les mouvements de l'eau. La plupart des Potamots sont complètement submergés [1] ; chez quelques-uns cependant les feuilles

[1] On les déterminera facilement avec l'excellente flore de MM. Gaston Bonnier et de Layens, *Nouvelle Flore*, Paris, 1890.

supérieures sont flottantes et alors différentes des feuilles submergées.

Les *P. crispus*, *P. perfoliatus* et *P. natans* sont à recommander. Tous les Potamots d'ailleurs servent de repaire à des myriades d'animaux, des Sangsues, des Gastéropodes, des Crustacés, etc.

ÉLODEA. — L'*Elodea canadensis* est la plante d'aquarium que l'on vend le plus fréquemment. Par opposition avec les autres plantes aquatiques, sa consistance est assez ferme ; on la reconnaît facilement à son vert très foncé et à ses feuilles verticillées par trois. C'est une plante originaire du Canada ; il y a un certain nombre d'années, amenée sans doute par les navires, elle s'est introduite dans les rivières du midi de la France ; de là, elle s'est répandue dans toute l'Europe avec une exubérance sans pareille. Les rameaux détachés se conservent très longtemps dans l'aquarium.

NAÏAS. — Le *Naïas* (fig. 29) rappelle un peu le Potamot. Ses feuilles sont garnies d'épines sur les bords.

RENONCULES. — Les Renoncules d'eau ont des fleurs blanches, tandis que la plupart des Renoncules terrestres ont des fleurs jaunes. Les espèces en sont fort nombreuses et fort communes ; on les désigne sous le nom vulgaire de *Grenouillettes*. Les unes sont complètement submergées, les autres sont mi-aquatiques et

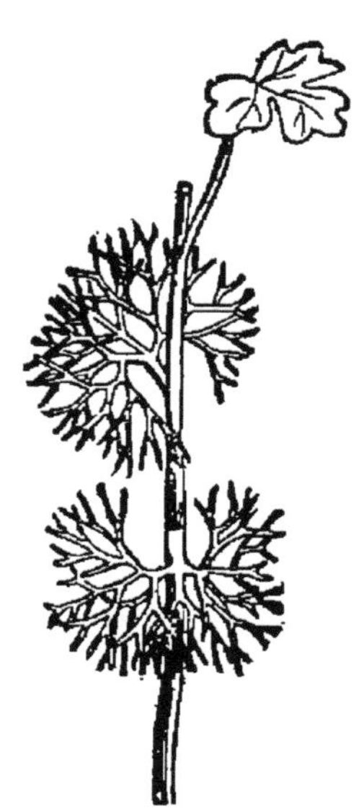

Fig. 30. — Renoncule aquatique : feuilles dans l'eau et hors de l'eau.

mi-aériennes. On remarque alors des différences très
remarquables entre les feuilles (fig. 30), les feuilles

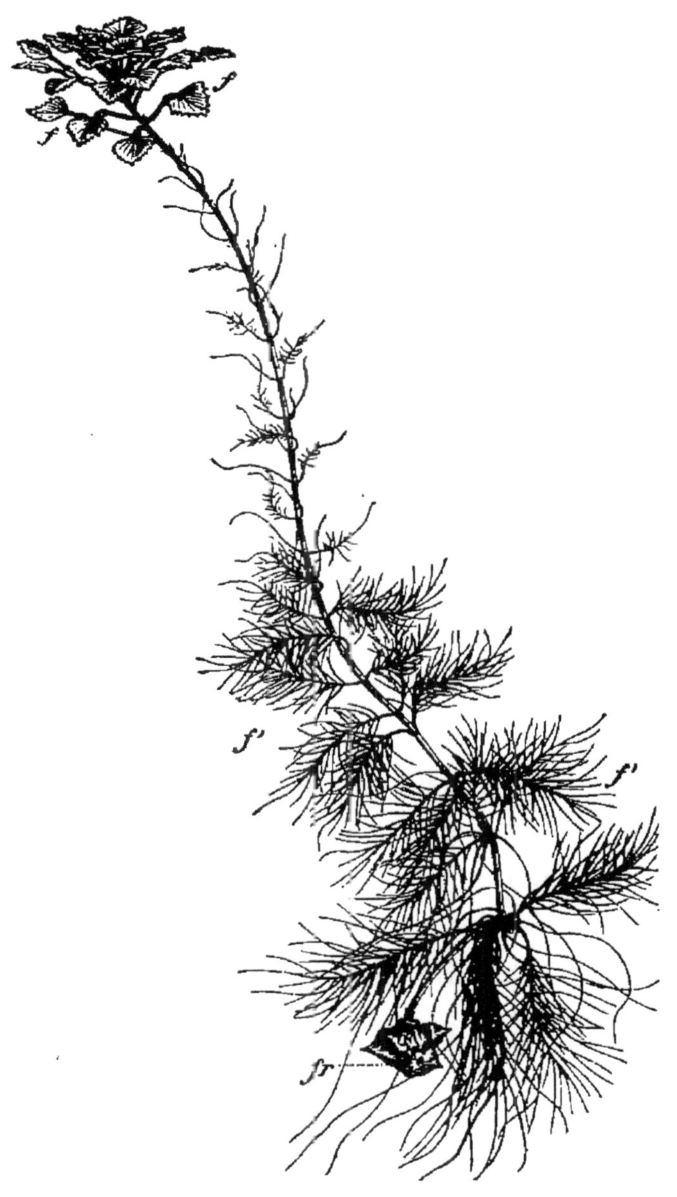

FIG. 31. — *Trappa natans.* Châtaigne d'eau.

submergées sont extrêmement découpées ; les feuilles
nageantes sont seulement lobées et les feuilles aériennes

ont le bord presque arrondi. C'est là un des exemples les plus nets de l'influence que peut avoir le milieu sur la forme et la structure d'un organe. En faisant croître une Renoncule dans une eau suffisamment profonde pour qu'elle ne puisse jamais en atteindre la surface, on constate que toutes les feuilles sont très découpées. Au contraire en la faisant germer à l'air, on constate que toutes les feuilles sont entières.

CRESSON. — Le cresson *(Nasturtium officinale)* est particulièrement à recommander en raison de la facilité avec laquelle on peut se le procurer. Un rameau mis dans l'aquarium vit fort bien et émet de nombreuses racines adventives qui aident à sa nutrition.

TRAPPA NATANS. — Le *Trappa natans* ou châtaigne d'eau (fig. 31) se conserve très bien dans les bassins de jardin. Ses feuilles sont de deux sortes, les unes submergées très découpées, les autres flottantes, en-tières, avec un pétiole renflé. A la maturité, les fleurs donnent des fruits assez volumineux, pourvus de deux cornes : on les mange comme des châtaignes. Il faut se hâter de les récolter : car, au moment où ils sont mûrs, la partie renflée des pétioles se remplit de mucus, la plante devient plus lourde et descend au fond de l'eau.

VALLISNÉRIE. — La plante enracinée dans la vase, possède à sa base un amas de feuilles allongées toutes submergées. Détachées de leurs racines, celles-ci vivent pendant quelque temps dans l'aquarium. Leur repro-duction dans la nature est fort curieuse (fig. 32). Il y a deux sortes de fleurs, les unes à pistils, les autres à étamines. Les premières allongent suffisamment leur pédoncule, pour venir s'épanouir à la surface de l'eau. Les fleurs mâles, au contraire, sont dépourvues de cette propriété, et, pour aller rejoindre leurs compagnes, elles sont obligées de se détacher de leur mère; grâce à leur légèreté spécifique, elles viennent flotter à la surface de l'eau et émettent leur pollen, qui, doucement poussé par la brise, vient féconder les fleurs femelles. Ceci fait, les pédoncules de ces dernières se contractent comme

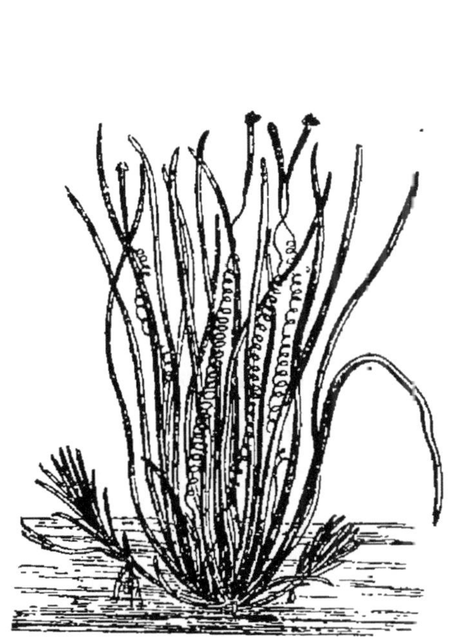

Fig. 32. — Vallisnérie.

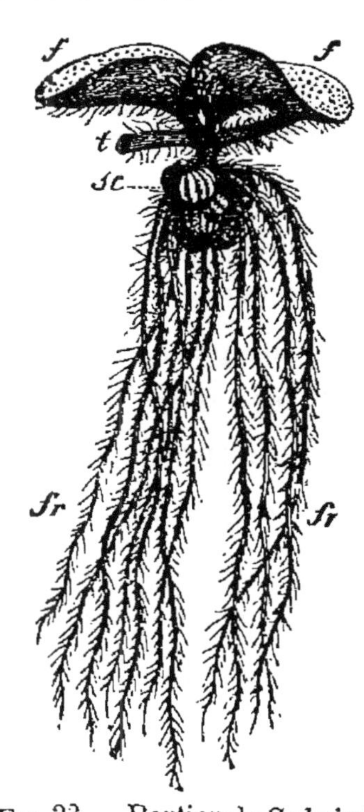

Fig. 33. — Portion de *Salvinia natans; b*, feuilles aériennes; *t*, tige; *sc*, organes reproducteurs ; *fr*, feuilles ressemblant à des racines

des ressorts à boudin. Les jeunes fruits, ramenés au fond de l'eau, vont dès lors mûrir tranquillement.

Plantes flottantes. — Lemna. — Les *Lentilles d'eau*

se développent parfois au point de recouvrir complètement la surface des étangs. Elles sont essentiellement
formées d'une petite lame verte, flottante, émettant à sa
face inférieure une ou plusieurs racines. Les fleurs extrêmement simples ne s'observent que très rarement.
Elles se reproduisent surtout par bourgeonnement. On
en trouve quatre espèces principales : 1° le *L. trisulca*,
dont les lames triangulaires sont réunies en croix ; 2° le
L. polyrhiza dont les lames arrondies émettent un
faisceau de racines ; 3° le *L. minor*, à lames plates,
arrondies et à une seule racine ; 4° le *L. gibba*, fort
petite et spongieuse en dessous. Ce sont d'excellents
ornements pour les aquariums d'appartement.

Salvinia. — Le *Salvinia natans* (fig. 33) est une
bien jolie petite plante cryptogame ; on la trouve surtout
dans les marais du midi de la France. Il y a une
dizaine d'années, elle était très commune ; aujourd'hui
c'est presque une rareté ; elle a été étouffée par l'Azolla.

Azolla. — L'*Azolla caroliniana* (fig. 34) provient
de la Caroline ; amenée par les navires, elle a envahi
les bassins du Midi. Son apparence frisée et sa couleur
rougeâtre en font une belle petite plante flottante à mettre
dans un aquarium d'appartement ou dans des bassins.

Toutes les plantes que nous venons d'étudier s'élèvent,
avons-nous dit, facilement dans des petits aquariums.
La série que nous allons maintenant passer en revue
contient des végétaux qui doivent être *plantés* pour
vivre. Aussi ne pourront-ils servir pour les aquariums
assez volumineux et surtout dans les bassins, les aquariums des jardins ou des serres.

Nymphœa, Nuphar, Hydrocharis, etc. — Le
Nymphœa alba (fig. 35), avec ses feuilles flottantes et
ses délicieuses fleurs blanches, et le *Nuphar luteum*

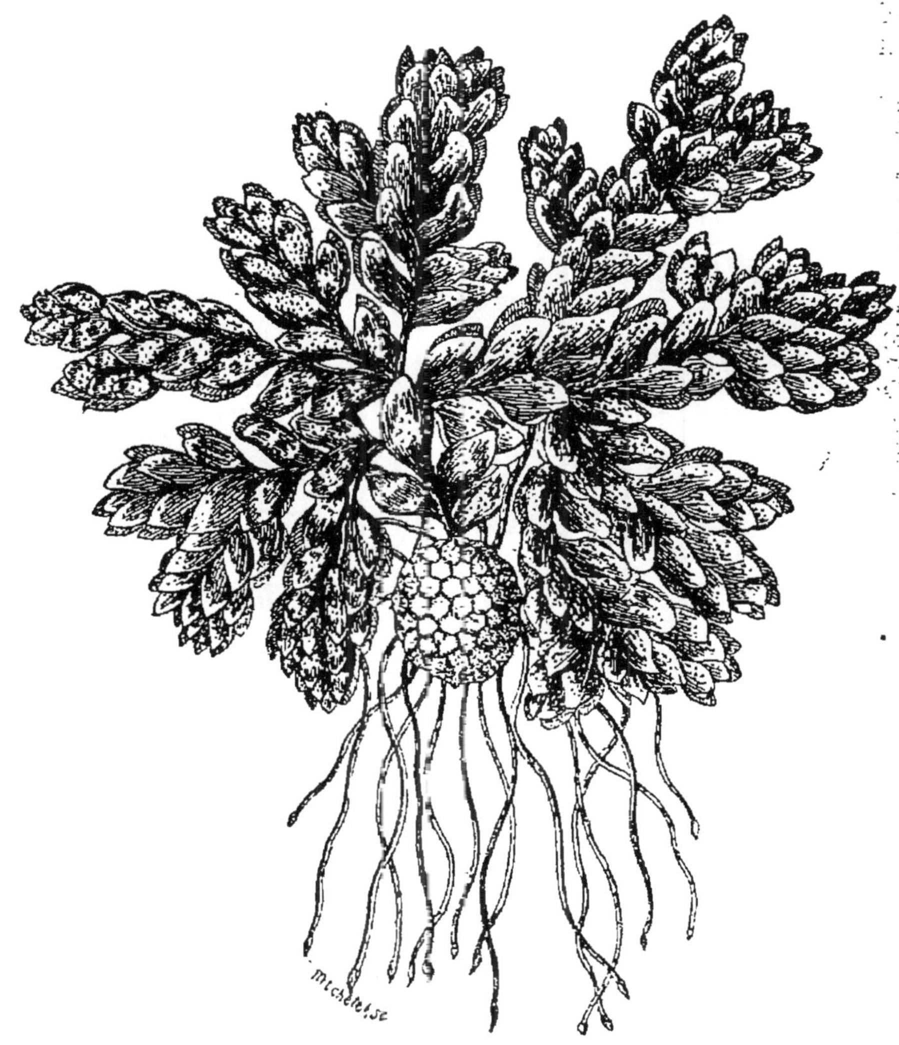

Fig. 34. — *Azolla caroliniana* (grossie).

(fig. 36), avec ses fleurs jaunes, sont toutes deux éminemment décoratives.

L'*Hydrocharis morsus ranœ* (fig. 37) a des feuilles

rappelant en plus petit celles des nénuphars et des fleurs blanches, délicates, à trois pétales.

Les *Sagittaires* (fig. 38 et 39) présentent deux sortes de feuilles, les unes submergées, rubanées ; les autres aériennes, en forme de fer de lance.

Le *Nelumbo*, plante exotique, se cultivant très bien

FIG. 35. — *Nymphœa alba* Fleur.   FIG. 36. — *Nuphar luteum.*
Fleur.

dans les serres, est un nénuphar, mais à feuilles et à fleurs aériennes, non nageantes.

Le *Polygonum amphibium* (fig. 40) est commun dans les étangs.

L'*Hippuris vulgaris* (fig. 41) ressemble à une queue de cheval.

L'*Aponogeton* est d'origine exotique ; on veillera à

ce qu'il ne prenne pas un trop grand développement,

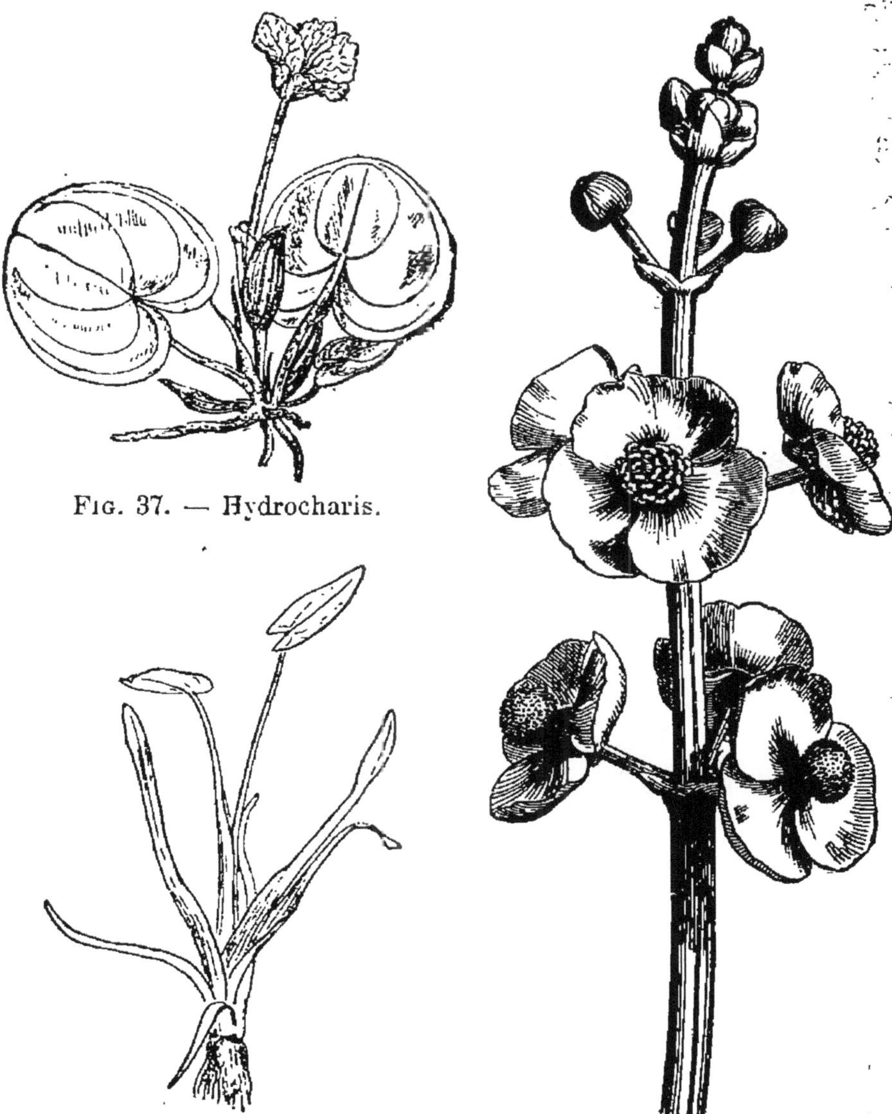

FIG. 37. — Hydrocharis.

FIG. 38. — Sagittaire. Pied montrant les deux sortes de feuilles.

FIG. 39. — Fleurs de Sagittaire.

car il ne tarderait pas à faire périr tous les autres êtres aquatiques.

Plantes semi-aquatiques. — Alisma (fig. 43), etc.
— Les plantes de la série des Alisma ne servent guère
qu'au point de vue décoratif. Nous savons déjà
comment on les cultive et quelles sont les
espèces que l'on peut employer. Les *Alisma*
se recommandent par leur rusticité. Les *Buto-
mes*, appelés aussi joncs-fleuris, possèdent de
magnifiques inflorescences roses et sont fort
communes au bord des eaux. Les *Carex*
et les *Scirpus* comprennent de nombreuses
espèces, gardant leur couleur verte pendant une

Fig. 40. — *Polygonum amphibium.*   Fig. 41.— *Hippuris vulgaris.*

grande partie de l'année.

Les *Typha* (fig. 42), appelés aussi *massettes*, sont connus de tout le monde à cause de leur singulière inflorescence brune.

Enfin, il n'est pas un bassin où on ne cultive des *Iris*, les unes à fleurs jaunes *(Iris pseudo-*

Fig. 42. — Typha. 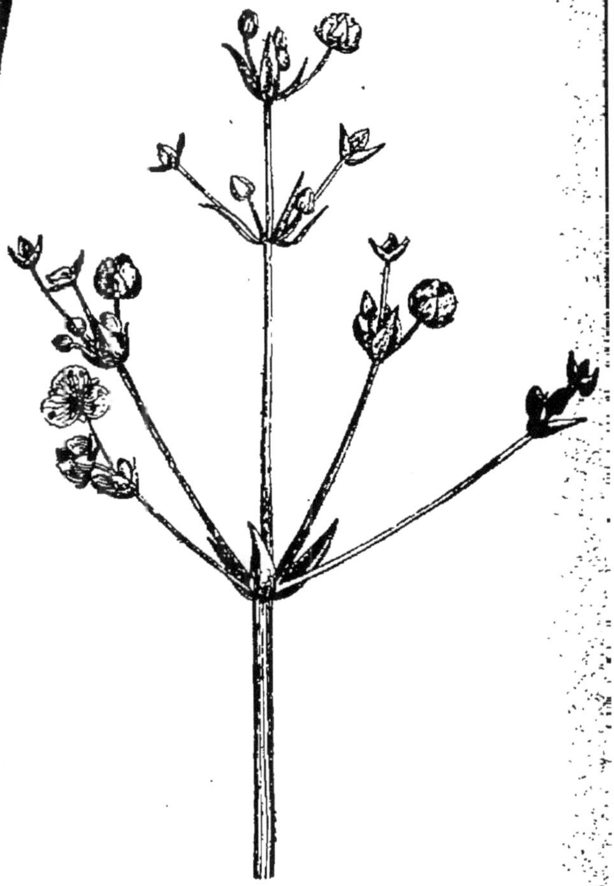 Fig. 43. — Alisma: fragment de l'inflorescence.

acorus), les autres à fleurs bleues *(Iris germanica)*. — Dans les aquariums de serres et de jardins, toutes ces plantes sont éminemment pittoresques et toujours gracieuses.

CHAPITRE V

LA CHASSE ET LE TRANSPORT DES ANIMAUX

Troubleau. — Comment on trouble. — Où l'on trouve des animaux. — Filet aubé. — Chasse à la grenouille. — Chasse des poissons. — Chasse à la bouteille. — Animaux pélagiques. — Filet en mousseline. — Retour à la maison. — Boîte en zinc. — Flacons en verre. — Paquets de plantes. — Flacons se portant en bandoulière. — Dans l'aquarium.

Pour la chasse aux animaux, il y a deux choses à considérer : d'abord la manière de les récolter, et ensuite la manière de les rapporter chez soi. Examinons successivement ces deux questions.

Chasse au troubleau. — L'appareil indispensable à tout pêcheur d'animaux aquatiques est par excellence le *troubleau* ou *trouble* (fig. 44). Il se compose essentiellement d'un cercle en fer, plat et résistant, ayant environ 3 décimètres de diamètre. Il donne attache à un vaste sac en toile à larges mailles ; cette toile rappelle celle dont les femmes de ménage se servent pour nettoyer les planchers, mais elle doit être plus solide.

Le sac a une forme cylindrique et se termine par une surface arrondie : il ne faut pas le faire terminer en cône, car les animaux viendraient s'écraser sur un même point ; il doit aussi être profond (5 décimètres environ), pour que les animaux ne puissent pas facilement s'échapper. Enfin le cercle en fer est supporté par un manche qui doit être assez long (1^m,25) et surtout très résistant : les manches rigides sont à rejeter comme étant

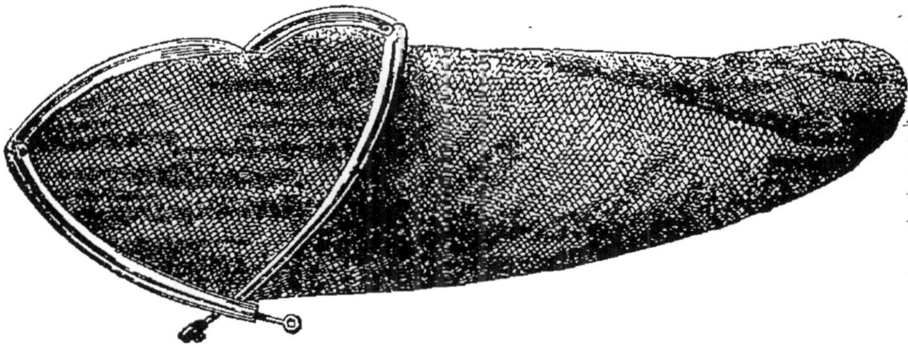

Fig. 44. — Troubleau isolé du manche et pouvant se plier en quatre.

cassants ; on leur préfèrera les manches en jonc qui plient un peu, mais ne se brisent pas. On pourra, si l'on veut, les terminer par une pointe métallique, ce qui permettra de les planter en terre pendant qu'on examinera le contenu du filet. Le modèle que nous venons de décrire est incommode, parce qu'il est très volumineux à manier lorsqu'on ne s'en sert pas. Ordinairement, le manche est séparé du filet ; on ne les réunit qu'au moment de s'en servir. Mais sous cet état, le filet est encore bien gênant : on lui préfère généralement un filet dont le cercle en fer peut se plier en deux (fig. 45), ce qui d'une part diminue son volume et de l'autre permet facilement d'enrouler le filet autour de lui. Sous cet état, il ne forme plus qu'une sorte de demi-lune peu embarrassante; on aura avantage à avoir en même temps un sac en toile cirée, de même forme et dans lequel on le mettra quand on ne s'en servira pas. Il y a aussi des modèles se pliant en quatre, mais ils sont peu solides.

Quant au manche, on s'en sert en route en guise de canne ; mais il remplit assez mal cet office, en ce que la visse et l'écrou à oreilles qui le terminent ne permettent pas d'y placer la main ; on pourra avoir une sorte de pommeau de canne, creusé d'une cavité pour la vis ; on remplacera alors l'écrou par ce pommeau, et l'on aura une véritable canne.

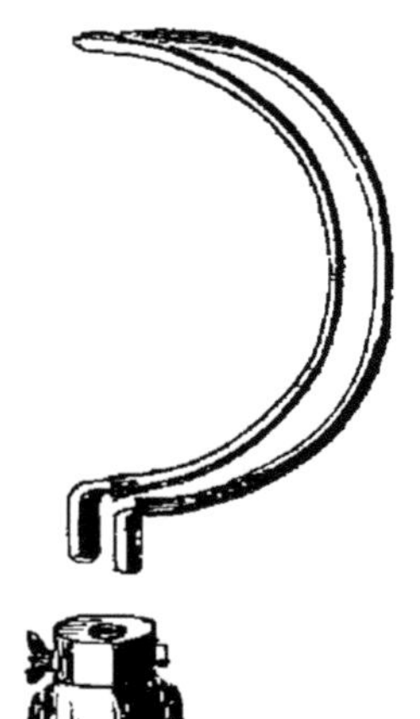

Fig. 45. — Monture d'un troubleau pouvant se plier en deux.

Les troubleaux se trouvent facilement dans le commerce ; mais ils ne sont pas d'une solidité parfaite. Il vaut mieux les faire fabriquer soi-même par un serrurier : ils sont plus solides et en même temps coûtent moins cher.

Voici maintenant comment on se sert d'un troubleau. Lorsqu'on sait que l'on va approcher d'un étang, on déploie l'appareil, de manière à être prêt à s'en servir. Si on le préparait seulement sur le bord de l'eau, les animaux de la surface auraient le temps de s'apercevoir de votre présence et de s'enfuir. Aussitôt arrivé sur le bord de la rive, il faut se mettre à « troubler ». On enfonce le filet dans l'eau et on le promène rapidement à peu de distance de la surface, de façon à ce que son ouverture béante soit en avant dans son mouvement de progression. Il ne faut pas non plus le promener seulement horizontalement : il faut bien l'élever et l'enfoncer successivement, tout en restant sous l'eau et surtout en allant toujours très vite. Telles sont les prescriptions que suivent la plupart des « troubleurs ». Cependant, nous en ajouterons une autre. Arrivé à l'extrémité de la course que nous faisons subir au filet, il faut retourner rapidement celui-ci et troubler de nouveau les mêmes parages, mais en sens inverse. Puis on recommencera de nouveau, comme la première fois et ainsi trois ou quatre fois de suite. L'utilité de cette manière de procéder est facile à comprendre : en troublant une seule fois, nous n'attrapperons que les animaux qui seront au milieu de l'eau. Mais en agissant comme nous l'avons dit, l'eau en tourbillonnant vient effrayer les animaux de la surface et du fond qui sont entraînés par le remous *en arrière* du filet. En repassant donc en ce point, nous les attraperons facilement. Mais il faut une certaine habitude pour retourner le filet à l'extrémité de sa course, et cela sans renverser son contenu : il faut pour cela lui faire décrire une boucle assez large.

On pêchera au troubleau, dans les eaux assez claires, peu profondes, comme le bord des rivières et des étangs. On ne l'enfoncera jamais dans la vase du fond. Les récoltes les plus abondantes s'obtiennent en dirigeant le troubleau dans les touffes des plantes, généralement si abondantes au bord des eaux. D'ailleurs le maniement du troubleau ainsi que les « bons endroits » ne s'acquerront que, peu à peu, par l'habitude. Il me souvient que, lorsque je fis mes premières armes contre la gent aquatique, j'étais dirigé par un aimable docteur des environs de Bordeaux, hélas ! mort aujourd'hui. A chaque coup de troubleau, il ramenait, à ma grande joie, des multitudes de Dystiques, d'Hydrophiles, de larves, etc. Je voulus, à l'aide de son troubleau, faire aussi bonne chasse que lui ; j'imitais exactement sa manière de procéder et je n'obtins rien ou si peu de chose que ce n'est pas la peine d'en parler ! Sans lui, j'aurais fait bien mauvaise pêche ce jour-là. Mais, au bout de deux ou trois séances, j'étais initié à la chasse aquatique et j'étais devenu la terreur des Hydrophiles et des larves de Libellules.

Filet aubé. — En outre du grand troubleau que nous venons de décrire, il sera bon d'en avoir un petit, d'un décimètre de diamètre, avec un manche de 3 décimètres : ce *filet aubé*, c'est le nom par lequel on le désigne, est tout d'une seule pièce ; il sert à pêcher dans les toutes petites rivières, dans les flaques d'eau ou dans les ornières, c'est-à-dire, dans tous les endroits où le grand troubleau ne pourrait pas pénétrer.

Pêche facile et fructueuse. — Le troubleau et l'aubé servent surtout pour la pêche aux insectes et aux crustacés, animaux d'une mobilité excessive.

Pour les vers et les mollusques, les meilleures récoltes se feront en prenant à la main des touffes de plantes submergées, des Algues, des Myriophyllum, des Potamots, etc. En les plaçant ensuite dans un vase rempli d'eau, on en verra sortir une quantité incroyable de bêtes. On recueillera aussi dans le même but des fragments de pierre et des morceaux de bois pourris.

Pour les grenouilles, on pourra les pêcher avec un très grand troubleau, à mailles larges comme celles d'un filet de pêcheur, muni d'un long manche : c'est un appareil très encombrant. On lui préfère généralement le procédé de la ligne à drap rouge que nous décrirons plus tard.

Pêche aux poissons. — Quant aux poissons, on en attrapera quelques-uns avec le troubleau, mais cette pêche est bien aléatoire.

La pêche à la ligne doit être rejetée, car elle détériore et tue généralement les poissons que nous voulons bien vivants.

Il serait trop long de décrire ici tous les engins de pêche : nous renvoyons pour cela à l'ouvrage de M. A. Locard [1], où sont décrits la pêche à l'épervier, à l'échiquier, au trouble, à la senne, au tramail, au ver—veux, au loup, à la nasse, etc.

Citons seulement le passage qui a trait à un engin à la portée de tout le monde ; c'est la pêche à la bouteille (fig. 46). « La pêche à la bouteille ou à la carafe, l'une et l'autre se disent, est destinée à prendre les petits poissons, et notamment les Goujons. C'est une véritable nasse en miniature et en verre. On prend pour cela une grande bouteille en verre blanc, d'une capacité d'au moins 2 litres ; on en fait même qui ont 6 et 8 litres ; le fond est enfoncé en forme d'entonnoir et percé, en son milieu, d'une ouverture de 2 à 3 centimètres.

---

[1] A. Locard, *La Pêche et les Poissons des eaux douces*, Paris, 1890, p. 306. *Bibliothèque des connaissances utiles.*

Le goulot, large de 6 à 7 centimètres, est fermé à l'aide d'un bouchon de liège dans lequel on aura ménagé quelques trous ou simplement quelques entailles pour permettre à l'eau de n'être point stagnante dans l'intérieur. On introduit dans le fond de la bou-

Fig. 46. — Pêche à la bouteille.

teille un peu de son ou de mie de pain bien menue avec quelques bribes de crottin de cheval, on bouche soigneusement et l'engin est prêt à fonctionner. Pour s'en servir on trace, dans le sable de la rivière, un sillon d'un mètre de longueur environ, et l'on place, à son extrémité, la bouteille, en ayant soin de tourner le goulot en amont, l'entonnoir du fond regardant le sillon.

Amorcez encore dans le sillon avec les mêmes sub-
stances que celles que vous avez mises dans la bouteille
et bientôt vous verrez accourir un régiment de petits
poissons qui s'avanceront le long de votre sillon ; le
plus hardi de la bande n'hésite pas à franchir l'entrée
du fond de la bouteille, les camarades le suivant et
pour peu que vous ayez la moindre chance, vous serez
bientôt obligé de retirer votre bouteille pour la vider et
la remettre en place. Mais ayez toujours soin de manœuvrer votre bouteille avec toutes les précautions
nécessaires ; n'oubliez point que plus elle est fragile,
meilleure elle est, car dans ces conditions elle est plus
légère et se laisse moins voir ; enroulez autour du
goulot, une cordelette ou une chaînette en fer galvanisé
vous la manipulerez plus aisément si la rivière est un
peu trop profonde ».

Pêche pélagique. — Nous ne parlons ici que des animaux vivant sur le bord des étangs ou des rivières.
Mais dans les grands lacs, il y a toute une faune
spéciale qui vit au large, en nageant non loin de la
surface : c'est ce que l'on appelle des espèces *pélagiques*. Pour les récolter on se servira d'un troubleau
avec sac de mousseline blanche, et très profond : étant
alors dans un bateau qui doit marcher lentement,
on plonge le filet dans l'eau, de manière à ce qu'il
émerge légèrement au-dessus du niveau de l'eau. La
plupart de ces espèces pélagiques sont des crustacés
petits et transparents : ils s'accumuleront dans le filet,
dont les mailles extrêmement petites ne les laisseront
pas passer. Quand le filet s'est promené pendant quel-

ques minutes, on le retire de l'eau et on le retourne dans un flacon à large ouverture plein d'eau ; la récolte y tombera ; de plus, comme ces crustacés s'accrochent facilement au sac, on trempera et on agitera celui-ci dans l'eau du flacon, assez violemment pour leur faire lâcher prise. En regardant alors le vase par transparence, on verra de jolis petits animaux qui nagent avec rapidité, en ayant l'air tout effarés.

Transport de la récolte. — Voici maintenant notre récolte faite : comment allons-nous la rapporter jusque dans notre aquarium? C'est là une question délicate.

Si nous sommes à la campagne, elle ne souffre pas beaucoup de difficultés. Mais si nous habitons dans une grande ville, Paris par exemple, que de chemin à faire depuis l'étang jusque chez nous ! Pendant ce temps, l'eau a le temps de s'échauffer, de se désoxygéner, les animaux ont le temps de

FIG. 47. — Seau en zinc, pour le transport des animaux aquatiques.

s'entre-dévorer, etc. Aussi est-il bien rare de rapporter la récolte telle qu'on l'a faite : les morts sont souvent, hélas! en majorité. Voici cependant un modèle que nous préconisons, et qui nous a fort bien réussi (fig. 47) : c'est simplement une assez vaste boîte en fer blanc et en forme de tronc de cône. Elle est fermée par un couvercle mobile et percé de trous petits et nombreux :

une anse permet de la maintenir droite. L'avantage de ce modèle est de diminuer, par sa forme conique, le ballottement de l'eau et de permettre à l'air de pénétrer. On mettra du liquide jusqu'à moitié environ de l'appareil : sa quantité sera suffisante pour la respiration des animaux à branchies et elle ne sera pas trop abondante pour les insectes qui, comme on sait, viennent respirer l'air en nature, à la surface libre de l'eau. Avec cette

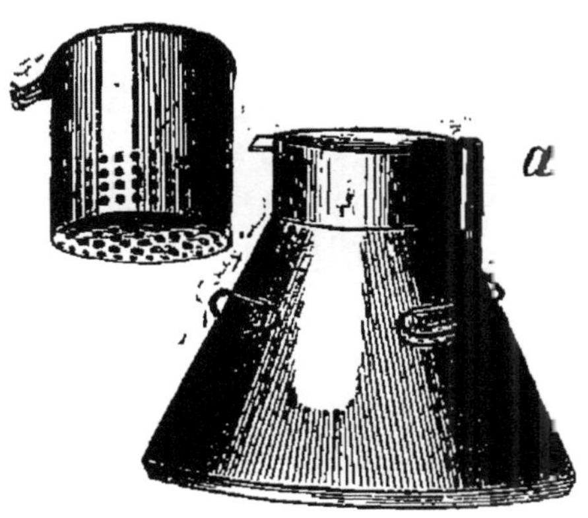

FIG. 48. — Seau en zinc, pour le transport des animaux aquatiques.

FIG. 49. — Bouteille en zinc, pour le transport des animaux aquatiques

boîte on aura beaucoup de chances de rapporter intacts les animaux récoltés ; mais, lorsqu'on sera de retour, il faudra de suite la renverser dans un grand baquet d'eau bien fraîche, où l'on pourra choisir les plus valides et les transporter dans l'aquarium commun ou dans les aquariums particuliers. Les modèles des figures 48 et 49 rendent les mêmes services à la condition d'y adapter une anse.

On peut aussi se servir d'un bocal à cornichons, au goulot duquel on a attaché une corde (fig. 50). Au lieu d'avoir un seul grand bocal, on peut en avoir plusieurs petits que l'on place (fig. 51), dans une sorte de panier à bouteilles fabriqué *ad hoc*.

Fig. 50. — Flacon en verre pour le transport des animaux aquatiques.

Fig. 51. — Panier pour quatre bocaux.

Enfin, pour les paquets de plantes qui, comme nous l'avons dit, sont remplis d'animaux, on les transportera dans les mêmes appareils, mais en ne mettant que peu d'eau, suffisamment pour maintenir la saturation de l'air intérieur et empêcher les plantes de se déssécher. A défaut de récipient, on rapportera purement et simplement ces paquets d'*herbes* dans un mouchoir humide, aux quatre coins noués ensemble : on aura soin seulement de mouiller le mouchoir de temps en temps à la première fontaine venue. Mais dès l'arrivée à la maison, on dénouera les nœuds et on mettra le tout, mouchoir et plante, dans un cristallisoir où l'on pourra faire son choix tout à son aise.

Enfin lorsqu'on ne voudra récolter que deux ou trois

espèces spéciales, on pourra se servir de l'appareil suivant, qui a l'avantage de pouvoir être porté en bandoulière et de ne pas attirer les regards du « public », qui a généralement un profond mépris des naturalistes. Qu'on imagine un de ces étuis en cuir dans lesquels on met une lorgnette de théâtre ou mieux une lunette d'excursioniste, mais ayant une forme plus cylindrique, plus droite, c'est-à-dire ayant une base plus large. Une courroie permet de la porter en sautoir. Quant au couvercle, il est percé de deux trous arrondis, plus grands que des pièces

Fig. 52. — Bouchon avec entailles pour permettre l'entrée de l'air.

de cinq francs. A l'intérieur de l'étui, on met deux bouteilles, soit en verre, soit en fer-blanc, disposées de telle sorte que leurs larges goulots viennent émerger légèrement par les trous du couvercle. Enfin les bouteilles peuvent être laissées ouvertes, mais on risquera ainsi de laisser échapper le liquide intérieur. Il vaudra mieux les fermer avec un bouchon qui permettra à l'air d'entrer. On peut employer à cet effet un disque creux en fer-blanc ou en liège, fermé par une toile métallique et s'appliquant exactement autour du goulot. On pourra aussi se servir d'un simple bouchon de liège portant un anneau en son milieu : pour laisser passer l'air on garnira tout le bord d'entailles peu profondes (fig. 52). A la condition de ne récolter que peu d'animaux, cet appareil les ramènera indemnes à la maison : il suffit de mettre dans chaque bouteille un peu d'eau avec un rameau de plantes aquatiques.

CHAPITRE VI

L'ÉTUDE DES ANIMAUX

Aquarium commun. — Aquariums particuliers. — Pinces diverses. — Comment on prend les petites bêtes avec un tube. — Etude d'un animal. — Sa biologie. — Les notes. — Importance du dessin.

Enfin nous voilà revenus au logis avec une ample moisson de la gent aquatique qui grouille à qui mieux mieux dans notre cuvette. Qu'allons-nous en faire, comment allons-nous les étudier ? Avec un peu d'habitude on reconnaît facilement les espèces herbivores et les espèces carnivores. On prendra seulement les premières pour les mettre dans l'aquarium commun. Les autres seront mises dans des aquariums particuliers, avec une touffe de *Myriophyllum* ou de *Callitriche* ; pour commencer, on pourra mettre dans le même bocal les individus d'une même espèce ; mais il ne faut pas les y laisser trop longtemps sans nourriture, car, bien qu'en dise le proverbe, les loups finissent par se manger entre eux. Enfin on placera les touffes d'algues ou de Potamogeton dans des cristallisoirs, avec de l'eau bien claire : nous examinerons plus tard les petits animaux qui en sortiront. Quant aux morts, on s'en servira pour étudier les détails de leur anatomie ; on pourra aussi les faire dessécher ou les mettre dans l'alcool pour en faire une collection.

Comment on prend un animal dans l'aquarium ? — Quand on voudra se procurer un des animaux de notre aquarium, on emploiera différents procédés, variables avec la taille de l'individu.

S'il s'agit d'un poisson ou d'un hydrophile, on pourra le prendre avec la main ou mieux avec une petite passoire à thé. Si l'animal est de plus petite taille, on pourra encore employer la passoire, ou, s'il n'est pas trop vif, les pinces. Les *pinces à pointes fines* (fig. 53) ne sont

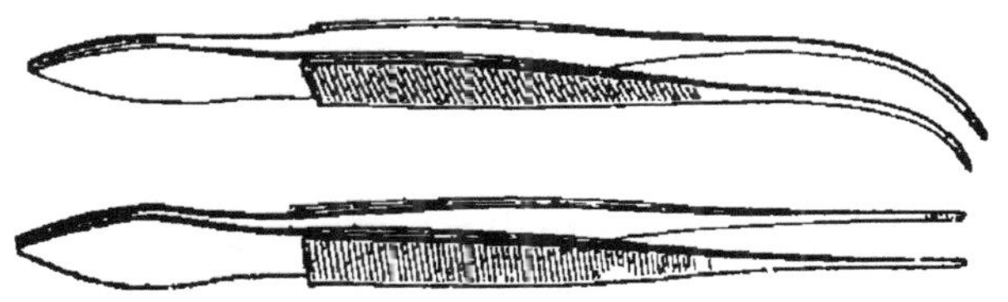

Fig. 53. — Pinces à pointes fines.

pas très commodes, car on risque d'écraser l'animal. Je leur préfère les *pinces de chasse*, dont les mors sont aplatis et assez flexibles : leur prix est d'ailleurs bien moins élevé (0 fr. 25) que celui des précédentes (1 fr. 50). Enfin Deyrolle a proposé un modèle de pinces à pointes en baleine qui doit être fort commode : « Il est des objets, comme des foraminifères, les petites coquilles, etc., qui sont si fragiles qu'on ne saurait les prendre avec une pince en métal sans les casser ; on a donc construit des instruments dont les extrémités sont garnies de deux morceaux de baleine, larges d'environ 5 centimètres, et disposés de telle façon que les deux branches de la pince viennent se toucher dès qu'on serre un peu ; on peut ainsi sans chance de bris, saisir les objets les plus délicats et les tourner en tous sens pour les examiner. »

Ces procédés ne sont pas applicables aux toutes petites bêtes, qu'il faut pouvoir saisir sans y toucher. Voici un procédé excellent et bien simple. On prend un tube de verre comme ceux dont les chimistes se servent et l'on bouche une des extrémités avec le doigt (fig. 54). Ceci fait, on plonge l'autre extrémité du tube dans l'eau, en l'enfonçant autant qu'il est nécessaire ; le tube restera plein d'air. Si nous voulons attraper un petit crustacé, un cyclope par exemple, nous lui présentons pendant qu'il nage, l'ouverture qui est plongée dans l'eau et aussitôt nous enlevons le doigt :
l'eau se précipite dans le

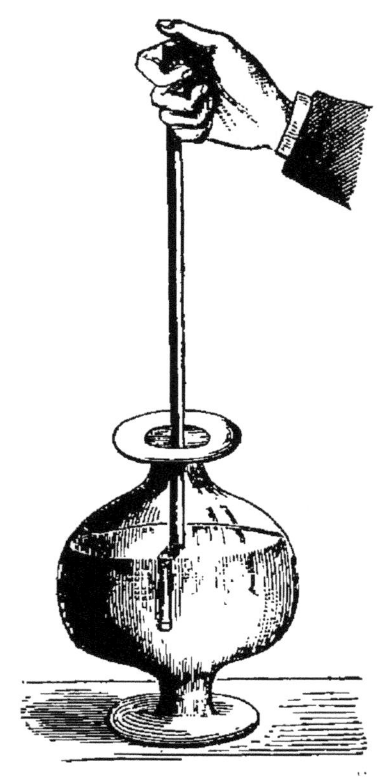

Fig. 54. — Tube-pipette pour attraper les petites bêtes.

tube, entraînant la bestiole avec elle. Nous rebouchons immédiatement avec le doigt et nous retirons le tube de l'eau : nous avons ainsi une pipette remplie d'eau qui renferme, toute seule, la bête que nous désirions ; nous n'avons plus qu'à vider le tube dans un bocal bien propre, pour avoir, isolé, l'objet de nos désirs : nous pouvons l'étudier à notre aise. Lorsqu'on voudra l'étudier à la loupe, on le placera de préférence dans un verre de montre avec une petite quantité de liquide.

Notes et dessins. — Voyons maintenant, dans ses grandes lignes, comment on étudie un animal : il faut pour cela observer, prendre des notes, faire des dessins, parfois des expériences, quelquefois (quand cela sera possible) des dissections.

On doit en effet avoir un cahier ou un carnet dans lequel on notera au fur et à mesure les observations que l'on fera. On doit d'abord noter la date de la capture de l'animal, le lieu où on l'a faite, avec quel engin de pêche, etc. L'animal étant mis dans l'aquarium commun, on notera sa manière de se comporter vis-à-vis des plantes, des autres animaux, de la lumière, etc. Puis on le mettra dans un aquarium spécial où l'on notera ses évolutions et comment il se nourrit. On le placera ensuite dans un verre de montre, de manière à arrêter ses mouvements, si possible. Ou mieux on prendra un animal mort, on étudiera les détails de son organisation, et surtout on le dessinera. Nous ne saurions trop insister sur l'importance et l'intérêt du dessin : c'est en effet une tendance générale des commençants de croire que, lorsqu'ils ont observé un animal sous toutes ses faces, ils le connaissent suffisamment bien. Qu'ils se détrompent, ils ne le connaissent ainsi que superficiellement, et surtout, au bout de quelques jours, ils ne se souviendront plus de ce qu'ils ont vu. Au contraire, en dessinant, ils se créeront une source de documents où ils pourront fouiller quand bon leur semblera. Et de plus, en dessinant, *on aperçoit une quantité de détails* qui échappent à un examen rapide, même fait avec soin. On doit dessiner l'animal vu dans différentes positions, de dos, de ventre, de profil, etc. On doit aussi représenter à part et ordinairement grossis, les détails qui ne seraient pas suffisamment nets sur les figures précédentes. Ainsi pour un Hydrophile, on doit dessiner à part, chacune des pattes, une antenne, une aile, les stigmates, les pièces de la bouche : et qu'on ne s'imagine pas qu'il faille être un artiste pour faire de pareils dessins : un simple croquis au trait suffit. D'ailleurs le dessin devra être *couvert de notes* destinées à éclairer certains points de la morphologie de l'animal. On aura ainsi sur celui-ci des notions nettes et précises qui permettront d'établir sa place dans la classification et jusqu'à un certain point les fonctions de ses parties.

Ceci fait, on placera un mâle et une femelle ensemble : on verra comment se fait l'accouplement, puis la ponte. Et, si l'on a des larves, on se rendra compte de la façon dont elles se transforment en insectes parfaits.

Enfin, quand la bête sera suffisamment grosse, on étudiera son anatomie interne, on la disséquera.

On voit combien d'observations on peut faire avec un seul animal, et quel vaste champ d'études offre un aquarium d'eau douce à tout esprit curieux des admirables merveilles de la nature ! Le poète et l'artiste y trouveront aussi de beaux sujets de méditation.

CHAPITRE VII

LES PROTOZAIRES. — LES CŒLENTÉRÉS. LES SPONGIAIRES

Gros Infusoires. — Spirostome. — Stentor. — Vorticelle. — Une merveille : L'Hydre d'eau douce. — Où on la trouve. — Vertus d'un naturaliste. — Découverte de Trembley. — Récit. — Enthousiasme de Lyonnet. — Bras. — Nématocystes. — Foudroiement des bestioles. — Nutrition de l'hydre — Marche comme celle des chenilles arpenteuses. — Culbute. — Schéma d'une hydre. — Retournement. — Digestion par la peau. — Soudure des téguments. — Il n'y a que les parois de même nom qui se soudent. — Les hydres ne se mangent pas entre elles. — Hydres monstrueuses. — Les parasites. — L'hydre coupée en morceaux. — Reproduction par bourgeonnement. — Un arbre généalogique vivant. — Reproduction sexuelle. — Cordylophora. — Ses tribulations. — Une colonie animale. — Polymorphisme des individus. — Ind. reproducteurs. — Ind. nourriciers. — Spongille d'eau douce. — Sa constitution. — Sa larve.

Avant d'aborder l'étude de l'hydre d'eau douce, nous devrions passer en revue les innombrables Protozoaires qui peuplent les eaux douces. Mais outre que cela nous entraînerait trop loin, nous ne le ferons pas, car de telles recherches exigent l'emploi du microscope et souvent de très forts grossissements. Il est cependant trois Infusoires que leur taille volumineuse permettra d'observer sous des grossissements peu considérables : en examinant les algues filamenteuses décrites au chapitre IV, nous les rencontrerons presque à coup sûr dans le champ du microscope.

Infusoires. — Voici d'abord le *Spirostome ambigu*, sorte de petite larve transparente, de forme ovale, renflée au milieu et qui court dans l'eau, sans que l'on voie la cause qui le fait progresser. En le regardant attentivement, on voit que son corps est sillonné par des stries disposées en spirales. Parfois l'animal se contracte ; on voit son corps se raccourcir et se contourner en spirale, et, dès lors, l'Infusoire progresse en se vissant en quelque sorte dans l'eau. Il est très rare que les Infusoires atteignent une taille aussi grande ; aussi faut-il connaître l'existence du Spirostome, car on pourrait au premier abord le prendre pour un ver.

La deuxième grande espèce que nous pourrons rencontrer est le *Stentor de Rœsel* ; sa forme est tout à fait caractéristique, c'est une sorte de trompette ou d'entonnoir. La large base est la partie par laquelle l'animal absorbe les aliments. Le sommet n'est pas pointu, il est légèrement épaté. Le Stentor nage assez rarement ; le plus souvent, il est fixé, par cette extrémité, soit à des algues, soit à des lentilles d'eau. Il est facilement reconnaissable à sa couleur verte, qui est due à la présence constante d'algues parasites.

Nous citerons enfin les plus curieux, les *Vorticelles* (fig. 55). Leur corps est en forme de boule ou mieux de calice, dont la base est assez large, et qui, à la partie inférieure, se continue avec un long pédoncule, fort grêle, très transparent, difficile à voir, allant se fixer à une algue ou à tout autre fragment de plante aquatique. Lorsqu'on examine la Vorticelle pendant un instant, on voit, dans sa région élargie, une sorte de mouvement très actif ; ce mouvement se communique à l'eau ambiante et l'on voit deux tourbillons de matières étrangères qui viennent apporter de la nourriture à la Vorticelle. Mais

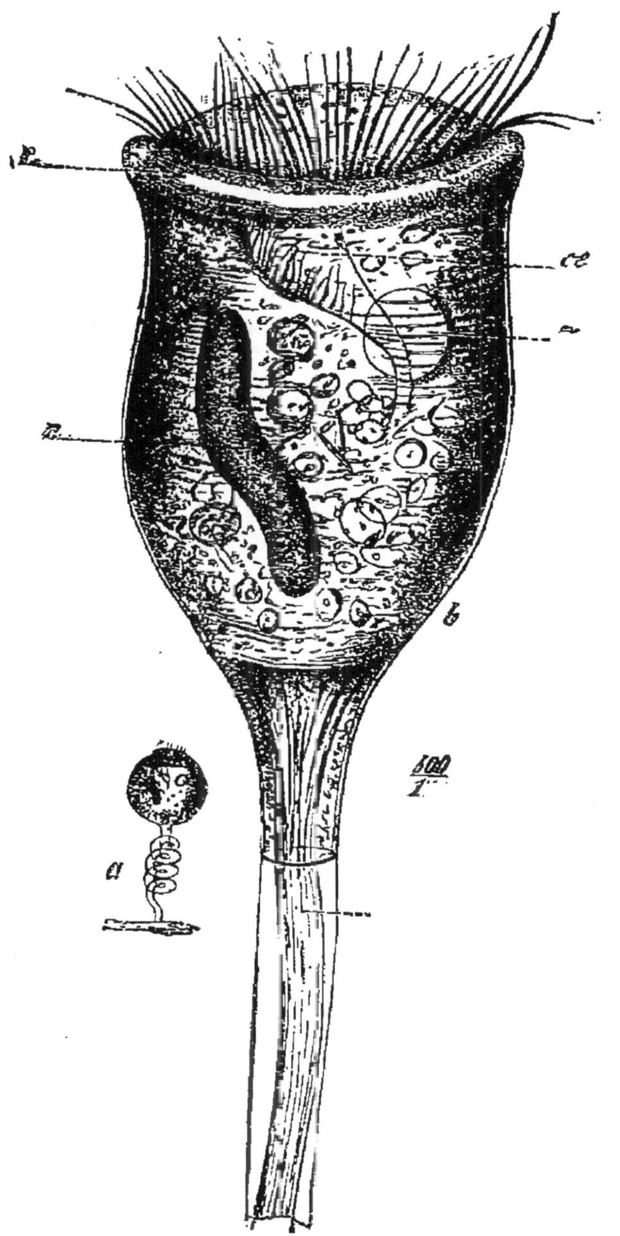

FIG. 55. — Vorticelle. *a*, grossie; *b*, très grossie.

vienne une particule plus grosse, ou encore l'animal
est-il effrayé, aussitôt, avec la rapidité de l'éclair, le

pédoncule se contracte en formant un ressort à boudin, et rapproche de l'algue le corps de la Vorticelle, en rendant le tout très confus. Mais attendons un instant, les faits inverses vont se passer, le ressort va se dérouler lentement, l'animal va s'épanouir et de nouveau va se mettre à manger : rien n'est curieux, comme de voir tous ces mouvements si bien coordonnés, si complexes, et cela chez un animal si simple, une cellule!

Hydre d'eau douce. — Ces quelques notions très générales étant données sur les Protozoaires, passons à des êtres plus élevés en organisation, à l'embranchement des Cœlentérés qui est surtout représenté dans notre aquarium par l'HYDRE D'EAU DOUCE (fig. 56). Comment cela : « qui est représentée »? Mais oui, vous l'avez mise sans vous en douter dans l'aquarium en y introduisant des plantes aquatiques. Les Hydres se rencontrent, en effet, au-dessous de nombreuses plantes aquatiques, telles que les Lentilles d'eau et surtout sous les feuilles de la *Veronica beccabunga*, bien connue par ses fleurs bleues à deux étamines. En regardant attentivement la face inférieure des feuilles de cette plante, on voit souvent une toute petite masse verdâtre à l'aspect gélatineux, et paraissant d'une immobilité absolue. Qu'est-ce? Un animal, une plante? Il serait bien difficile de le dire pour l'instant. Mais pour être un bon naturaliste, un bon observateur, *il est besoin*, nous dirions presque *et il suffit*, d'avoir de la patience.

Plaçons notre plante dans l'aquarium et attendons dix minutes, un quart d'heure, une demi-heure, s'il le faut, et nous ne regretterons certainement pas notre temps. La masse verdâtre immobile, commence à s'agiter, puis elle s'allonge avec prudence, enfin elle prend une forme élancée, et on voit pendre de longs bras très fins, forts jolis, qui s'agitent avec élégance dans l'eau ; c'est une *Hydre d'eau douce*, appelée aussi *Hydre verte*, à cause de sa couleur ou encore *Hydre de Trembley*, en souvenir des expériences que ce célèbre naturaliste a faites sur cet organisme, expériences que nous allons décrire et que nous pourrons effectuer à nouveau. Avec une paire de ciseaux bien aiguisée, une bonne loupe et une soie de porc, nous aurons tous les objets nécessaires.

Découvertes de Trembley. — Les Hydres d'eau douce ont été découvertes par Leuwenhœck, l'un des inventeurs du microscope. Mais elles ne furent étudiées que beaucoup plus tard par Trembley [1] en

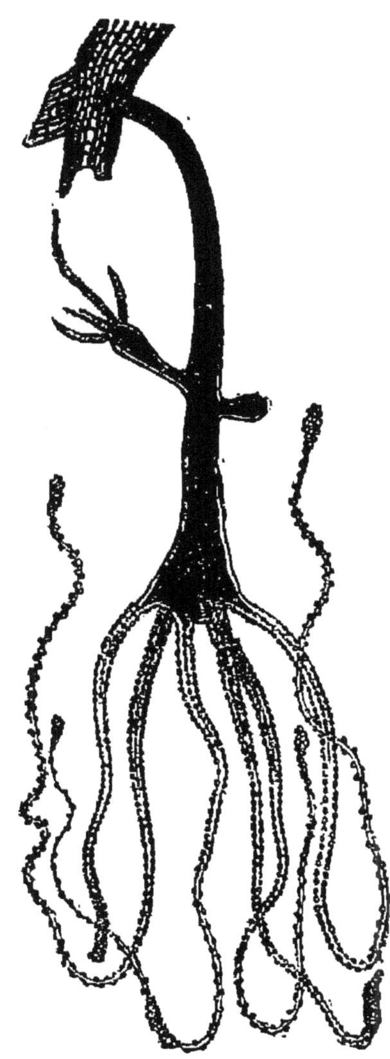

Fig. 56. — Hydre d'eau douce (grossie), avec deux jeunes bourgeons.

[1] Trembley, *Mémoire pour servir à l'histoire d'un genre de Polypes d'eau douce à bras*, Paris, 1744.

1744 et, depuis cette époque, elles devinrent très célèbres dans la science. Trembley était à cette époque pré-
cepteur des enfants du comte de Bentinck et avait
trouvé dans les bassins du château de Songuliet, de
petits Polypes qu'il prit d'abord à cause de leur couleur
verte pour des plantes. Les ayant mis dans l'eau, il
les vit s'agiter, se contracter : c'est pour déterminer la
nature, soit végétale, soit animale, de ces petits organismes, qu'il entreprit ses merveilleuses recherches.

Mais laissons lui narrer sa découverte ; ce récit montrera comment des observations patientes et consciencieuses peuvent mener parfois à de belles découvertes.

« Dès le premier été (1740), dit-il, que j'ai
passé dans les propriétés du comte de Bentinck, à un
quart de lieue de La Haye, j'y ai trouvé des Polypes.
Ayant remarqué divers petits animaux sur certaines
des plantes retirées d'un fossé, je plaçai quelques-unes
de ces plantes dans un grand verre empli d'eau, que
je plaçai sur la planchette d'une croisée, à l'intérieur de
la maison, et je me mis à étudier de plus près les insectes
contenus dans ce vase. J'en trouvai tout de suite beaucoup qui sont très communs, il est vrai, mais qui
m'étaient en grande partie inconnus. Un spectacle aussi
nouveau que celui que m'offrirent ces animalcules, excita
ma curiosité. En parcourant alors du regard ce verre
peuplé d'Insectes, *j'aperçus pour la première fois
un Polype* qui adhérait à la tige d'une plante aquatique, je n'y fis pas grande attention tout d'abord, et je
poursuivais de petits Insectes, qui, en raison de leur
vivacité, attiraient plus mon attention qu'un objet immo-

bile, qui, vu pour ainsi dire en passant, pourrait être pris tout simplement pour une plante, surtout lorsqu'on n'a encore aucune idée de ces êtres dont la figure se rapproche de celle de ces Polypes d'eau douce, tels que sont les Polypes de mer. Les Polypes que j'ai découverts en premier lieu sont d'une très belle couleur verte. Les premières fois que j'ai observé ces corpuscules, je les ai pris pour des végétaux parasites poussés sur les autres plantes. Leur forme, leur couleur verte et leur immobilité m'avaient suggéré l'idée que j'avais là sous les yeux des plantes. C'est aussi la première pensée qui vient à l'esprit de bien des personnes lorsqu'elles voient pour la première fois ces êtres dans leur attitude la plus commune. Le premier phénomène que j'ai constaté sur ces Polypes consiste dans le *mouvement des bras*; ils les courbaient et les contournaient lentement en différents sens. Par suite de l'idée préconçue que je m'étais mise en tête et qui me faisait prendre ces Polypes pour des végétaux, je ne pouvais me figurer que ces mouvements que je constatais à l'extrémité supérieure des minces filaments leur fût propre. Toutefois, ils en avaient l'apparence, et plus j'observai dans la suite les mouvements de ces bras, plus ils me semblèrent dépendre d'une cause interne et non pas d'une force impulsive étrangère à ces créatures. Une fois je remuai le verre qui les contenait, avec beaucoup de douceur, pour voir quelle influence le mouvement de l'eau pourrait avoir sur ces bras. Je ne m'attendais pas le moins du monde au résultat de mon expérience, lorsque je l'exécutai. Contrairement à mes prévisions, au lieu de voir

les bras et les corps des Polypes participer tout simplement au mouvement de l'eau et par conséquent suivre
ses déplacements, je les vis se contracter tout à coup
à ce point que le corps de ces Polypes ne ressembla plus
qu'à un granule verdâtre et que les bras disparurent
complètement à mes regards. Ce phénomène me surprit.
Ma curiosité fut d'autant surexcitée et je redoublai
d'attention. En parcourant, avec l'œil armé d'une loupe,
divers Polypes que j'avais vu se contracter, je les vis
bientôt commencer à s'étendre de nouveau. Leurs bras
reparurent à mes regards et les Polypes reprirent leur
premier aspect. Cette contraction des Polypes, jointe à
tous les mouvements que je leur avais vu exécuter lorsqu'ils s'étendaient à nouveau, éveilla vivement en moi
cette idée, qu'*il s'agissait là de véritables animaux* ».

Les expériences ultérieures de Trembley le confir-
mèrent de plus en plus dans cette manière de voir. On
raconte que Lyonnet en fut tellement enthousiasmé
qu'il apprit à graver pour exécuter lui-même les figures qui devaient accompagner le travail de Trembley
sur l'Hydre verte.

Préhension et nutrition de l'Hydre. — On trouve dans
nos eaux douces trois espèces d'Hydres : l'*Hydre verte*,
l'*Hydre brune*, l'*Hydre aux longs bras*. Le corps de
chacune de ces espèces affecte la forme d'un long cornet
dont l'extrémité fermée s'étale en une sorte de ventouse,
au moyen de laquelle l'animal s'accroche aux corps
étrangers, tandis que l'autre extrémité est ouverte et se
prolonge par des bras au nombre de six à dix-huit,
longs, flexibles, mobiles. L'orifice limité par la base de

ces tentacules est l'ouverture par laquelle pénètrent les matières alimentaires, en même temps qu'elle sert à l'expulsion des résidus de la digestion ; c'est à la fois une bouche et un anus.

Les bras ou tentacules sont des filaments extrêmement grêles et parfois remarquablement longs ; on en a vu qui atteignaient plusieurs décimètres, alors que le corps n'avait pas plus de 2 à 3 millimètres. L'animal les étend de toutes parts, les accrochant aux objets environnants ou les promenant lentement dans l'eau. Si un petit animal, un petit crustacé, une *Daphnie* par exemple, vient à heurter l'un de ces bras, aussitôt on le voit rester immobile, comme paralysé, pendant que le bras l'entoure petit à petit, puis se rétracte pour amener la bestiole jusqu'à la bouche où il la fait pénétrer. Chaque bras est en effet pourvu d'une multitude, de milliers de petites capsules que l'on appelle des *némato-cystes* (fig. 57). Ce sont des cellules renfermant à l'état de repos un long filament enroulé sur lui-même à la manière d'un ressort à boudin ; ce filament est garni de barbules sur les bords. Lorsque la cellule subit une excitation quelconque, le filament se déroulant brusquement est projeté au dehors, en devenant rigide et en emportant sans doute avec lui un peu du liquide vénéneux contenu dans la capsule. Aussi, dès qu'un animal vient toucher un bras, tous les nématocystes excités dardent leurs flèches sur la bestiole, qui est paralysée et ne tarde pas à mourir. D'ailleurs, quand on prend une Hydre avec la main, on s'aperçoit qu'elle colle aux doigts ; cette adhérence est produite par les

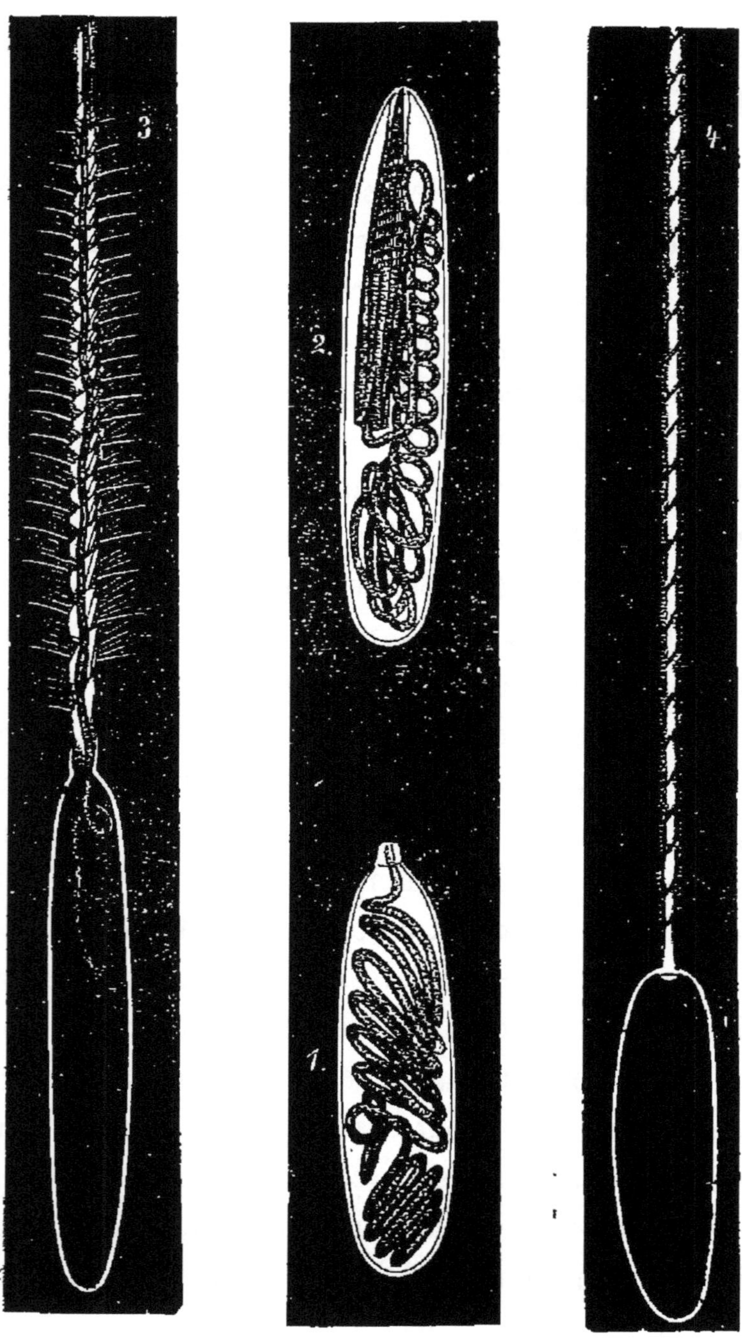

Fig. 57. — Nématocystes, dont le fil en spirale est
à divers états d'extension. (Considérablement grossis.)

filaments des nématocystes qui pénètrent dans l'épiderme de la main. Ici les nématocystes n'ont pas une puissance très grande, mais chez d'autres Cœlentérés marins, tels que les Anémones de mer, les Méduses, etc., leurs propriétés nocives sont très développées ; le contact de la main avec un de ces animaux produit une rougeur assez intense, et même une fièvre parfois assez forte. Chez l'Hydre, une puissance pareille serait bien inutile ; ses faibles nématocystes suffisent à paralyser les bestioles dont elle fait sa nourriture.

Locomotion de l'Hydre. — L'Hydre peut se déplacer facilement et son mode de locomotion (fig. 58) est fort curieux. « On la voit, dit M. Ed. Perrier [1], courber son corps en arc, se fixer par la bouche, détacher son pied et le ramener vers la bouche, puis détacher celle-ci, la fixer de nouveau et ramener vers elle, comme précédemment, sa partie postérieure ; l'Hydre marche alors exactement comme le font les *chenilles arpenteuses* qui ont l'air de mesurer le terrain sur lequel elles se meuvent. Mais l'animal procède quelquefois d'une façon plus expéditive. Il fait son premier pas comme précédemment, se fixe par la bouche, puis se dresse verticalement, recourbe son corps du côté opposé, fixé sur pied et se remet debout exactement comme un gymnaste exécutant une culbute. C'est ordinairement pour aller vers la lumière qu'elles aiment beaucoup, bien qu'elles n'aient pas d'yeux, que les Hydres exécutent tous ces

---

[1] Edmond Perrier, *Les Colonies animales*, Paris, 1881.

mouvements ; mais elles se déplacent aussi pour chercher leur proie ».

Retournement de l'Hydre. — Les Hydres sont, on le

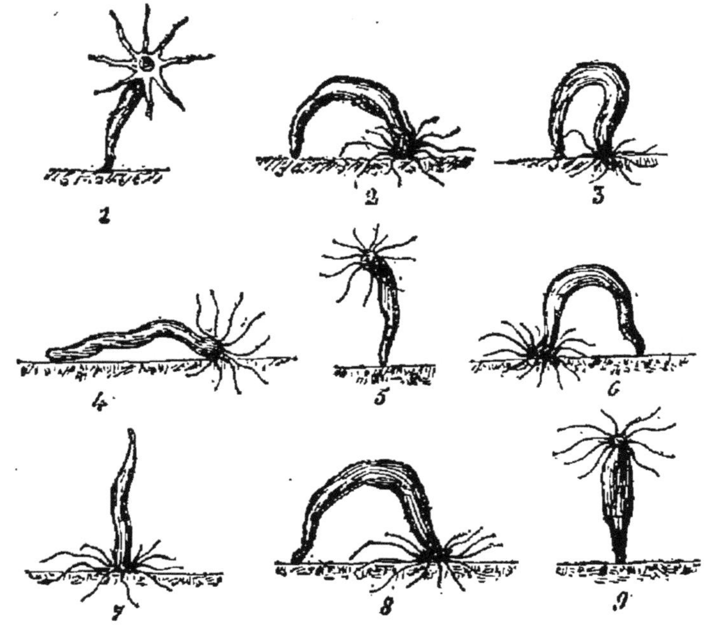

Fig. 58. — Locomotion de l'hydre. De 1 à 4, en marchant à la manière
des sangsues. De 4 à 9, une cabriole.

voit, des animaux à structure extrêmement simple et pouvant en somme se résumer en un sac
(fig. 59), dont le côté le plus extérieur
serait la *peau*, tandis que le côté le
plus externe serait la *paroi digestive*. A l'état normal, l'une sert à
protéger l'animal contre les actions
extérieures, l'autre sert à digérer les
aliments. Il semble donc y avoir, au
point de vue fonctionnel, une différence profonde entre ces deux parois ;

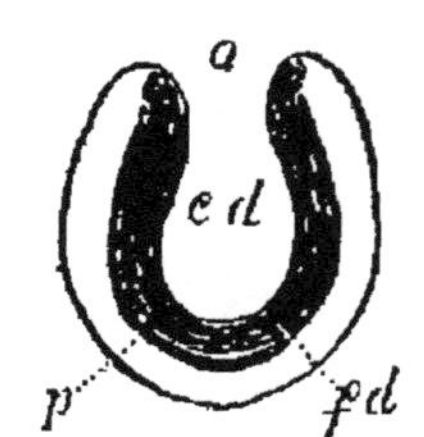

Fig. 59. — Coupe
théorique d'une hy-
dre. *p*, peau, *fd*,
paroi digestive. *cd*,
cavité digestive. *o*,
orifice buccal.

en réalité cette différence n'est pas aussi grande qu'il y paraît au premier abord.

Trembley a, en effet, montré que la peau pouvait aussi bien digérer que la paroi interne. Voici comment il s'y est pris : « Je commence, dit-il, par donner à manger, au Polype que je veux retourner, un ver du genre des Naïades. Dès qu'il l'a englouti, je me dispose à faire l'opération. Je n'ai pas besoin d'attendre

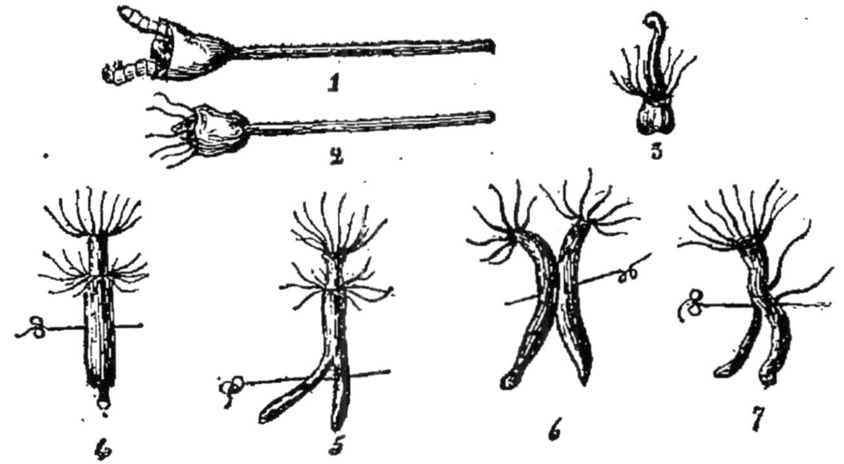

FIG. 60. — Expériences diverses sur les hydres. 1, 2, 3, comment on retourne une hydre. 4 à 7. Deux hydres mises l'une dans l'autre et en train de se séparer.

que le Ver soit complètement digéré ; je place le Polype, dès que son estomac est rempli, dans le creux de ma main gauche, avec un peu d'eau, puis je le comprime à l'aide d'un pinceau, un peu plus fortement à la partie antérieure qu'en arrière (fig. 60). De la sorte, je pousse le Ver de l'estomac vers la bouche du Polype ; c'est dans ce but que j'agis, et tandis que je presse de nouveau sur le Polype avec mon pinceau, une portion du Ver émerge hors de la bouche ; ainsi, à mesure que l'estomac se vide, le Ver émerge davantage. Il faut pousser cette manœuvre assez loin pour que le Ver se trouve poussé hors de la bouche du Polype avec beaucoup de précau- tion sur le bord de ma main, très légèrement humectée pour que l'animal n'y adhère pas trop fortement. Je l'oblige alors à se contracter de plus en plus, ce qui dilate de plus en plus la bouche et l'estomac. Je prends ensuite dans ma main droite une soie de porc, assez épaisse et tronquée, que d'autres ont remplacée par une épingle fine, et que je tiens comme une lancette au moment de saigner une veine. Je maintiens le bout le plus épais dans l'extrémité postérieure du Polype que je repousse ainsi jusque dans l'estomac; cette manœuvre s'effectue d'autant plus aisément que cet organe se trouve vide et très dilaté. Je continue alors à pousser la soie de plus en plus loin. Plus celle-ci pénètre profon- dément, et *plus le Polype se retourne.* Bref, le Polype se trouve fixé finalement en cette soie comme l'ours de Münchhausen sur son pieu, seulement sa paroi externe est devenue interne, et l'animal, maintenu dans l'eau, est repoussé au delà de la soie au moyen du pinceau. »

Enfin, comme il arrivait souvent que l'Hydre se *détournait* pour reprendre sa position naturelle, Trembley embrochait la bouche avec une soie de porc.

L'animal ne paraît pas très incommodé de ce traite- ment ; au bout de deux jours, il est complètement remis et se reprend à manger comme si de rien n'était ; mais il digère avec sa peau [1].

[1] Les résultats ont été dernièrement mis en doute par Engelmann et W. Marshall (Voir *Natural Science*, vol. 1, n° 2).

Greffe animale. — La même expérience permet aussi de faire une autre observation. Il arrive parfois que l'animal ne se retourne qu'en partie en appliquant ainsi peau contre peau : on voit alors ces deux parties se souder intimement l'une à l'autre. Mais si la peau peut se souder à elle-même chez un même animal, en est-il de même quand on s'adresse à deux individus différents ? Oui, on peut lier deux Hydres ensemble et les voir se souder intimement. La paroi digestive agit de la même façon. Si on lie une Hydre, les deux parois opposées de sa cavité digestive viennent en contact et se soudent. Ainsi la peau se soude à la peau et la paroi digestive à la paroi digestive. Mais peut-il y avoir accolement de la peau avec la paroi digestive? Trembley montre que non (fig. 60). En effet, tandis qu'une Hydre est bien épanouie, tâchons de lui faire avaler une autre Hydre. Nous pourrons arriver facilement à faire pénétrer cette dernière dans la première ; mais l'Hydre que l'on a donnée en pâture est bientôt rejetée sans avoir subi d'avaries. Nous pourrons empêcher ce rejet en profitant du moment où les deux Hydres sont emboîtées l'une dans l'autre pour les embrocher toutes deux avec une soie de porc ; encore ici, nous verrons les deux animaux faire tous les efforts possibles pour se séparer. Finalement, l'Hydre externe se fendra longitudinalement pour se débarrasser de son hôte intérieur ; cela fait, elle se refermera, la fente s'oblitèrera peu à peu, et les deux Hydres seront séparées. Ainsi, quoiqu'on fasse, on ne pourra jamais obtenir la soudure entre le feuillet digestif et la peau. Au contraire, nous avons vu que chaque paroi pouvait se souder à elle-même.

Monstruosité de l'Hydre. — Il arrive parfois que l'on trouve des Hydres toutes déformées, monstrueuses (fig. 61), qui ne ressemblent presque plus à des Hydres

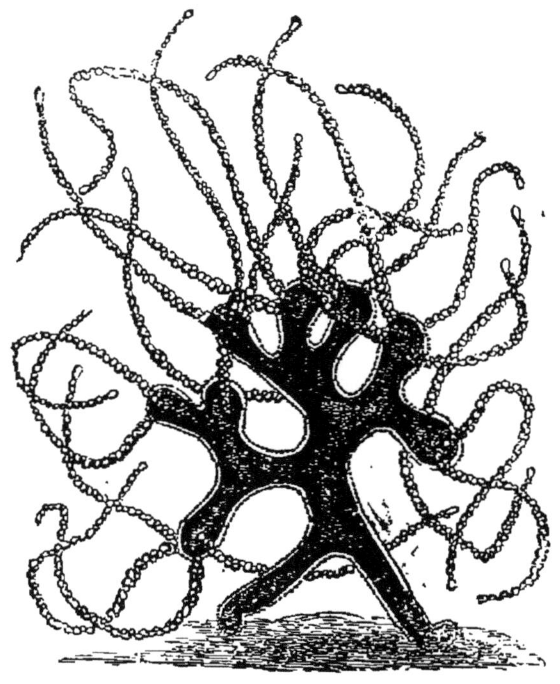

Fig. 61. — Hydre monstrueuse.

normales. Ce sont des Hydres attaquées par un parasite. Nous trouvons dans Brehm [1] les renseignements suivants, empruntés à Rœsel, sur ce parasite, le *Trichodina pediculus* : « Quant au parasite en question, qui peut harceler, jusqu'à la mort, ces polypes, et qu'on trouve en tout temps avec des dimensions variables, il est clair et transparent ; mais on découvre néanmoins

[1] Brehm, *Merveilles de la Nature :* |*Vers, Mollusques*, etc., Paris, 1886.

dans son corps des points sombres. Lorsque ces parasites nagent dans l'eau, leur forme est ovalaire, et ils se meuvent tantôt suivant une ligne sinueuse, tantôt suivant une ligne spiralée. Leurs mouvements sont très rapides, car ils se meuvent rapidement en tous sens à travers l'eau. Lorsqu'ils s'installent sur un Polype ou sur quelqu'autre corps, leur forme ovalaire s'altère et ils s'effilent en avant ainsi qu'en arrière. A l'aide du microscope, on constate, non sans étonnement, la rapidité avec laquelle ils courent çà et là sur le Polype sans qu'on puisse distinguer les nombreuses pattes d'un seul et même individu. (Ici, le microscope de Rœsel a été insuffisant.) Au début, le Polype se donne beaucoup de mal pour chasser cet hôte importun ; il cherche à s'en débarrasser, non seulement à l'aide de ses bras, mais encore en se contractant et en s'étirant à plusieurs reprises, mais il n'y réussit guère, car le parasite se fixe immédiatement au bras à l'aide duquel le Polype veut le chasser, et se met à grimper le long de ce bras. J'ai même vu souvent le parasite s'échapper avec la rapidité de l'éclair, de la place qu'il occupait, pour nager dans l'eau en suivant une ligne courbe et et revenir bientôt sur le Polype avec la même rapidité. Il semble enfin que le Polype se lasse de lui résister, il est fréquemment si couvert de ces parasites qu'on peut à peine reconnaître en lui une Hydre ; tantôt ses bras disparaissent et il perd en même temps la vie. »

Multiplication artificielle de l'Hydre. — Quelles sont les merveilles que l'Hydre peut encore nous offrir ? Profitons du moment où elle est en état d'extension pour la sectionner transversalement en deux parties d'un coup de ciseaux ; nous nous attendons à la voir périr par suite de cette terrible opération ; pas du tout, nous dirions même au contraire. La partie supérieure détachée qui porte les bras se met à nager avec ses tentacules jusqu'à ce qu'elle rencontre la paroi de l'aquarium ; arrivée là, l'ouverture que les ciseaux ont pratiquée se referme, se cicatrise, puis se soude au substratum : une nouvelle Hydre est constituée. Quant à la portion restée adhérente, après le moment de stupeur causée par la section, on la voit de nouveau s'étaler, s'épanouir, en présentant une large ouverture béante qui va devenir la bouche, tandis que sur tout son pourtour vont apparaître des mamelons qui en s'allongeant beaucoup redonnent des bras : nous avons ainsi une seconde Hydre. Si, au lieu de la couper transversalement nous la coupons longitudinalement, les choses se passeront de même. Bien plus, nous pouvons couper une Hydre autant de fois que nous voudrons. Trembley en a sectionné une en *cinquante parties*, et chacun de ses lambeaux reconstituera un nouvel animal [1] !

Reproduction par bourgeonnement. — La multiplication des Hydres par section est, en somme, artificielle ; elle ne se rencontre que rarement à l'état naturel. Mais ici il y a un mode de reproduction qui n'est pas moins curieux. Lorsqu'une Hydre est bien nourrie, c'est là une condition essentielle pour que l'expérience réussisse, on voit apparaître à la surface de son corps des petites

---

[1] *La Science moderne,* 2e année, n° 80.

bosselures qui grandissent lentement et qui sont creusées d'une cavité en communication avec la cavité
digestive de l'Hydre que l'on examine. Ces bosses grandissent et finalement se percent à leur sommet chacune
d'une bouche, laquelle s'entoure d'une couronne de

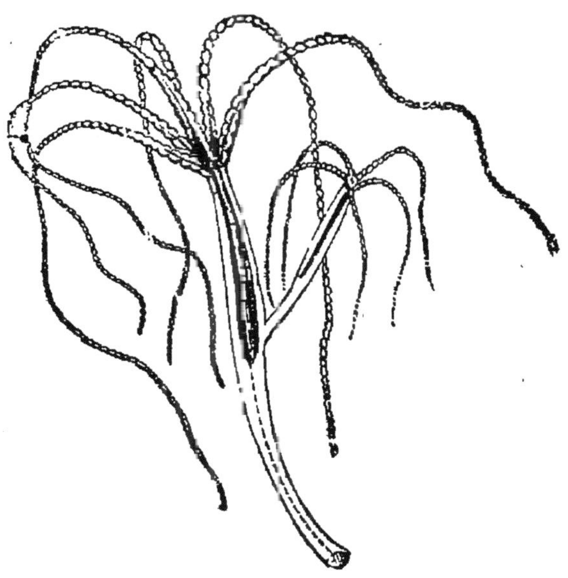

Fig. 62. — Une hydre, avec un bourgeon déjà grand.

tentacules : il s'est formé des Hydres filles, dont l'estomac est encore en communication avec celui de la mère
(fig. 62). Les choses en restent à cet état pendant quelques jours ; mais, si l'on a soin de ne pas laisser les
animaux sans nourriture, chaque petite Hydre nouvelle se sépare de sa mère pour aller se fixer ailleurs.
Rœsel a fort bien décrit cette séparation : « Avant que
le jeune Polype ait acquis ses bras et qu'il puisse s'en
servir pour capturer des proies, il reçoit sa nourriture
du corps de la mère, à laquelle il se trouve relié comme
la ramification d'un vaisseau sanguin à son tronc, de

telle sorte qu'il s'ouvre dans le conduit creux de cette cavité. Mais quand il peut se servir de ses bras et les étirer, bien qu'il soit encore fixé à sa mère, il cherche, à l'aide de ses bras, à se procurer lui-même sa nourriture en saisissant et en avalant, grâce à leur intermédiaire, de petits insectes de temps à autre, ainsi que je l'ai vu plusieurs fois. Lorsque le jeune Polype atteint sa maturité, on peut constater, à l'aide d'un léger grossissement, qu'il ne tarde pas à se détacher. Le canal obscur du jeune Polype devient de plus en plus mince à son extrémité postérieure, qui le relie visiblement à sa mère ; ce canal devient enfin tellement grêle qu'on ne peut plus constater aucun lien entre le jeune Polype et sa mère, même à l'aide des plus forts grossissements, bien qu'il lui soit encore attaché par son tégument externe qui est transparent, mais qui ne persiste pas longtemps ; une fois arrivé à ce point, le jeune Polype commence à étirer fortement son corps aussi bien que ses bras, jusqu'à ce qu'enfin, grâce à ses mouvements, il se détache ; quand ce fait s'est produit, il se fixe solidement en un point quelconque, par sa partie postérieure, à l'instar de sa mère, et il pourvoit lui-même à ses besoins. »

Parfois, souvent même, les Hydres filles bourgeonnent à leur tour, tout en restant fixées sur l'Hydre mère : il n'est pas rare de trouver trois ou quatre générations fixées les unes sur les autres ; Trembley a pu obtenir une Hydre qui portait dix-neuf petites Hydres appartenant à trois générations successives ; c'était un véritable arbre généalogique vivant.

Reproduction sexuelle. — La reproduction par bourgeonnement que nous venons de décrire ne s'effectue que lorsque la nourriture est abondante. Lorsque le milieu dans lequel vit l'Hydre devient pauvre en éléments nutritifs, la reproduction sexuée fait place à la reproduction asexuée. A cet effet, on voit naître au-dessous des tentacules une quinzaine de bosselures que l'on prendrait au début pour des jeunes bourgeons. Point, ce sont les organes mâles. Ils grossissent et finissent par éclater en évacuant au dehors un liquide blanchâtre, formé de spermatozoïdes. Au-dessous de cette couronne d'organes mâles, on en voit naître une autre semblable, mais formée de trois ou quatre bosses seulement : chacune d'elles est un ovaire. A l'intérieur, est un œuf ; la capsule finit par se percer en un point par lequel pénètre un spermatozoïde. La fécondation une fois opérée, l'œuf se segmente et finit par donner une toute petite larve ciliée qui s'échappe de son réceptacle, puis va se fixer plus loin sur une plante aquatique et donner une nouvelle Hydre.

Telle est l'histoire de l'Hydre d'eau douce. Elle nous montre un représentant du grand embranchement de Cœlentérés, animaux généralement marins.

Colonie des Cordylophora. — Le groupe des Cœlentérés est encore représenté dans nos cours d'eau par une autre espèce, mais celle-là plus rare et ne pouvant par suite être étudiée que difficilement. C'est le *Cordylophora lacustris* (fig. 63).

Cet hydraire a été découvert en 1873, par M. Edmond Perrier, dans les bassins souterrains du Jardin des

Plantes ; c'était la première fois qu'on le rencontrait en France.

« Ses colonies formaient de petites touffes sur les

Fig. 63. — *Cordylophora lacustris*. A, Polype nourricier.
B, Polype reproducteur, C, sortie des larves. D, stolon. T, tentacules.

coquilles de la *Dreyssena polymorpha*, sorte de moule qui envahit depuis peu nos cours d'eau, cheminant de l'est à l'ouest, et qui paraît avoir été primitivement, comme le Cordylophora, un type semi-marin. La *Dreyssena* semble porter le *Cordylophora* avec elle, partout où elle arrive, de sorte qu'on peut se demander si on n'est pas en présence d'une double immigration dans les eaux douces d'animaux primitivement marins, qui habitent encore dans les eaux saumâtres de la Baltique ou de l'embouchure des fleuves, et qui auraient peu à peu remonté ceux-ci jusqu'au centre des continents pour se répandre ensuite dans les ruisseaux, voire même dans les simples conduites d'eau des villes, où la multiplication de la Dreyssena est fréquemment devenue un sérieux embarras. » (Ed. Perrier.)

En étudiant ce petit animal avec une forte loupe, on pourra se rendre facilement compte des diverses particularités de son organisation. Au premier abord, elle semble très différente de celle de l'Hydre ; mais au fond elle en est très voisine. On voit une sorte de petite tige qui se ramifie d'une manière fort élégante et porte deux sortes de productions, qui, disons-le tout de suite, représentent chacune un individu.

Nous avons affaire ici à ce qu'on appelle une *Colonie :* pour s'en rendre compte, il suffit de se reporter à ce que nous avons dit du bourgeonnement de l'Hydre et imaginer que chaque bourgeon qui naît sur le polype, au lieu de se détacher, reste constamment sur sa mère et que la communication des estomacs persiste ; nous aurons ainsi une série d'individus communiquant tous les uns avec les autres. Quand l'un d'eux mange, la nourriture peut servir à tous les autres : c'est une *colonie*. Chez l'hydre, il y a bien formation d'une colonie, mais celle-ci est *temporaire ;* chez le *Cordy-lophora*, au contraire, elle est *persistante*. La colonie s'individualise en quelque sorte, les ramifications sécrètent une gaine solide protectrice et de plus nous assistons ici à une division de travail extrêmement nette, entre les individus de la colonie. Les uns se consacrent à la nutrition de l'ensemble : ce sont les *indi-vidus nourriciers*, ils sont en tout point comparables aux polypes de l'hydre, avec cette différence que les tentacules, au lieu d'être localisés au pourtour de la bouche, sont disséminés sans ordre sur tout le corps. Les autres individus sont beaucoup plus déformés : ce sont les *individus reproducteurs*. Ne possédant ni bouche, ni tube digestif, ni tentacules, ils ne peuvent se nourrir eux-mêmes ; mais ils reçoivent indirectement la nourriture par l'intermédiaire des canaux qui serpentent dans les branches des Polypiers et qui sont en rapport avec les individus nourriciers. Leur rôle n'est pas, comme celui des premiers, de veiller à la conservation de la colonie ; ils existent seulement dans le but de conserver l'espèce. Ils ont la forme de poires, à l'intérieur desquelles on voit se former de petits corps arrondis, ovoïdes : un peu plus tard elles éclatent, mettant en liberté un certain nombre de petites larves qui, en nageant, vont se fixer sur une substratum quelconque, puis, se transformant, donnent un polype et bientôt une nouvelle colonie.

Spongiaires. — Nous venons d'examiner des représentants de l'embranchement des Protozoaires et de celui des Cœlentérés. L'embranchement des Échinodermes (Oursins, Etoiles de mer, Holothuries, etc.) n'a pas de représentants dans les eaux douces. Pour ce qui est de celui des Spongiaires, il n'y existe que sous la forme d'une petite éponge, qui va nous permettre de prendre une idée de l'organisation générale de ces animaux.

Éponge d'eau douce. — Non loin de l'Hydre, sur les

mêmes plantes aquatiques, sur des pierres et surtout sur les pilotis des ponts, nous pourrons apercevoir des petites lames, des sortes de croûtes blanc jaunâtre, souvent lavées de vert, à l'aspect un peu spongieux, mais n'affectant pas une forme bien définie : c'est la Spongille d'eau douce (fig. 64), une des rares éponges qui ne se rencontrent pas dans la mer, laquelle renferme quantité d'autres espèces. En l'examinant, à l'aide d'une forte loupe, on peut voir dans son intérieur de longues baguettes, terminées, aux deux bouts, par des pointes aiguës, que l'on appelle *spicules* et qui jouent le même rôle par rapport à une éponge que les os par rapport à un mammifère. Ces spicules donnent une consistance assez ferme à l'éponge et la rendent rude, âpre au toucher. On les voit s'entre-croiser dans tous les sens ; ils fixent la forme de la Spongille et la conservent après dessiccation. En examinant en outre la surface, on voit qu'elle est revêtue d'une pellicule blanche qui est percée de deux sortes d'orifices, les uns petits par lesquels l'eau pénètre et les autres plus grands *(oscules)*, souvent portés par un petit cône, et par lesquels l'eau ressort avec violence. Comment peut se nourrir l'Eponge ? Les pores petits ou grands ne sont que l'aboutissant de tout un réseau de tubes ramifiés, anastomosés, renflés par place et parcourant la masse de l'éponge en tous sens. L'eau chargée de particules alimentaires qu'elle tient en suspension pénètre par les petits pores, circule dans les canaux et sort au dehors par les grands orifices qui jouent le rôle de cheminée d'appel. L'organisation de l'Eponge est, comme on le voit, encore plus simple que celle des Hydres qui sont pourvues d'un véritable estomac.

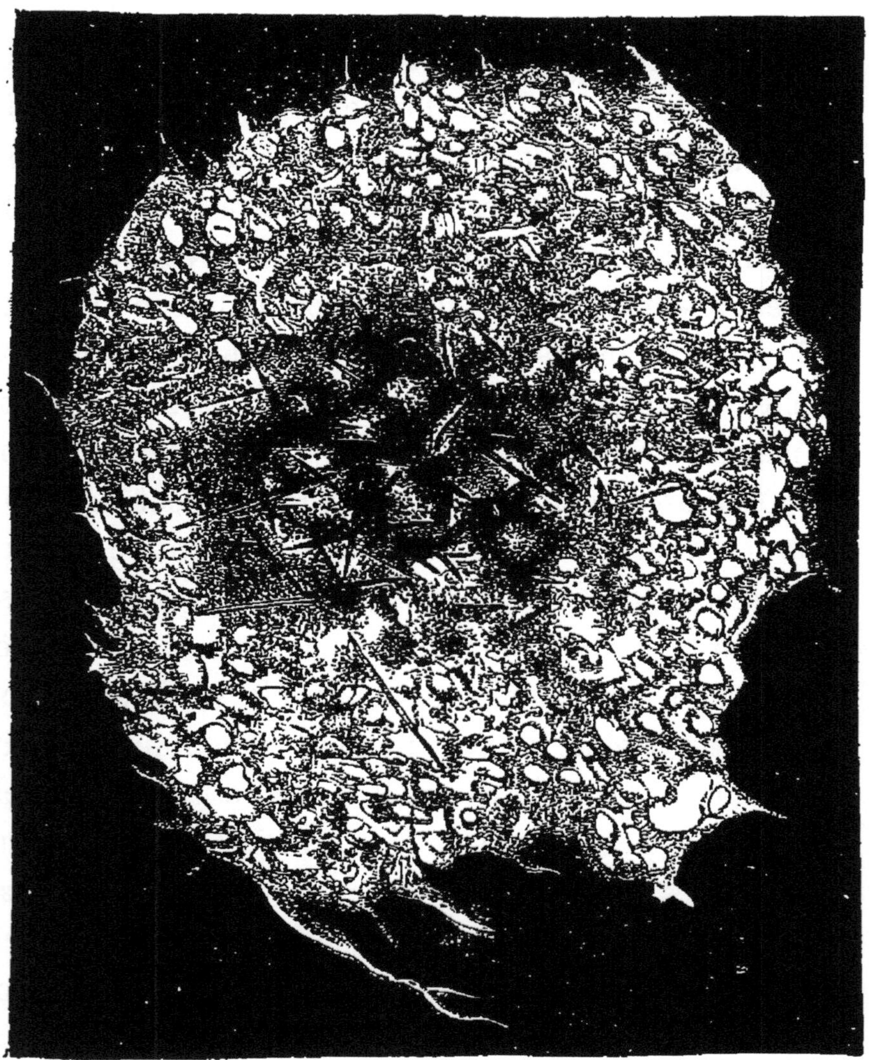

FIG. 64. — Éponge d'eau douce (grossie). On voit au centre les spicules.

En laissant des Spongilles au repos pendant quelque temps, il n'est pas rare d'en voir sortir des sortes de petites boules qui n'ont pas plus d'un demi à deux tiers de millimètre, c'est-à-dire qu'elles sont tout juste visibles à l'œil nu. Vues au microcope (fig. 65), elles

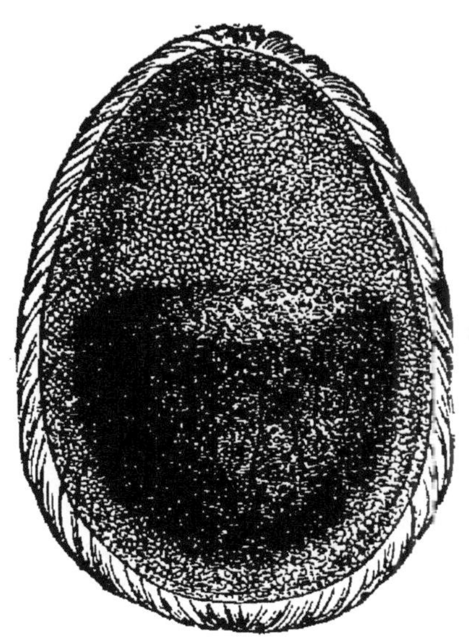

Fig. 65. — Larve de l'éponge d'eau douce (très grossie).

se montrent sous la forme d'un œuf contenant déjà des spicules : c'est la larve de l'Eponge. Sa surface est couverte de sortes de petits poils constamment en mouvement, appendices très fréquents chez les animaux aquatiques et désignés sous le nom de *cils vibratiles*. Grâce à eux, la larve nage en tous sens dans l'eau ; elle va à la surface, elle redescend au fond, elle tourne sur elle-même, en un mot, elle se livre à une série de cabrioles qui peuvent durer toute une journée. Mais, hélas ! les mouvements deviennent de plus en plus lents et finissent par cesser : la larve tombe au fond du vase, s'y fixe, grossit et donne une nouvelle éponge.

Les phénomènes que nous venons de décrire ne sont pas faciles à observer dans l'aquarium commun. Il faut, quand on a trouvé une Spongille, la mettre dans un bocal à part, avec de l'eau bien claire. Nous pourrons alors voir nager les jeunes larves qui en sortent, il sera bon de séparer celles-ci. Pour cela, nous emploierons la pipette dont nous avons déjà décrit le fonctionnement. La larve étant saisie, nous la porterons dans un verre de montre rempli d'eau. Dans ces conditions, nous pourrons étudier tout à notre aise les évolutions de la larve, sa fixation et sa transformation en une Eponge.

CHAPITRE VIII

LES VERS

Sangsue médicinale. — Métamérie des vers. — Ventouses. — Marche spéciale. — Se nourrit de sang. — Pêche de sangsues. — Hirudiniculture. — Prix des sangsues. — Expérience de Carlet sur la fixation des sangsues. — Usage des sangsues. — Grandeur et décadence. — Ponte. — Fabrication du cocon. — Clitellum. — Jeunes sangsues. — Sangsues de cheval. — Aulastome vorace. — Nephelis octoculée. — Histoire de son cocon. — Clepsine à deux yeux. — Naïs à trompe. — Reproduction par scissiparité. — *Dero obtusa.* — Reproduction agame. — Chœtogaster. — *Tubifex rivulorum.* — Est-ce une illusion? — Vers rouges. — Leur abondance. — Phréorycte. — Planaires. — Curieuse locomotion. — Mesostome. — Comment il mange. — Rotifères. — Simplicité apparente. — Roues. — Animaux reviviscents. — Autres rotifères. — Fécondité de l'hydatine.

Les Vers sont assez bien représentés dans notre aquarium, mais à part les Sangsues, ils sont tous assez petits. Le meilleur moyen de s'en procurer est de mettre dans un vase diverses plantes aquatiques, des Potamots surtout, et d'examiner les animaux qui en sortent.

Parmi les Vers les plus abondants que nous aurons ainsi l'occasion d'étudier, il faut citer, en première ligne, plusieurs genres et espèces de Sangsues qui forment le groupe des Hirudinées. L'une d'elles, la Sangsue officinale *(Hirudo officinalis)* est connue de tout le monde ; les autres sont plus petites, d'une couleur plus claire ; elles abondent dans les étangs et

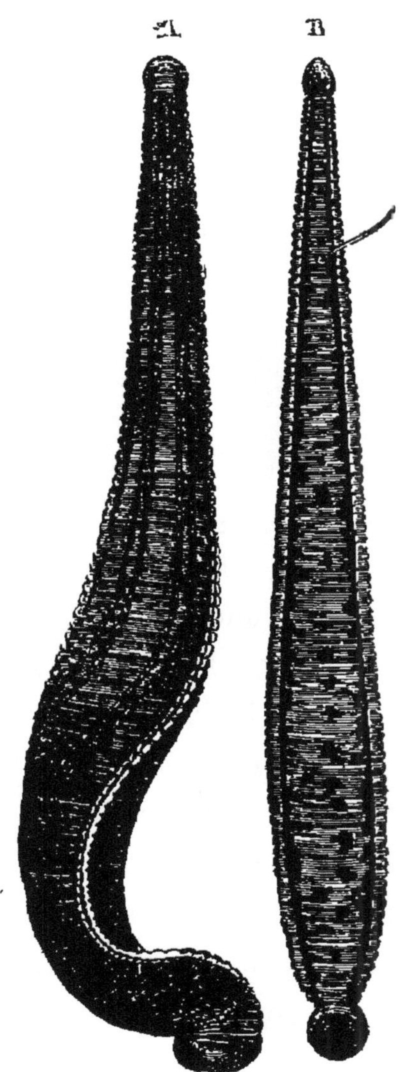

Fig. 66. — Sangsue médicinale. A, de dos et de profil. B, par la face ventrale.

les rivières, où elles et leurs cocons couvrent parfois complètement les feuilles des Potamots.

Sangsue officinale. — Racontons d'abord l'histoire de la Sangsue officinale (fig. 66), que l'on rencontre fréquemment et que, d'ailleurs, on peut se procurer chez tous les pharmaciens. On pourra la mettre dans l'aquarium commun, à la condition qu'il n'y ait pas des Poissons ou des Grenouilles. Si oui, il faudra l'en bannir avec soin, car elle ne tarderait pas à les faire périr.

Le corps de la Sangsue est allongé, légèrement renflé au milieu. Lorsque l'animal est à son maximum d'extension, sa taille peut atteindre de 15 à 20 centimètres. Au contraire, quand il est contracté, elle n'est plus que de 6 centimètres environ. La teinte générale est brun verdâtre, tirant

sur le roux : par places il y a des taches noires, mais
dont les dessins sont extrêmement différents suivant les
variétés (on en a décrit sept) et même suivant les individus (fig. 67). On reconnaît facilement la face dorsale
de la face ventrale en ce que la première est plus
foncée et porte six bandes longitudinales claires, tandis
que la seconde a une teinte plus pâle portant des
taches noires. On voit en outre une série de stries
transversales excessivement fines; la Sangsue paraît

   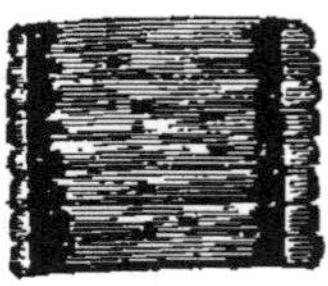

FIG. 67. — Anneaux médians de diverses variétés
de la sangsue médicinale.

donc composée d'une série d'anneaux successifs très
nombreux. D'une manière générale, tous les animaux
formés par des anneaux placés à la file les uns des autres sont dits *métamériques*. La Sangsue en est un
exemple. Mais, il ne faut pas confondre la métamérie
extérieure avec la métamérie interne, la seule qui soit
intéressante. Les anneaux extérieurs n'intéressent que
les téguments ; on a calculé que cinq de ces anneaux
externes correspondent à un seul segment interne.
Par toute leur surface externe, ils sécrètent une matière mucilagineuse, un mucus très abondant.

Le corps se termine, en avant, par une ventouse
assez petite, en forme de cuilleron, percée en son centre d'un orifice, la bouche. En arrière, il se termine
aussi par une large ventouse arrondie, membraneuse,

charnue, mais non percée d'un orifice : elle ne sert qu'à la fixation et à la locomotion. Celle-ci se fait d'une manière spéciale. La Sangsue commence par fixer sa ventouse postérieure, puis elle allonge son corps et fixe en avant sa ventouse antérieure. Ceci fait, la ventouse postérieure lâchant prise, le corps se contracte de manière à amener les deux ventouses l'une à côté de l'autre. De nouveau, la ventouse postérieure se fixe, l'antérieure se détache, le corps s'allonge et ainsi de suite. Moquin-Tandon [1] a calculé qu'un individu, se dirigeant en droite ligne, peut parcourir 80 centimètres en une minute. La marche est la progression qu'affectionne la Sangsue ; mais elle peut aussi nager, assez lourdement d'ailleurs, en effectuant des mouvements d'ondulation dans l'eau.

En examinant le corps à la loupe, on peut voir sur la face ventrale, dans le second cinquième antérieur, deux petits orifices médians et impairs : le premier est l'orifice mâle, le second est l'orifice femelle : les Sangsues sont hermaphrodites. Dans les environs de ces orifices, les glandes sont très développées et sécrètent plus de mucus que partout ailleurs, nous verrons plus loin pourquoi. — Sur la face dorsale du premier anneau, on peut voir aussi, rangées en demi-cercle, une série de petites taches noires qui paraissent être des yeux (fig. 68). M. Johannès Chatin [2] les considère aussi comme jouant en outre un rôle dans le toucher,

[1] Moquin-Tandon, *Monographie des Sangsues médicinales*, Paris, 1846.

[2] J. Chatin, *Les Organes des Sens*. Paris, 1880.

le goût et l'odorat. Il ne semble pas faire de doute que les deux derniers sens existent : chacun sait que pour qu'une Sangsue « prenne » sur la peau, il faut souvent humecter celle-ci d'eau sucrée.

La bouche est, avons-nous dit, à la face ventrale de la ventouse antérieure. Elle conduit dans un pharynx très musculeux et portant, à son intérieur, trois sortes de dents cornées en forme de demi-cercles, dentelées sur les bords et mues par des muscles spéciaux. De là, nous passons à un œsophage qui vient s'ouvrir dans un vaste estomac qui, dans chacun des anneaux, se dilate à droite et à gauche en un cæcum (fig. 69). Les deux derniers cæcums se distinguent de tous les autres par leur grande longueur. Enfin, en arrière de ces derniers naît l'intestin qui va s'ouvrir à la face ventrale de la ventouse postérieure.

Nutrition de la Sangsue. — La Sangsue ne se nourrit que de sang, qu'elle aspire à l'aide de son pharynx, après avoir fait à l'animal trois entailles avec ses mâchoires. Mais il semble que les Sangsues, suivant leur âge, choisissent des animaux différents pour

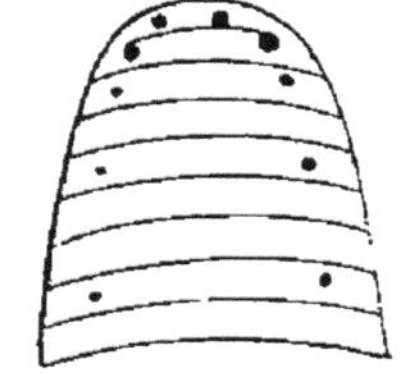

Fɪɢ.68. — Yeux de la sangsue officinale.

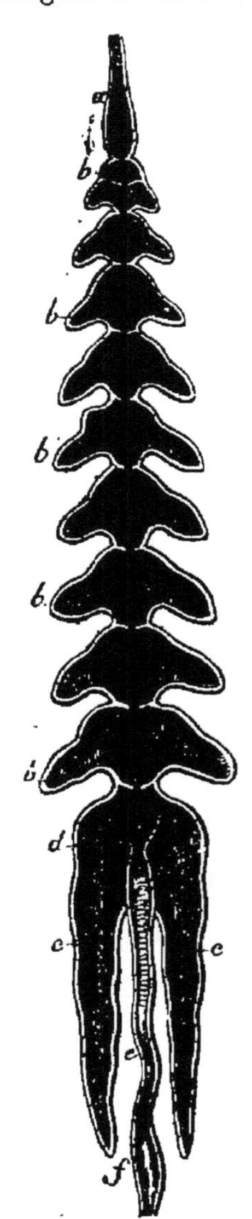

Fɪɢ. 69. — Tube digestif de la sang sue officinale.

en faire leur nourriture. Quand elles sont jeunes, elles sucent le sang des Insectes, puis s'adressent à celui des Grenouilles ou des Poissons. Ce n'est que plus tard qu'il leur faut des animaux à sang chaud,

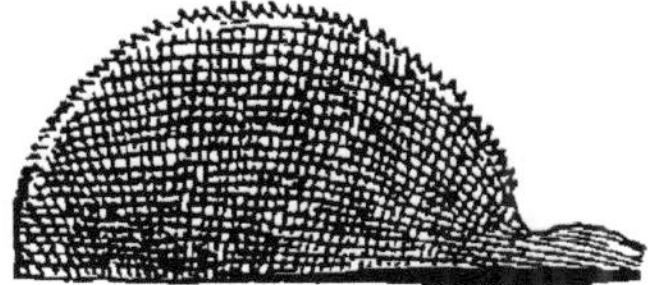

Fig. 70. — Sangsue.
Mâchoire isolée et grossie.

Fig. 71. — Blessure
produite par la morsure
d'une sangsue.

Fig. 72. — Sangsue
entourée
de son cocon.

l'homme, les bestiaux, etc. : c'est sur ce goût des Sangsues pour les mammifères qu'est basée la pêche en grand de ces animaux. On emploie, à cet effet, des chevaux hors d'usage, ou même l'homme lui-même, bien que cette sorte de pêche lui soit très pénible. « Les personnes chargées de la pêche des Sangsues se rendent, à cet effet, dans les lieux où elles habitent, elles entrent dans l'eau les jambes nues, et s'emparent, avec la main ou avec un troubleau, des animaux fixés aux corps solides; souvent aussi elles attendent pour les saisir qu'elles s'attachent à leurs jambes. On a soin, ordinairement, d'agiter l'eau avec les pieds ou un bâton que l'on traîne au fond du liquide, les Sangsues se montrent à la surface où on les saisit aussitôt ; dans certains pays, on dépose, dans les marais, la veille de la pêche, des cadavres d'animaux récemment tués ; le lendemain, il est facile de recueillir les Sangsues attachées à ces appâts. C'est principalement pendant les mois de mai, juin et juillet, que la pêche des Sangsues présente les plus grands avantages ; pendant le mois d'août, ces animaux se retirent dans leurs galeries pour y déposer leurs cocons ; durant l'hiver, ils s'enfoncent profondément dans la vase. » (Brehm.)

Elles peuvent rester fort longtemps sans manger : dans les pharmacies, on les conserve dans des bocaux recouverts d'une toile métallique ou d'une simple mousseline.

Hirudiniculture. — Dans certaines régions, il y a des étangs spéciaux où on élève des Sangsues : c'est ce qu'on appelle faire de l'hirudiniculture. « Des étangs naturels ou factices sont employés à l'élevage des Sangsues ; le fond de ces étangs doit être formé d'une terre argileuse pour que les animaux puissent s'y enfoncer. Les sols tourbeux sont également très favorables ; l'eau doit être assez peu profonde pour être réchauffée par le soleil, cependant il est nécessaire d'avoir, sur quelques points des endroits profonds de 2 à 3 mètres, pour servir de refuge pendant les grands froids et les fortes chaleurs. Une eau à cours rapide serait contraire aux Sangsues, les eaux stagnantes ou à écoulement lent sont préférables, mais il est utile de maintenir un niveau constant, sans lequel les cocons déposés sur les bords seraient détruits par la sécheresse ou les inondations. Dans les marais où sont cultivées les Sangsues, on les nourrit aux dépens d'animaux vivants, chevaux, mulets, ânes, etc., impropres au service; conduits dans ces marais à certaines époques, les Sangsues se hâtent de venir les piquer. » (Brehm).

Cette chasse est assez lucrative puisque les pharmaciens vendent chaque Sangsue de vingt-cinq à cinquante centimes.

Fixation des ventouses. — Il peut être intéressant de savoir comment s'effectue la fixation des ventouses. Pour cela, comme l'a imaginé Carlet, on fait marcher

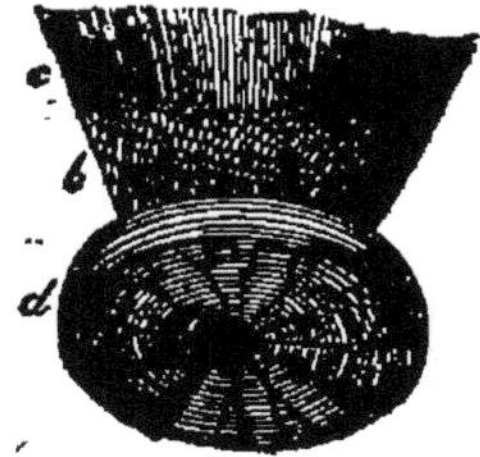

Fig. 73.—Ventouse postérieure de la sangsue.

Fig. 74. Ventouse antérieure de la sangsue.

Fig. 75. — Ventouse buccale et mâchoires de la sangsue.

une Sangsue sur du papier enduit de noir de fumée; elle laisse les traces de son passage indiquées en blanc par l'impression des ventouses. « La ventouse postérieure (fig. 73), dit R. Blanchard[1], laisse deux sortes d'empreintes. Les unes (fig. 76) sont des anneaux blancs à centre noir, qu'on obtient en détachant la Sangsue au moment où elle vient de se fixer. Les autres (fig. 76) sont des cercles entièrement blancs que laisse sur le papier la sangsue qui se détache naturellement. La ventouse antérieure (fig. 75) se fixe d'une manière plus com-

---

[1] Raphaël Blanchard, *Traité de zoologie médicale*, Paris, 1890, t. II, p. 125.

pliquée et moins rapidement. La Sangsue explore tout d'a-
bord l'endroit où elle va se fixer : elle se sert pour cela
de ses deux lèvres antéro-latérales, qui s'impriment en
blanc sur le papier noirci, de manière à figurer deux

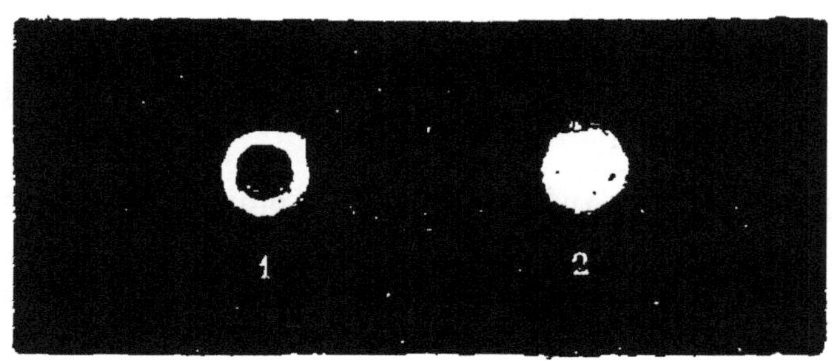

Fig. 76. — Traces laissées par la ventouse postérieure sur un
papier enfumé. 1, début de la fixation. 2, adhérence complète.

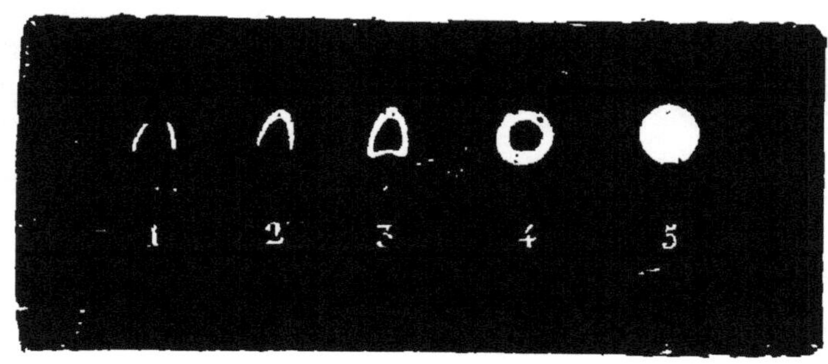

Fig. 77. — Graphique de la fixation de la ventouse antérieure de la
sangsue. 1, application des deux lèvres. 2, application de la commissure antérieure. 3, application des trois lèvres. 4, abaissement
du pharynx. 5, contact du fond de la ventouse.

lignes convergentes. Puis la commissure des lèvres antérieures s'abaisse à son tour et les deux lignes précédentes
s'unissent l'une à l'autre. La lèvre postérieure vient
ensuite au contact du papier et la figure inscrite prend
alors l'aspect d'un triangle. Le pharynx qui n'a pas
encore bougé, commence alors à s'abaisser, et le contour
triangulaire de la ventouse s'élargit sur son passage en
en prenant la forme circulaire. Enfin, le fond de la ven-

touse touche la surface enfumée, l'adhérence devient complète et se décèle pas le tracé d'un cercle entièrement blanc ». (Fig. 77.)

On sait l'application que l'on fait de la Sangsue en médecine, pour pomper le sang de certains malades. L'animal est mis dans un verre que l'on applique au lieu choisi. Sa ventouse antérieure se fixe énergiquement sur la peau, et, en faisant mouvoir ses dents (fig. 70), fait à celle-ci trois petites fentes qui se réunissent bientôt en une étoile (fig. 71). Lorsque la peau est fendue, l'animal aspire peu à peu le sang jusqu'à ce qu'il en soit rempli : il se détache alors pour digérer tout à son aise ; on le voit rester immobile dans une sorte de torpeur. Un fait très curieux, c'est que le sang qu'il absorbe ne se coagule pas dans son estomac : il met six mois à un an pour le digérer. Une grosse Sangsue absorbe jusqu'à dix fois son poids de sang. La saignée par la Sangsue présente un grand inconvénient ; c'est que, une fois l'animal retiré, l'hemorragie continue et peut devenir parfois très dangereuse. Aujourd'hui on lui préfère de beaucoup la saignée par le *scarificateur* qui rend les mêmes services sans exposer aux mêmes dangers. Aussi le commerce des Sangsues s'en est-il vivement ressenti. C'est ainsi par exemple qu'en 1836 la Pharmacie centrale des Hôpitaux de Paris a acheté 1.280.000 Sangsues, tandis qu'en 1874 elle n'en n'a acheté que 49.000. Aujourd'hui, elle en achète encore beaucoup moins. *Sic transit gloria mundi !*

Ponte de la Sangsue. — La ponte de la Sangsue officinale est fort intéressante ; elle n'est pas facile à observer dans un aquarium, car l'animal sort de l'eau à ce moment, mais nous pourrons observer les mêmes faits essentiels chez les petites Sangsues de rivière, où les choses se passent de la même façon, à cette différence près que l'animal reste tout le temps sous l'eau.

Au moment où va s'effectuer la ponte, la Sangsue sort de l'eau, et se creuse un refuge dans la vase ou dans la terre humide. Une fois hors du contact du liquide, on

Fig. 78. — Cocons de sangsue médicinale.

voit sortir de sa bouche une sorte de glaire collante dont elle se revêt tout le corps. La région qui contient les orifices génitaux se gonfle énormément et prend le nom de *clitellum* (fig. 72). Les glandes volumineuses de celui-ci sécrètent une pellicule assez résistante qui forme en ce point un anneau complet autour du corps. Cette sécrétion paraît assez pénible à la Sangsue qui, fixée par la ventouse postérieure, s'agite en tous sens, comme si elle souffrait beaucoup. Peu de temps après, les œufs sortent les uns après les autres et viennent s'accumuler entre le corps et la pellicule qui se distend de plus en plus, sauf aux deux extrémités où elle pince le corps assez fortement. Il se forme de cette façon un cocon qui enserre le clitellum. Quand il est complètement rempli on voit la Sangsue se contracter violemment pendant vingt-cinq minutes et sortir du cocon à reculons. Quand celui-ci est devenu libre, les deux extrémités se contractent, se ferment en grande partie. Finalement le cocon (fig. 78) n'est plus formé que d'une membrane extérieure présentant à ses deux pôles deux points, traces de l'endroit où passait la mère et des œufs intérieurs. L'animal le complète en l'entourant de son corps et en secrétant à sa périphérie une nouvelle membrane protectrice spongieuse. Chaque Sangsue fabrique ainsi un à deux cocons, quelquefois trois. Vingt-cinq jours après, on voit sortir de toutes petites Sangsues, longues de 17 à 20 millimètres.

Sangsue de cheval. — A côté de l'*Hirudo medicinalis,* nous devons signaler l'*Hirudo sanguisuga* qui lui ressemble énormément. On la connaît sous le nom de *Sangsue de cheval* ou de *Voran*

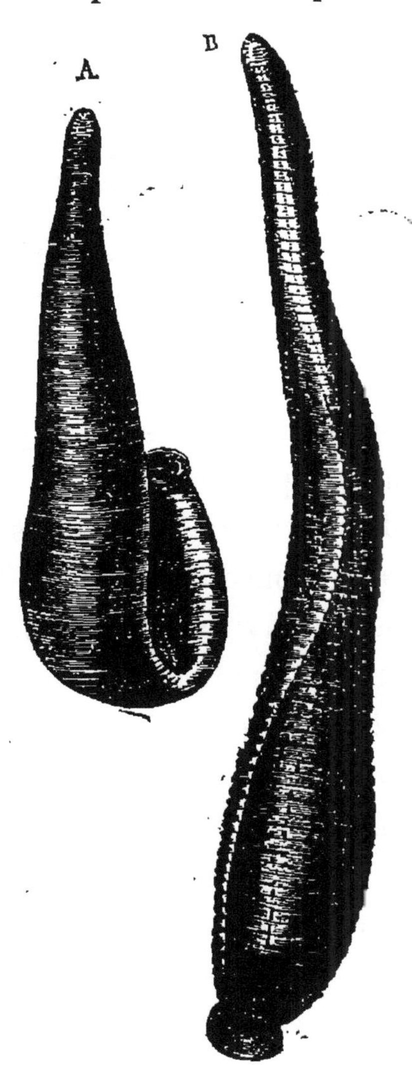

Fɪɢ. 79. — Saugsue de cheval. A, variété olivâtre. B. variété fauve.

(fig. 79); elle se rencontre en Europe, dans les eaux

vives; mais elle est surtout abondante en Espagne et dans le nord de l'Afrique. Ses mâchoires sont moins puissantes que la précédente; aussi se fixe-t-elle rarement sur la peau de l'homme et des animaux. « Le Voran, dit R. Blanchard, suce le sang des vertébrés, mais ses faibles mâchoires lui permettent seulement d'entamer les nombreuses muqueuses. Il s'introduit dans l'arrière-bouche, le larynx et les fosses nasales des Chevaux, des Bœufs, des Chameaux et même de l'Homme. Pendant la campagne d'Egypte, en 1799, et pendant celle d'Espagne et de Portugal, nos soldats se mettaient à plat ventre pour boire dans les ruisseaux ; leur bouche et leurs amygdales étaient fréquemment piquées par le Voran. »

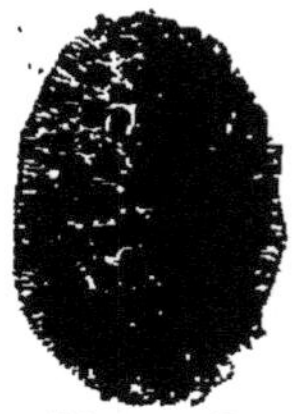

Fig. 80. — Cocon de sangsue de cheval.

Les cocons de la Sangsue de cheval sont plus petits et plus ovoïdes que ceux de la Sangsue médicinale (fig. 80).

Aulastome vorace. — Dans les environs de Paris, on trouve encore très abondamment une autre espèce, l'Aulastome vorace *(Aulastoma gulo)* (fig. 81), que l'on peut confondre facilement avec la précédente. Elle est remarquable par son corps allongé et très grêle. La face dorsale est d'un noir très foncé, avec de très rares points plus clairs. La face ventrale est verdâtre, et la ventouse postérieure, grise. C'est un animal presque terrestre : il sort fréquemment de l'eau et va se promener dans les prairies, à la recherche des vers de terre. Quand il en a rencontré un, il se jette dessus avec voracité et l'engloutit en une seule fois. Il se nourrit aussi d'insectes et de petits poissons.

Non moins vorace est la Trochète verdâtre *(Trocheta subviridis)* (fig. 82), qui sort également de l'eau à la

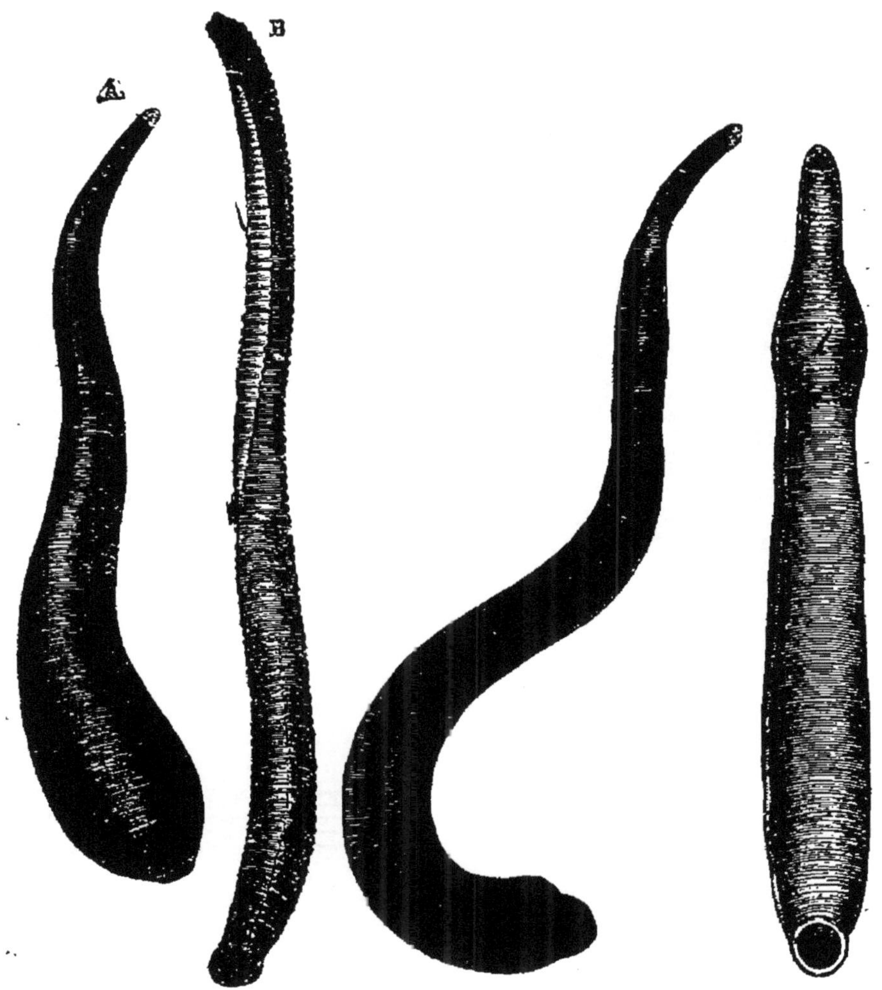

FIG. 81. — Aulastome
vorace.

FIG. 82. — Trochète
verdâtre.

recherche des Lombrics. On la reconnaîtra à son corps très allongé, souvent aplati en forme de ruban, extensible et à bord tranchant. Le dos est gris olivâtre.

Petites Sangsues. — Citons encore une espèce extrêmement commune qui abonde dans tous les *Potamogeton* des grandes rivières.

La Néphélis octoculée *(Nephelis octoculata)* (fig. 83), se distingue de toutes les Sangsues précédentes par sa faible taille, son corps très aplati et

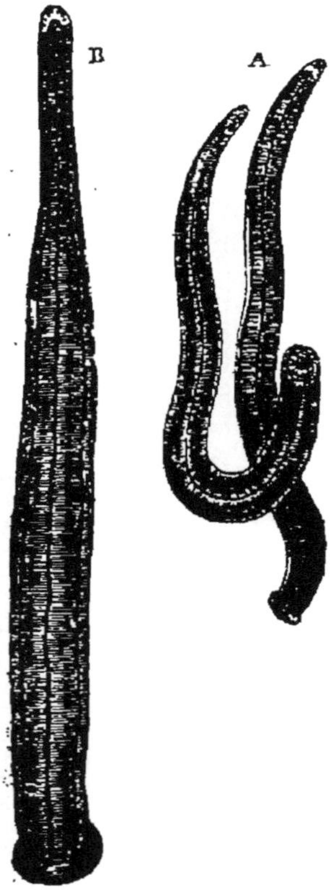

FIG. 83. — Néphélis
octoculée.

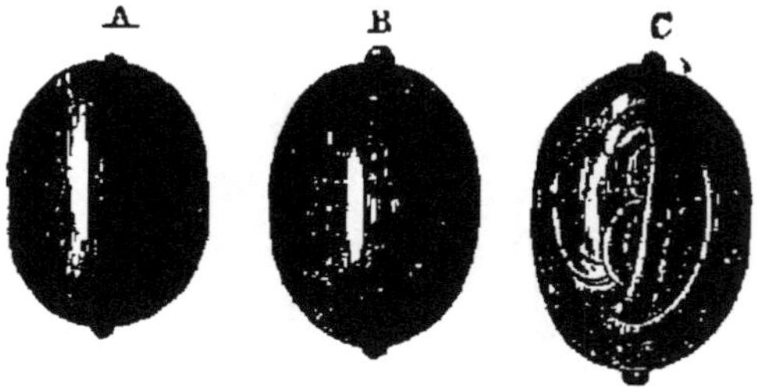

FIG. 84. — Cocons de Néphélis
octoculée.

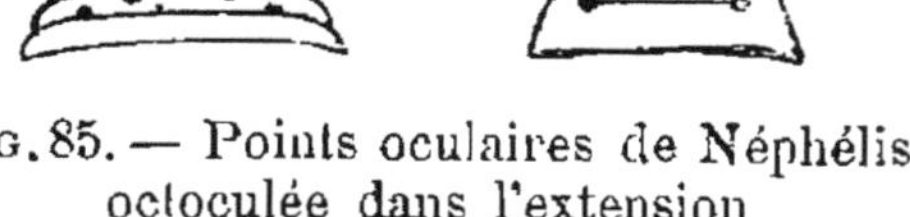

FIG. 85. — Points oculaires de Néphélis
octoculée dans l'extension
et la contraction.

sa coloration toujours très claire, souvent couleur de chair. Sur sa ventouse antérieure on distingue huit points oculaires (fig. 85). Son corps est assez transparent, ou mieux translucide. C'est chez elle que l'on peut suivre dans tous ses détails la fabrication du cocon (fig. 84). Celui-ci est déposé sur les feuilles des plantes aquatiques : il est ovoïde, aplati. Incolore au moment de la ponte, il brunit rapidement. Il présente un cercle ovale plus foncé que le reste avec deux points placés aux deux pôles : ce sont les deux points par lesquels l'animal mère est sorti à reculons. Lorsqu'on voit des cocons pour la première fois, on est fort embarrassé pour savoir ce qu'ils représentent. Linné d'ailleurs s'y était trompé et les décrivait comme des insectes sous le nom de *Coccus aquaticus!* Il me souvient que, la première fois que je récoltai ces cocons, je tombai dans la même erreur, j'en fis plusieurs dessins, que je mis dans le casier réservé aux insectes : je laissai les cocons dans l'eau pour voir quel insecte en sortirait, et grande fut ma surprise quand j'en vis sortir des petites Sangsues. Dès lors j'étais fixé sur leur véritable nature ; les dessins, exacts d'ailleurs, regagnèrent la chemise des Vers. Je voulus alors savoir comment ce cocon était fabriqué, et voici une note que je retrouve dans mes papiers. « L'animal en est d'abord enveloppé. On le voit s'agiter pendant quelque temps, puis le cocon est poussé à l'extrémité antérieure. Dès qu'il est sorti (sa forme est irrégulière), la Sangsue l'étale à la surface de la feuille en poussant les bords du cocon avec sa tête. Il me semble que ces Sangsues déposent leurs œufs de préférence à la partie supérieure des feuilles. » Je cite cette description pour montrer comment on peut arriver par soi-même à résoudre un des nombreux problèmes qui se posent à l'esprit au sujet de l'aquarium.

Les Néphélis ne sucent pas le sang des Vertébrés ; elles se nourissent de Planaires, d'Infusoires et d'autres petits animaux.

Clepsine. — Citons enfin, pour terminer les Hirudinées, la Clepsine a deux yeux *(Clepsine oculata)* (fig. 86), dont le corps oblong est fort large par rapport à sa longueur. On y distingue des stries transversales très fines et très nettes. L'animal, très aplati, est toujours appliqué fortement soit contre les pierres, soit contre les feuilles : c'est là un caractère qui frappe quand on l'observe et qui suffit à le faire reconnaître. De temps à autre, on voit saillir de la bouche, une petite trompe exsertile, cylindrique. La Clepsine ne possède que deux yeux. Elle suce le sang des Mollusques, tels que les Limnées et les Planorbes, mais elle ne peut pas quitter l'eau.

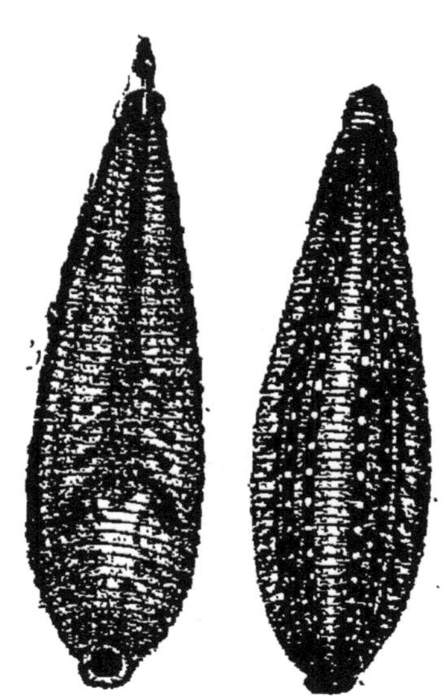

FIG. 86. — Clepsine à deux yeux.

« Il est intéressant, dit Muller, de voir une Clepsine attaquant une Planorbe. Celle-ci se retire brusquement dans sa coquille, laissant échapper avec bruit quelques globules d'air ; la Clepsine continue son attaque et commence à pénétrer dans l'intérieur de la coquille ; alors le malheureux Mollusque, ne se croyant pas en sûreté dans son habitation, fait des efforts pour sortir du liquide et cherche son salut, par un instinct particulier, dans un milieu où la Clepsine ne peut vivre, mais au bout de peu d'instants, forcé de redescendre à l'eau, il s'expose à un nouveau péril et finit par succomber. »

La Clepsine ne fabrique pas de cocon, elle conserve ses œufs, en dessous de son corps qui à cet effet présente une concavité. Lorsque les petits naissent ils restent quelque temps attachés à leur mère.

Naïs à trompe. — Dans l'eau de l'aquarium nous pourrons souvent voir nager un petit ver, de 10 à 12 millimètres de long, fin comme un cheveu et transparent, c'est la Naïs a trompe *(Naïs proboscidea)* (fig. 87 et 88). On devra l'étudier avec une forte loupe ou mieux avec un microscope. On verra alors un corps, divisé en anneaux portant latéralement des soies. La tête porte deux yeux et se prolonge en avant par une trompe qui

FIG. 87. — Naïs à trompe (bourgeonnement).

s'agite en tous sens. Ce qu'il y a de remarquable, c'est que l'on trouve souvent deux ou trois Naïs placées à la suite les unes des autres et soudées intimement entre elles. Puis elles se séparent pour vivre chacune de son côté. Ce phénomène provient de ce qu'une Naïs grandit constamment, et différencie un de ses anneaux moyens en une tête, ce qui a pour résultat de créer deux individus d'abord soudés, puis libres. « La *Naïs proboscidea*, dit M. Ed. Perrier[1], se partage d'abord en deux, à peu près vers le milieu du corps, pendant que l'anneau placé en avant de la cloison qui a été le point de départ de cette division se met à bourgeonner à ses deux extrémités ; les

<hr>

[1] Ed. Perrier, *Les Colonies animales*, p. 438.

deux bourgeons nouvellement formés grandissent,

Fig. 88. — Naïs à trompe.

s'avancent à la rencontre l'un de l'autre et absorbent

peu à peu toute l'étendue de l'anneau primitif ; en mêmé temps qu'ils se multiplient, les segments constituant ces bourgeons s'accroissent ; le premier d'entre eux se transforme en tête, le dernier en segment anal ; l'anneau devient ainsi un nouvel individu. Bien avant que cette métamorphose ait atteint son terme, les mêmes phénomènes s'accomplissent dans l'anneau qui précède immédiatement et ainsi de suite, en remontant, de sorte que l'individu primitif se trouve porter quelquefois, à son extrémité postérieure, une chaîne de trois à quatre individus. » Il y a donc chez les Naïades, reproduction par bourgeonnement, reproduction agame. Mais il y a en outre une reproduction par œufs.

Dero. — On peut observer des phénomènes analogues chez le DERO OBTUSA, qui vit dans les eaux dormantes, sous les pierres ou sous les feuilles, où il se promène très lentement. Son corps se termine en arrière par un large pavillon qui se rétrécit ou s'épanouit à la volonté de l'animal en montrant quatre digitations que l'on doit considérer comme des branchies. A cette extrémité, les anneaux augmentent constamment en nombre. Voici comment M. Ed. Perrier décrit la reproduction agame du *Dero* :

« L'animal est donc en voie constante d'accroissement : des anneaux nouveaux se forment sans cesse à la partie postérieure de son corps ; ces anneaux se forment immédiatement en avant du dernier segment transformé en appareil de respiration. C'est déjà ce qui devrait être si le *Dero* était une colonie linéaire. Dans ces conditions, il semble que le jeune Ver doive grandir indéfiniment ; il n'en est rien. Dès qu'il a acquis un nombre de segments variable de quarante à soixante, on voit, vers le milieu de son corps, à la hauteur du dix-huitième anneau en général, les téguments devenir opaques et comme granuleux ; c'est toujours immédiatement en avant et en arrière de l'une des cloisons qui séparent deux anneaux consécutifs que ce phénomène se produit. La région opaque grandit de plus en plus ; bientôt on distingue en elle des segments parfaitement évidents, d'autant plus marqués que l'on s'éloigne en avant ou en arrière de la cloison ; il est évident qu'un bourgeonnement très actif se produit à la fois des deux côtés de celle-ci, et ce double bourgeonnement a pour point de départ l'extrémité antérieure de celui qui le suit.

« Ce fait n'est pas sans importance ; il montre que dans les anneaux intermédiaires du corps dont les deux extrémités se trouvent placées dans des conditions identiques, la faculté de reproduction agame peut se réveiller. Les bourgeons qui se forment en arrière et en avant de la même cloison ont d'ailleurs des sorts bien différents. Le premier produira seulement le segment qu'on désigne d'ordinaire sous le nom de *tête*, plus quatre anneaux qui différeront toujours des anneaux suivants par l'absence des faisceaux de soies dorsales et la forme particulière des soies ventrales ; le second produira un pavillon respiratoire et un nombre indéfini de nouveaux anneaux. Lorsque la tête et le pavillon respiratoire qui lui est contigu ont acquis un développement suffisant, ils se séparent l'un de l'autre et les deux *Dero*, désormais indépendants, qui se sont ainsi constitués, continuent à grandir chacun par son extrémité postérieure, jusqu'au moment où peut se produire une nouvelle division. »

Chætogaster. — On doit encore constater un semblable bourgeonnement linéaire, chez les CHÆTOGASTER qui vivent en abondance dans le mucus qui recouvre le corps des mollusques, tels que les Lymnées, et même ici le bourgeonnement est tellement rapide que l'on trouve fréquemment des chaînes de douze à seize individus. Ces animalcules ne sont parasites des Lymnées que pendant leur jeune âge. Plus tard, ils vivent librement, nageant dans l'eau avec une agilité excessive. Ils sont fort transparents et possèdent des soies en crochet.

Les Naïs, Dero et Chætogaster constituent le groupe des Naïades, qui sont fort intéressantes tant en elles-mêmes qu'au point de vue philosophique.

« Leurs mœurs, dit avec raison Brehm, leur développement fourniront sans aucun doute des faits nouveaux, à la suite de nouvelles études ; leur habitat facile à découvrir, la commodité de se les procurer avec abondance, la transparence dont elles sont douées, permettent de les examiner à l'aide de forts grossissements et de reconnaître leurs organes internes sans le secours de dissections longues, difficiles, répugnantes souvent pour quelques-uns. Tout, comme on le voit, concourt à augmenter l'intérêt que présentent ces petits animaux, et à procurer à ceux qui voudront se livrer à leur recherche tout au moins une saine et utile distraction. » On pourrait en dire autant de tous les hôtes de notre aquarium.

Ver rouge ou Tubifex. — Un Ver également intéressant

est le Tubifex des ruisseaux *(Tubifex rivulorum)*.

La façon dont je fis connaissance avec ce dernier mérite peut-être d'être contée. C'était dans les premiers jours du mois d'août. Le jardinier de la propriété où j'étais allé passer quelque temps vint me dire qu'au fond de la rivière qui coule dans la prairie il y avait des taches de sang. J'accours pour voir ce que cela veut dire et j'aperçois en effet trois taches, l'une assez grande, les deux autres plus petites, du rouge le plus vermeil que l'on puisse désirer. Je rassure de suite le jardinier en lui disant que ce n'étaient certainement pas des caillots de sang, et que ce ne pouvait être que des petits animaux ou des algues. Pour m'en assurer, je m'approche de la rive, je plonge ma main dans l'eau et... je ne vois plus rien ! Grande est ma surprise : Aurais-je été le jouet d'une illusion ! Mais non, ce n'est pas possible. C'est probablement la réfraction de l'eau, le jour tombant à faux, que sais-je ? qui est la cause de cette disparition. Et en effet, en me relevant, j'aperçois les taches aussi visibles qu'auparavant. Je passe alors de l'autre côté du ruisseau, je m'accroupis et je m'assure que je vois encore fort bien les taches en question. Je plonge ma main dans l'eau, et, de nouveau, plus rien ! Le mot de l'énigme me vint alors tout d'un coup à l'esprit. Les taches sont produites par des animaux qui à l'approche de ma main sont rentrés dans la vase ! Et en effet, je pris une poignée de cette boue du fond, et je l'apportai telle quelle, dans un flacon quelconque que je remplis d'eau. Quand le calme fut rétabli, je ne tardai pas à voir de ci de là un point rouge se montrer, émerger timidement et enfin se montrer sous la forme d'un petit Ver à moitié enfoncé dans la vase. Bientôt tout le fond du flacon fut couvert d'une nuée de ces petits Vers rouges qui s'agitaient constamment en tous sens, oscillant à droite, à gauche, en avant, en arrière, comme pour tâter les environs. Mais venait-on à donner un choc au flacon, tout disparaissait comme par enchantement, pour reparaître bientôt après.

Ces Vers rouges sont des *Tubifex*. Une remarque très importante à faire ici pour le débutant : il ne faut pas confondre ces Tubifex avec ce que le public appelle des *Vers rouges* et que l'on emploie comme appâts pour la pêche à la ligne. Ces prétendus Vers sont beaucoup plus gros que les précédents : ce sont des larves d'un insecte aérien qui s'appelle le *Chironome plumeux* et sur lequel nous aurons l'occasion de revenir. Dans certaines régions, les Tubifex sont extrêmement abondants. Témoin le récit suivant qu'à bien voulu rédiger à mon intention mon excellent ami Joanny Martin.

« Vous m'avez demandé de vous faire le récit de ma première rencontre du *Tubifex*. Je suis heureux de vous l'envoyer, car cette première observation est trop curieuse et a laissé dans mon esprit une trop profonde impression pour que j'aie pu l'oublier. Je vous transmets donc ce récit aussi fidèlement qu'il m'est possible. Pendant les vacances dernières, par un chaud après-midi de la fin août, je parcourais au petit trot de mon cheval la route qui va d'Autun à Saint-Léger-Sully (Saône-et-Loire). Je cheminais depuis longtemps, en rase campagne, lorsque sortant brusquement d'une rêverie, provoquée par l'allure monotone et cadencée de mon coursier, j'entrevis tout à coup une maisonnette, sorte d'auberge isolée sur la route et un peu dissimulée derrière quelques ormes séculaires. Attiré par ce changement de paysage et de perspective, mon regard se porta, indifférent, du côté de la maison. C'était en effet une simple hôtellerie. Je l'avais à peine dépassée que j'aperçus dans le ruisseau bordant la route, entre celle-ci et l'auberge une longue flaque rouge. Tiens, du sang, pensais-je, mais cependant il m'avait semblé, en cette vision rapide et fugitive, que cette flaque sanglante, était agitée tourmentée. Intrigué, curieux, comme tout naturaliste doit l'être, de connaître la cause de cette singulière coloration tremblotante, j'arrêtai mon cheval et me retournai, cherchant du regard le ruisseau ensanglanté. Je ne vis plus rien, rien que la trace du sillon au fond duquel se trouvait un peu d'eau stagnante. Ma surprise fut immense. J'étais ému même, et je crus que j'avais été le jouet d'une hallucination passagère et pourtant !..... En un instant je descendis de cheval. A peine avais-je mis pied à terre que je vis le point, objet de toute mon attention se teinter légèrement en rose, puis tout le ruisseau fut bientôt coloré en rouge foncé par une masse grouillante de petits animaux qui se remuaient dans cette eau vaseuse avec une étonnante et remarquable agilité. J'admirai longtemps. Voulant recueillir quelques-uns de ces petits êtres filiformes, rouges, je pris un flacon et le plongeai dans le ruisseau, mais aussitôt que j'eus ébranlé la surface liquide, tous disparurent en s'enfonçant dans la vase noirâtre qui leur

servait de support et d'abri. L'eau devint tranquille.
Alors, je m'expliquai facilement pourquoi, tout à l'heure,
j'avais vu succéder apparemment le calme de la mort
à cette vie si active. Le galop de mon cheval avait suffi
pour effrayer ces bestioles qui aussitôt s'étaient terrées,
attendant ainsi, dans leur humide retraite que le danger
fût passé. Mais j'étais prévenu. Je plongeai hardiment
mon flacon dans la boue même et j'en retirai un grand
nombre de ces animaux. Arrivé chez moi, je ne tardai
pas à les déterminer. C'étaient des Vers limicoles, des
Tubifex. Voilà comment, mon cher ami, entraîné tout
d'abord par un simple désir de curieux, il me fut permis
d'observer pour la première fois ces charmants petits
Vers. Mon plaisir et ma joie furent si grands ce jour-
là, que je crus avoir fait une découverte ou gagné une
bataille. On a le droit en effet d'être heureux et fier de
retrouver des choses connues, il est vrai, mais que l'on
sait être le fruit de ses propres observations. Je dois
ajouter que j'ai toujours rencontré les *Tubifex*, en
grande abondance, surtout au voisinage des habitations
à la campagne, dans les ruisseaux collecteurs des eaux
de ménage. Je les ai vus couvrir de longues distances,
10, 15, même 20 mètres, dans les ruisseaux peu profonds, bien aérés, aux environs d'Autun et, comme je
vous l'ai dit, près de Lyon, au mois d'avril dernier. »

Les Tubifex sont longs de 2 à 3 centimètres ; ils
ressemblent un peu à de petits vers de terre et portent
quatre rangées de soies simples ou bifurquées en forme
de crochets et à extrémités libres. Leurs œufs sont
relativement gros, ils les enveloppent dans des cocons.

Ces Vers ne se reproduisent pas par bourgeonnement comme les Naïades, mais ils jouissent de la propriété de ne pas mourrir quand on les a mutilés, mais pas trop fortement. Si, par exemple, on sectionne les trois ou quatre derniers anneaux, la blessure se cicatrise rapidement et régénère bientôt la partie enlevée.

Phréorycte. — Un autre ver voisin des *Tubifex* est le PHRÉORYCTE DE MENKE *(Phræoryctes Menkeanus)*, que l'on rencontre dans les puits profonds et dans les sources. Voici ce que Leydig nous raconte sur ses mœurs :

« Il se tient volontiers dans les fontaines et notamment dans celles de l'Allemagne du Sud, et paraît se réfugier dans la terre pendant l'hiver. C'est en mai et en juin qu'on le rencontre le plus fréquemment dans les aquariums, dont le fond vaseux est recouvert de pierres. Ces Vers se maintiennent longtemps en bon état. Ils demeurent généralement cachés sous les pierres et s'enchevêtrent volontiers en groupes compacts. Par les temps froids ou pluvieux, ils restent cachés sous les pierres ; mais, par les jours de grande chaleur ou d'orage, ils rampent çà et là avec agitation. Pendant tout l'automne et l'hiver, ils demeurent invisibles, et ne reparaissent qu'aux approches des premières journées chaudes du mois de mars. Comme les plantes des aquariums se trouvaient peu à peu dépouillées de leurs racines, on en a conclu que ces Phréoryctes avaient une nourriture végétale. En raison de l'épaisseur de leur tégument et de la minceur de leur couche musculaire, leurs mouvements de reptation manquent de souplesse et d'agilité. »

Ils sont très longs, minces, avec une peau épaisse, de couleur terne.

Tous les Vers que nous avons étudiés après les Sang-sues, appartiennent à la division des *Annélides*. Nous pouvons aussi observer des Vers appartenant à la divi-sion des *Turbellariés :* les Planaires et les Mésostomes.

Planaires. — Les PLANAIRES sont extrêmement com-munes dans les aquariums. Au premier abord, on est tenté de les prendre pour des petites Sangsues ; mais on s'aperçoit bien vite de sa méprise en constatant qu'ils n'ont pas trace de ventouse. Ce sont essentiellement des Vers *plats :* ils sont très mous, avec un corps allongé, terminé en arrière par une pointe mousse et en avant par une ligne arrondie un peu anguleuse ; on peut voir en avant et sur la face dorsale deux yeux, tantôt blancs, tantôt noirs. Ce qui frappe chez ces animaux, c'est leur locomotion ; ils glissent en effet avec une vitesse remar-quable, à la surface des pierres, des plantes, de l'aqua-rium, etc., et cela sans qu'on puisse apercevoir la moindre trace d'ondulation de leur corps : c'est une lame vivante qui glisse en se moulant sur les aspérités qu'elle rencontre. Leur corps est d'une mollesse exces-sive : il est presque impossible de les toucher sans les mutiler, mais ils jouissent de la propriété de régénérer les parties enlevées. Ils fabriquent pour leurs œufs un cocon arrondi noirâtre que l'on prendrait pour une perle, et qu'ils fixent par un fil résistant aux plantes aquatiques. Les Planaires comportent beaucoup de genres et d'espèces, leur couleur est souvent grisâtre.

Citons seulement la Planaire gonocéphale *(Planaria*

gonocephala) (fig. 89), remarquable par sa grande taille et sa couleur blanc de lait. Elle se nourrit par succion. Ses yeux ne semblent pas bien voir. Si l'on met un obstacle devant une Planaire en train de marcher, on la voit venir butter contre lui. Par contre,

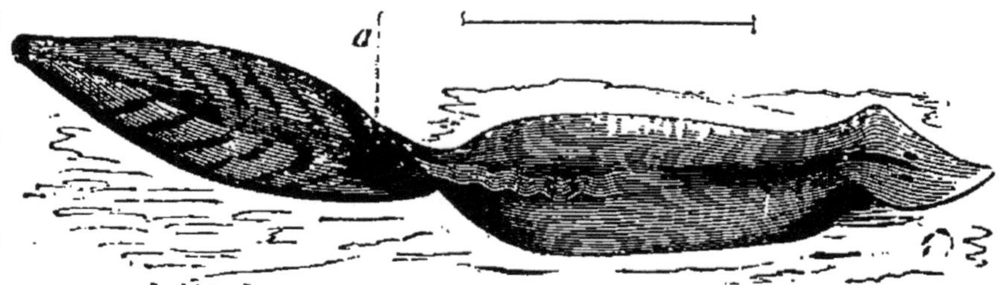

FIG. 89. — Planaire gonocéphale.

l'odorat paraît assez développé : lorsque, dans l'aquarium, on jette loin d'elle un objet pouvant lui servir de pâture, elle se dirige dessus avec empressement.

Le MÉSOSTOME D'EHRENBERG *(Mesostomum Ehrenbergii)* diffère des Planaires, en ce que, chez lui, l'intestin est droit, tandis que, chez ces dernières, il est très ramifié. C'est une belle espèce, intéressante par sa grande taille (15 millimètres de long sur 5 de large) et par sa parfaite transparence. Elle a une forme ovoïde, pointue en arrière, avec une sorte de tête peu nette en avant. Sur la face dorsale de celle-ci, on voit deux petits yeux noirs. Sur la face ventrale, on voit vers le milieu du corps une sorte de rosette rayonnante : c'est le pharynx vu par transparence. Tous ses téguments sont revêtus de cils vibratiles, et c'est au moyen de leurs mouvements invisibles que l'animal progresse.

« Malgré sa transparence cristalline et sa fragilité

apparente, c'est un des animaux qui nagent avec le plus
de souplesse et d'agilité. D'habitude, il traverse les eaux
sans remuer ou en imprimant aux côtés du corps des
oscillations isolées ; ou bien il glisse autour des tiges
des végétaux. Lorsqu'il est heurté, par exemple, par la
rencontre brusque d'un Coléoptère nageant avec
vigueur, il se secoue en tremblotant et en se tortillant
avec autant de rapidité et de souplesse qu'une Sangsue.
La façon dont il attaque les petits Crustacés, plus grands
que lui, ne manque pas d'intérêt. Il les saisit, à peu
près comme on prend une Mouche avec la main, en les
enserrant dans une cavité formée par le rapprochement
des extrémités antérieure et postérieure de son corps et
par l'incurvation de ses bords latéraux. Le Crustacé
emprisonné se démène d'abord vigoureusement, mais
le Mésostome parvient bientôt à fixer sur sa proie son
puissant pharynx. Les tentatives d'évasion de la Daph-
nide ne tardent pas à cesser, et son vampire s'étire
alors tout du long ; j'ai vu souvent survenir un second
Mésostome auquel le vainqueur accordait paisiblement
une part du butin. » (O. Schmidt.)

Leur locomotion sans ondulation est très remarquable ; elle le devient encore plus lorsque l'animal glisse
à la surface de l'eau, comme s'il prenait une surface
d'appui dans l'air. Ajoutons enfin que, dans leur peau,
on rencontre des *nématocystes* ou *cellules urti-
cantes*, analogues à ceux des Hydres.

Rotifères. — Nous avons réservé pour la fin de ce
chapitre les *Rotifères*, animaux extrêmement curieux,
mais qui, malheureusement sont fort petits et exigent

l'emploi du microscope. On les verra fréquemment nager lorsqu'on portera sous cet instrument un fragment de Spirogyre ou d'une autre algue. Au premier abord, il semble qu'on ait sous les yeux un Infusoire ; les anciens observateurs se sont aussi laissé prendre à cette apparence et ont placé les Rotifères parmi les Protozoaires. Aujourd'hui, on sait que leur organisation est assez complexe et qu'ils doivent prendre place dans l'embranchement des Vers.

Le Rotifère commun *(Rotifer vulgaris)* (fig. 90) a

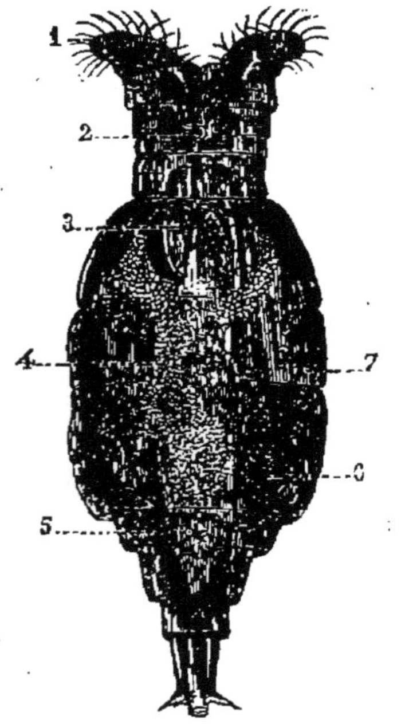
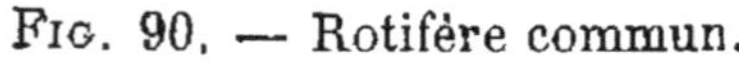

Fig. 90. — Rotifère commun.

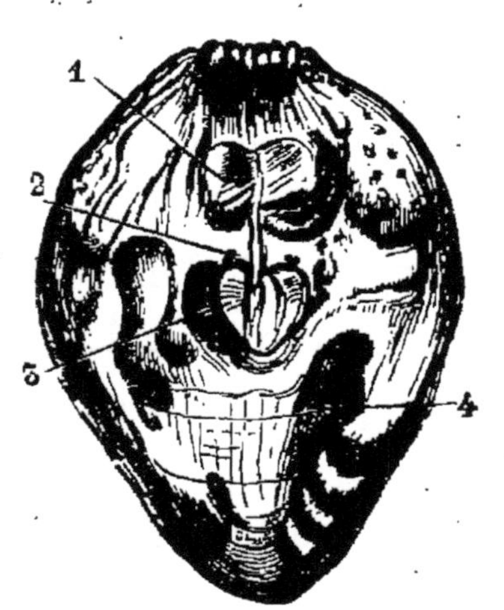

Fig. 91. — Rotifère commun à l'état de dessiccation.

un corps ovoïde, se prolongeant à la partie postérieure par une série de trois à quatre anneaux qui s'allongent et se raccourcissent, absolument de la même façon que les diverses pièces d'une lunette rentrent les unes dans les autres. En avant, le corps se prolonge par une sorte de trompe large, au sommet de laquelle se trouve la bouche. A droite et à gauche de celle-ci se voient deux organes extrêmement curieux, garnis sur leur bord de cils vibratiles très puissants. En examinant l'animal dans l'eau, on voit ces appendices en mouvement et semblant tourner sur eux-mêmes comme une roue : l'illusion est parfaite ; ce sont ces organes qui ont fait donner aux animaux dont nous nous occupons le nom de *Rotateurs* ou de *Rotifères*. Inutile de dire que ce n'est là qu'une illusion, produite par les mouvements des cils vibratiles. C'est au moyen de ceux-ci que le Rotifère nage, et, en même temps, attire vers sa bouche les matières nutritives en suspension dans l'eau, que l'on voit tourbillonner autour de l'animal. Les Rotifères, comme tous les animaux du même groupe, présentent le phénomène si curieux de la reviviscence. Lorsque la mare où ils se trouvent se dessèche, ils se contractent (fig. 91), deviennent informes et sont entraînés par le vent qui les dissémine, toujours dans le même état, sur les plantes, sur l'écorce des arbres et surtout sur les mousses des toits. Ils peuvent rester ainsi plusieurs années sans bouger et sans périr. Mais si l'on met un morceau de mousse dans de l'eau, leur corps devient transparent, s'allonge, s'épanouit, la queue s'allonge, l'appareil rotateur se déploie et l'on a un nouveau Rotifère qui se remet à vivre comme précédemment. En réalité, la vie n'avait pas été abolie, elle avait été seulement très diminuée.

« Bien que les Rotifères, dit M. de Quatrefages [1], puis-

[1] A de Quatrefages, *Souvenirs d'un naturaliste.*

sent mourir et ressusciter à diverses reprises, cette
faculté a pourtant des bornes ; ainsi en mouillant
et desséchant alternativement le même sable, on
voit chaque fois diminuer le nombre de ceux qui revien-
nent à la vie. Spallanzani n'en vit aucun revenir
après la sixième alternative d'humidité et de sécheresse. Dans le siècle dernier, ce phénomène était
expliqué par l'extrême simplicité d'organisation que
l'on croyait être le partage des Rotifères ; mais lorsque
Ehrenberg eut démontré le degré relativement élevé de
leur organisation, on se demanda si les expériences de
Spallanzani et autres, avaient été sérieusement faites,
si la dessiccation des animaux avait été complète. Doyère
reprit ces expériences avec toute la rigueur des procédés modernes, et les résultats furent les mêmes...
Enfin, des mousses peuplées de Rotifères furent dessé-
chées sous la cloche de la machine pneumatique ; elles
y restèrent huit jours à côté de vases pleins d'acide
sulfurique, qui devait absorber les dernières traces
d'humidité ; au sortir de ce récipient, les mousses furent
portées dans une étuve dont on éleva la température
jusqu'à 125 degrés, et pourtant, quand elles furent
remises dans l'eau, je pus constater avec Dumas, Milne-
Edwards et Adr. de Jussieu, qu'un certain nombre
d'individus avaient résisté à toutes ces épreuves et
revenaient à la vie comme si rien ne s'était passé. Pour
nous tous, il ne resta plus aucun doute sur l'exactitude
des faits annoncés par Spallanzani. »

Tant il est vrai que des observations consciencieuses
sont toujours exactes, malgré les progrès de la science.

Parmi les autres Rotifères que nous pourrons étudier, citons le BRACHION DE BAKER (fig. 92), remarquable par ses deux épines postérieures et ses deux cornes

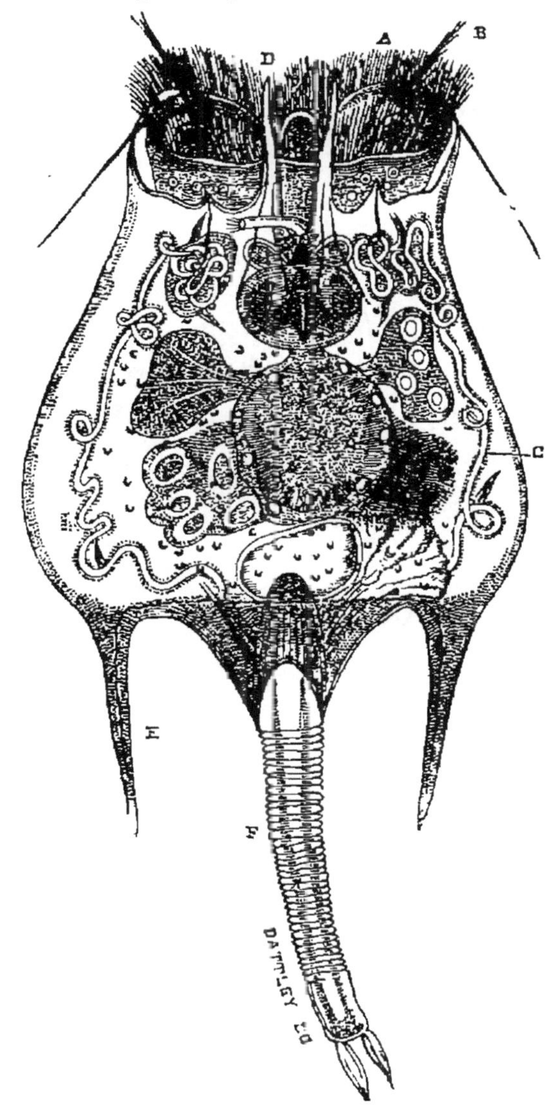

FIG. 92. — Brachion de Baker.

antérieures ; le NOTEUS A QUATRE CORNES (fig. 93), remarquable par ses quatre cornes antérieures ; le NOTOMATE A OREILLES, que l'on peut étudier à l'œil nu ; la FLOSCULAIRE ORNÉE (fig. 94), où l'appareil rotateur est remplacé par des houppes de longs filaments.

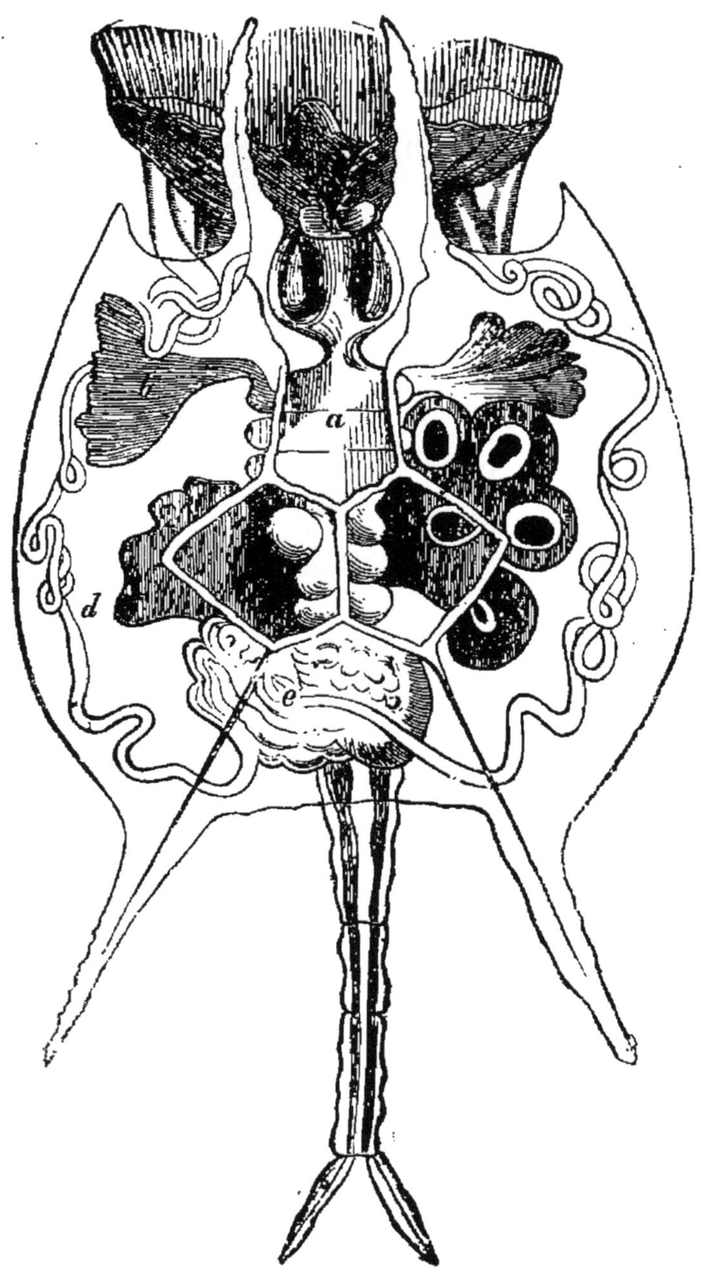

Fig. 93. — Notéus à quatre cornes.

Une mention spéciale doit être faite sur l'HYDATINA

SENTA qui est d'une prodigieuse fécondité. « Chez l'ani

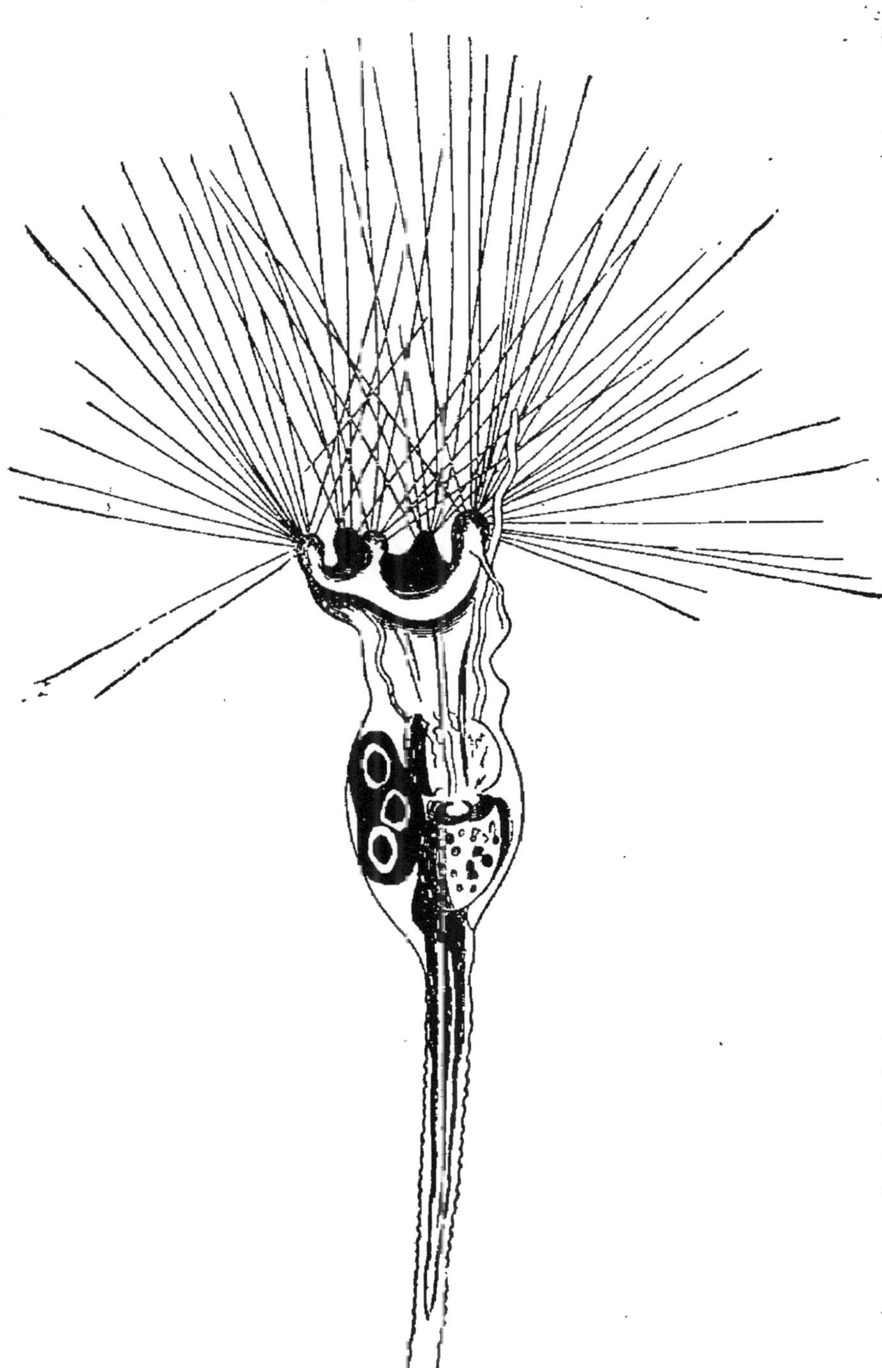

FIG. 94 — Flosculaire ornée.

mál jeune, dit Ehrenberg, les premiers ovules se forment déjà deux ou trois heures après son éclosion ; dans l'espace de vingt-quatre heures, j'ai vu deux individus donner naissance à huit autres, un individu plus grand à quatre, un individu plus petit à deux. Une production journalière de quatre œufs, venant à éclore, peut fournir au bout de dix jours consécutifs 100.048.576 individus émanant d'un être *unique* et au bout de onze jours *quatre cent millions* de créatures. »

Ces calculs sont évidemment approximatifs, mais ils montrent cependant combien les Rotateurs sont prolifiques !

CHAPITRE IX

LES BRYOZOAIRES

Plumatelle à panache. — Masse gélatineuse. — Lophophore. — Alcyonelle. — Paludicelle. — Cristatelle. — Une colonie individualisée.

Les Bryozoaires sont, pour la plupart, des animaux marins. Dans les eaux douces, cependant, on pourra en trouver quelques espèces. Et il faut être prévenu de leur existence, car, à l'instar des anciens auteurs, on n'hésiterait pas à les prendre pour des Cœlentérés, plus ou voisins de l'Hydre. A vrai dire, s'ils rappellent un peu ces animaux par leur propriété de produire des colonies ramifiées, ils s'en distinguent nettement par leur structure beaucoup plus complexe.

Plumatelle à panache. — La première espèce que

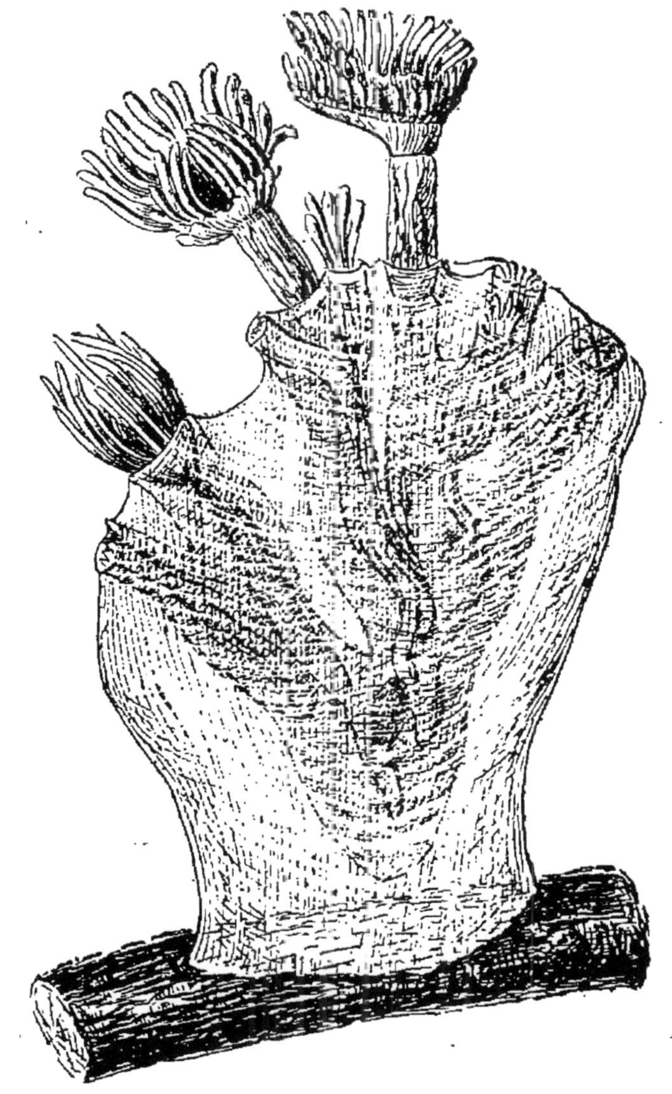

FIG. 95. — Plumatelle à panache (grossie).

nous prendrons pour type est la PLUMATELLE A PANACHE *(Lophopus cristallinus)* (fig. 95) : c'est une sorte de petite masse gélatineuse, remarquable par sa transparence et assez commune dans les eaux stagnantes et les rivières à faible courant, où on la rencontre fixée à la face inférieure des feuilles de Nénuphar ou de Potamot, ou encore sur les morceaux de bois flottants, ou même sur les pierres submergées. Lorsque l'on met l'espèce en question dans un vase et qu'on la laisse en repos, on ne tarde pas à voir saillir de la gangue gélatineuse, un certain nombre de petits panaches très élégants, qui rentrent rapidement à la moindre alerte. Le *Lophopus* que nous examinons n'est pas un animal unique ; c'est une colonie d'animaux qui, tout entière, s'est formée par le bourgeonnement d'un seul individu primordial. Examinons cette colonie avec une forte loupe ou mieux au microscope avec un faible grossissement. Nous verrons ainsi que tous les individus communiquent les uns avec les autres par leur partie inférieure. Un Polype épanoui nous montre d'abord au sommet un orifice, la bouche, entouré d'une masse en fer à cheval et portant de nombreux tentacules. Cet appareil tentaculaire, appelé *lophophore* est caractéristique des Bryozoaires. Il semble au premier abord que cet organe doive agir de la même façon que la couronne tentaculaire des Cœlentérés. En réalité, son fonctionnement n'est pas comparable. Il n'y a d'abord pas trace de Nématocystes à leur surface. De plus, le lophophore se meut tout d'une pièce : on le voit simplement se rétracter en bloc dans la masse gélatineuse ou venir s'épanouir dans l'eau ambiante. Chaque tentacule ne se meut pas pour son compte, il ne paralyse pas et il ne saisit pas les proies qui passent à sa portée. Toute la surface du lophophore est couverte de cils vibratiles qui, par leur mouvement, produisent dans l'eau des courants, des tourbillons, qui entraînent les particules étrangères au contact de la bouche, où elles pénètrent quand leur volume n'est pas trop considérable.

De la bouche part un œsophage qui se renfle en un estomac assez spacieux. L'intestin qui y fait suite remonte et va s'ouvrir au dehors. On voit que tout ceci ne peut être comparé au sac digestif à une seule ouverture de l'Hydre.

Alcyonelle et Paludicelle. — A côté de la Plumatelle, il faut citer l'ALCYONELLE DES ÉTANGS *(Alcyonella stagnorum)* qui forme une masse arrondie et d'apparence spongieuse.

La PALUDICELLE D'EHRENBERG *(Paludicella Ehrenbergi)* (fig. 96) ne constitue pas une colonie massive, comme les deux espèces précédentes. Elle a l'aspect d'une petite touffe à rameaux maigres et ramifiés, le plus souvent couchés et rampant sur les tiges des plantes submergées ou des pierres. Chaque branche est formée par une série de logettes, habitées chacune par un Polype. Celui-ci a la même constitution générale que celui de la Plumatelle, avec cette différence que les tentacules, au nombre de seize seulement, sont disposées en un seul rang, en formant un entonnoir autour de la bouche.

Cristatelle moisissure. — Mais le Bryozoaire le plus curieux est certainement la CRISTATELLE MOI-

SISSURE (*Cristatella mucedo*, fig. 97). Dans les espèces

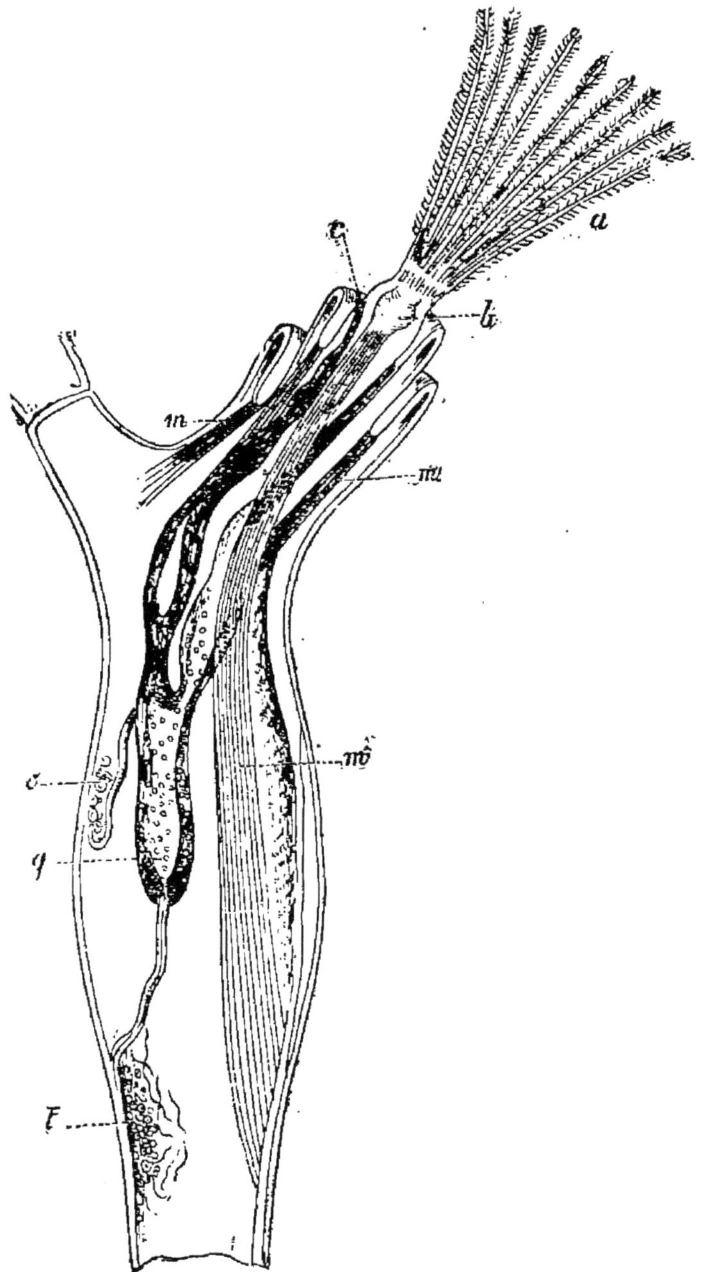

FIG. 96. — Paludicelle d'Ehrenberg, très grossie.

précédentes, chaque individu de la colonie vivait

surtout pour son compte et, en tout cas, n'avait avec ses frères que des rapports nutritifs : c'était sur-

Fɪɢ. 97. — Cristatelle moisissure, grossie deux fois.

tout une colonie morphologique et très peu physiologique. Ici la colonie est d'un ordre beaucoup plus élevé, car elle atteint un degré d'individualité très remarquable. La colonie, quoique composée d'un grand nombre de Polypes, se conduit comme un individu unique.

« Le point le plus important, dit M. Ed. Perrier [1], c'est que cette plaque n'est plus fixe comme dans les autres colonies des Bryozoaires, sa face inférieure constitue une sorte de pied sur lequel la colo-

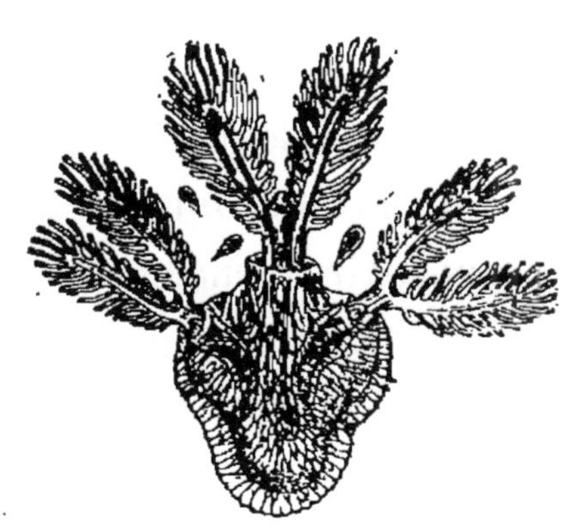

Fɪɢ. 98. — Trois jeunes animaux de Cristatelle moisissure, très grossis.

[1] Ed. Perrier, *Colonies animales.*

nie rampe, comme une limace sur sa sole ventrale. Elle peut même s'infléchir autour des tiges d'un suffisant diamètre et les embrasser assez étroitement pour grimper sur elles, à la façon d'un Ver. Cela suppose qu'une coordination s'est établie entre les mouvements des diverses loges confondues, qu'une conscience générale a commencé à se développer, en d'autres termes, que la colonie a acquis un degré assez élevé d'individualité. C'est déjà presque un animal à un seul corps, mais à une multitude de bouches et d'appareils digestifs. »

Les cristatelles ont été découvertes par Rœsel; elles ont été surtout étudiées par Paul Gervais [1].

« S'étant fait apporter, pour ses recherches de micrographie, de l'eau d'une marais voisin de sa demeure, Rœsel, qui, le premier, fit connaître la Cristatelle, observa dans le vase où cette eau était placée, quelques globules mêlés à un grand nombre d'autres petits êtres ; ils reposaient au fond de l'eau et ressemblaient bien plus à des grains de matière muqueuse ou aux œufs de certains mollusques, qu'à de véritables Bryozoaires; mais, examinés à la loupe, après quelque temps de tranquillité, ils montrèrent des panaches à doubles pédoncules, supportant chacun deux rangées de tentacules en collerette, au-devant et sur les parties latérales de la bouche; quelques globules montraient jusqu'à sept panaches et même plus (fig. 98). Il y a donc, dans chacun de ces petits sacs charnus, autant d'individus que de panaches;

---

[1] P. Gervais, *Annales françaises et étrangères d'anatomie et de physiologie*, t. III, 1839.

chaque individu est retenu à la masse commune, mais celle-ci est libre, elle change de place assez volontiers, mais lentement et se fixe tantôt en un lieu, tantôt en un autre. » (Gervais.)

Dans les étangs, on reconnaîtra facilement les Cristatelles, car elles se montrent sous l'aspect de longs filaments de la grosseur d'une plume d'oie et rappellent assez bien ces cordons de passementeries qu'on appelle *chenilles*. La villosité est produite par les tentacules.

CHAPITRE X

LES CRUSTACÉS

L'Écrevisse. — Monographie de Huxley. — La conservation difficile. — Etude des appendices. — Autotomie. — Mue. — Yeux de l'écrevisse. — Œufs et jeunes. — Cloporte d'eau. — Description extérieure. — Cœur. — Circulation du sang. — Un animal de « cours ». — Adaptation à l'eau de mer. — Expériences de Plateau. — Adaptation des jeunes. — Œufs. — Crevette des ruisseaux. — Natation. — Ménage. — Amour maternel. — Branchipe des étangs. — Artémia. — Variabilité des espèces. — Expériences célèbres. — Apus cancriforme. — Appendices locomoteurs. — Théorie des générations spontanées. — Problème des apus. — Puce d'eau. — Cavité incubatrice. — Récit de Leydig. — Ephippium. — Cypris. — Valves. — Cyclopes. — Sacs à œufs.

L'Écrevisse. — Le Crustacé le plus connu, et, en même temps, le plus volumineux de nos eaux douces, est sans contredit l'Écrevisse *(Astacus fluviatilis)* (fig. 99), sur laquelle lé savant naturaliste anglais Huxley[1] a écrit un livre resté célèbre.

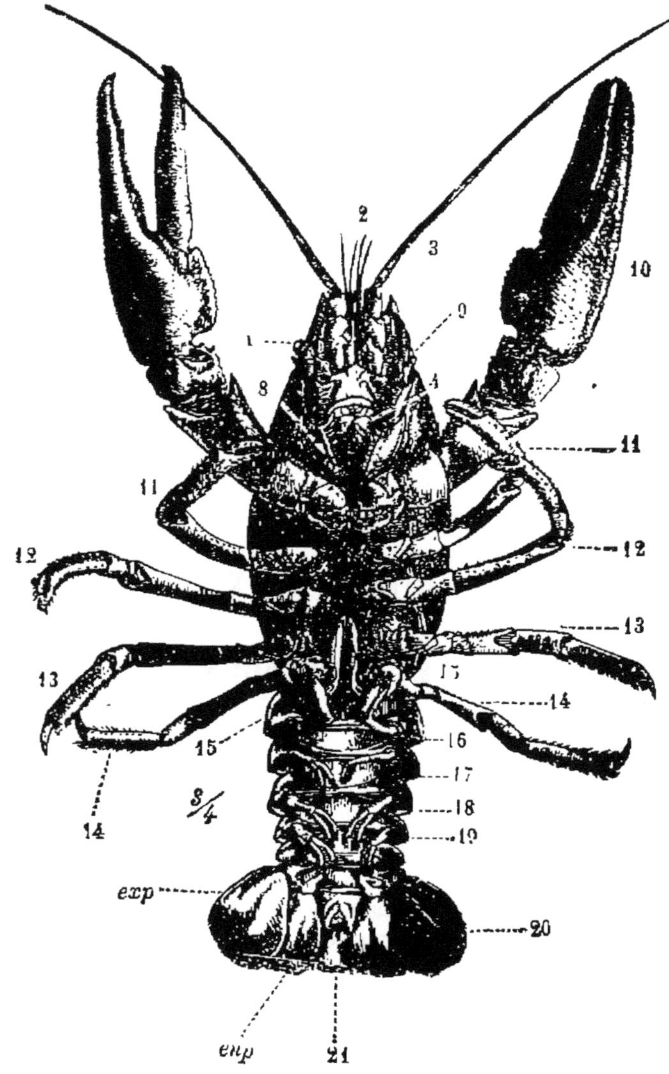

FIG. 99. — Écrevisse, vue par la face ventrale.

Nous indiquerons ici les faits les plus faciles à observer. On se procure des Écrevisses soit dans les

[1] Huxley, *L'Écrevisse*, Paris, 1880.

ruisseaux, sous les pierres, soit plus facilement dans les marchés. Les Écrevisses se conservent bien difficilement dans les aquariums. Si l'on veut les garder dans un cristallisoir, il sera nécessaire de mettre une couche d'eau n'atteignant pas l'épaisseur des animaux ; en renouvellant l'eau de temps en temps, on courra ainsi la chance de les conserver vivantes au moins pendant quelques jours. Si l'on désire en conserver un grand nombre et pendant longtemps, on les placera dans un grand aquarium et surtout on le fera traverser par un *rapide courant d'eau* : les Écrevisses respirent très activement et meurent rapidement, quand l'eau n'est pas suffisamment chargée d'oxygène.

Mises dans l'eau, elles nagent ou marchent avec leurs pattes ; mais si on les excite, elles rabattent brusquement leur abdomen (ce que l'on appelle vulgairement leur *queue)* sur leur face ventrale, et reculent d'un saut en arrière.

Elles mangent à peu près tout ce qu'elles rencontrent sous leurs mandibules, mais principalement des végétaux ; elles se contentent fort bien de tronçons de carottes. La femelle se reconnaît facilement à son abdomen plus large que celui du mâle.

L'étude des appendices, des antennes, des pièces buccales (fig. 100), des pattes thoraciques (fig. 101), des pattes abdominales et des branchies qu'elles portent, est très intéressante. Rien n'est plus facile que de les étudier sur un animal mort en les isolant avec une pince et en les dessinant.

Lorsqu'on cherche à capturer une Écrevisse en la

prenant par une pince et en serrant fortement, on voit l'appendice se rompre à sa base : il ne faut pas croire

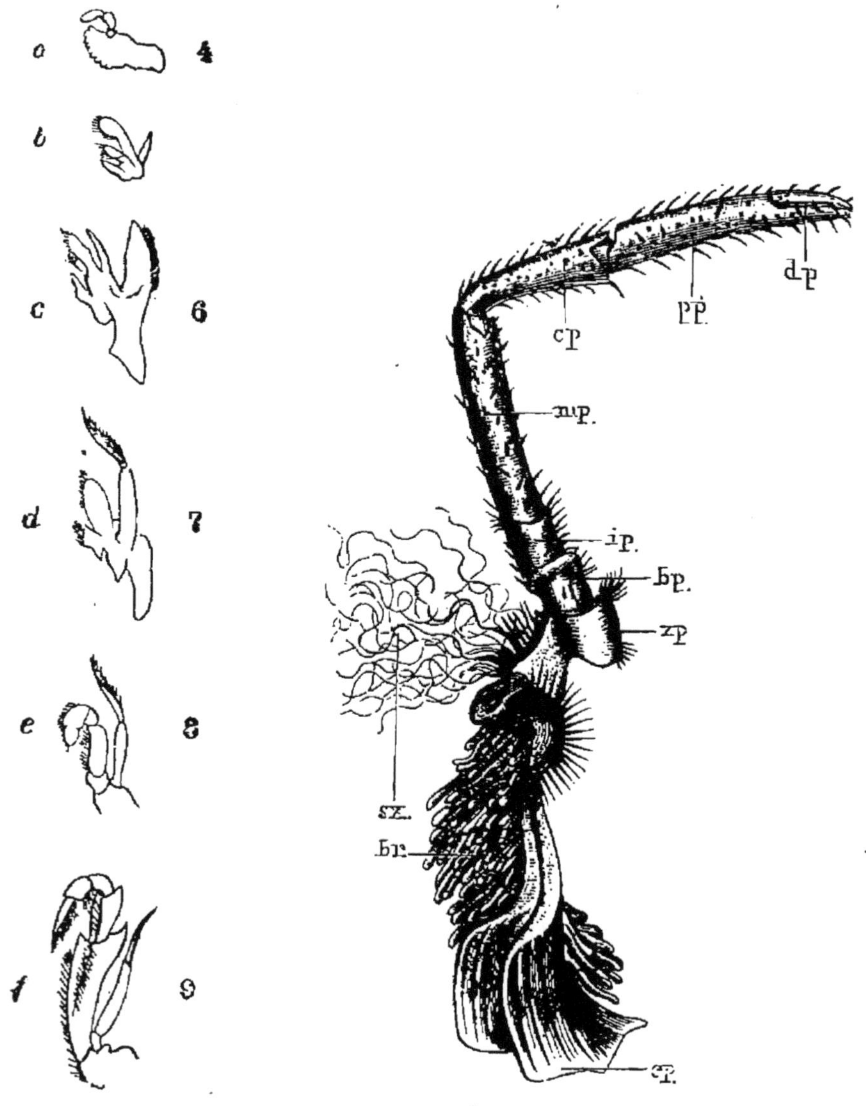

Fig. 100. — Écrevisse. Fig. 101. — Écrevisse. Une patte thoracique
Pièces buccales.   avec son panache branchial *(br)*.

que la rupture est due à la fragilité. On a démontré que c'était l'animal lui-même qui cassait sa patte par un phénomène réflexe : c'est un cas d'*autotomie*. Mais l'appendice ainsi sacrifié peut repousser.

Un autre phénomène intéressant à étudier chez le même animal est celui de la *mue* : l'animal, étant recouvert par un tégument résistant, ne pourrait s'accroître s'il n'était pas doué de la propriété de « changer de peau », c'est-à-dire de rejeter sa prison inextensible. Quand l'opération est terminée, il grandit et se fabrique une nouvelle carapace. La dépouille rejetée ressemble à s'y méprendre à une Écrevisse vivante.

Au commencement de l'été, en ouvrant une Écrevisse, on trouve généralement sur les côtés de l'estomac deux masses calcaires que tout le monde connaît sous le nom d'*yeux de l'Écrevisse*. Au moment de la mue, ces globules tombent dans l'estomac, se dissolvent et, se répandant dans le sang, servent ainsi à édifier le nouveau tégument.

Au mois de mars on peut voir sous la queue des femelles des grappes d'œufs volumineux, attachées aux pattes abdominales. Au commencement de l'été, la coque des œufs se brise et les petites Écrevisses sortent et se cramponnent de suite aux poils des pattes. A ce moment, elles sont transparentes et se font remarquer par leur céphalothorax volumineux. De temps à autre, les jeunes vont se promener; mais à la moindre alerte, ils viennent de nouveau se cramponner à l'abdomen de leur mère.

L'Écrevisse est le géant des Crustacés d'eau douce. Les autres genres et espèces sont beaucoup plus petits ;

on peut cependant étudier la plupart d'entre eux à l'œil nu ou à un faible grossissement.

Cloporte d'eau. — La première espèce que nous aurons l'occasion d'étudier est le CLOPORTÉ D'EAU (*Asellus aquaticus*) (fig. 102). Comme son nom vul-

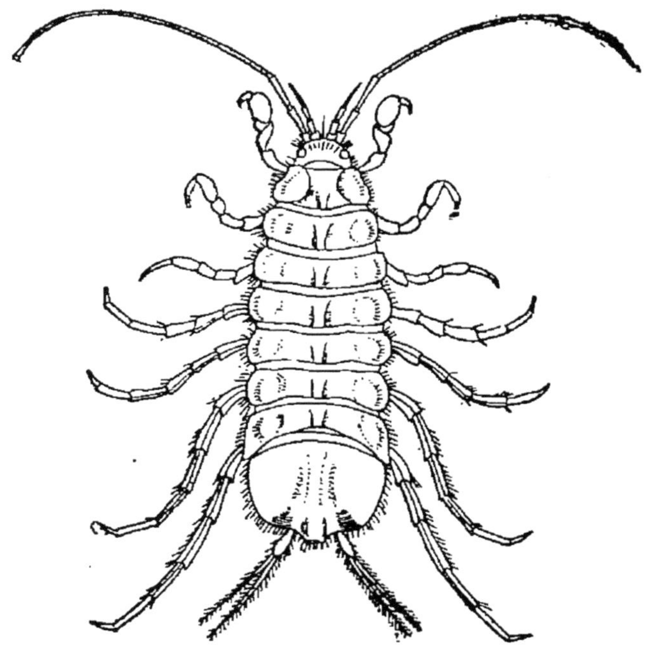

FIG. 102. — Cloporte d'eau (un peu grossi).

gaire l'indique, il ressemble beaucoup à ces petits animaux à nombreuses pattes. que l'on trouve fréquemment sous les pierres ou dans les caves et que l'on appelle des Cloportes. Il diffère cependant de ces êtres terrestres en ce que son corps est beaucoup plus aplati et que ses appendices sont plus longs. Sa taille atteint de $0^m,01$ à $0^m,015$, rarement plus ; il ne nage généralement pas, mais court avec une assez grande rapidité sur les herbes aquatiques ou sur les parois de l'aquarium ; il reste constamment sous l'eau. Son corps est grisâtre avec quelques taches blanches irrégulières, peu distinctes. En l'examinant par la face dorsale, on distingue neuf anneaux. Le premier porte deux yeux latéraux et deux paires d'antennes, deux plus petites et deux plus grandes, couvertes de poils. L'anneau suivant porte une paire de pattes terminées par des griffes. Les six anneaux suivants se ressemblent et chacun porte deux pattes. Le neuvième anneau se distingue de tous les autres par sa grande largeur; il se termine en arrière par deux appendices fourchus, très poilus ; à la face ventrale, il y a une double série de lamelles respiratoires constamment en mouvement.

Circulation du sang du Cloporte d'eau. — Le corps tout entier est transparent, et, comme il est aplati, l'observation au microscope est très commode ; on assiste alors à un spectacle très intéressant. On voit d'abord, depuis la tête jusqu'à l'anus, un tube rectiligne de couleur jaune ; c'est le tube digestif. En l'examinant dans sa région médiane, on voit le cœur qui bat rythmiquement. Mais ce qu'il y a de plus intéressant à observer, ce sont les appendices, pattes ou antennes : à leur intérieur, on voit un liquide incolore granuleux qui y progresse rapidement. C'est le sang que l'on voit sur un des côtés de la patte se rendre depuis l'articulation jusqu'à l'extrémité libre, tandis que, de l'autre côté, on le voit redescendre en sens inverse. On peut le suivre ainsi jusque dans l'abdomen où on le voit former de véritables tourbillons qui finalement viennent se jeter dans le cœur.

Par la facilité avec laquelle on se procure l'*Asellus* et avec laquelle on observe sa circulation, on peut s'étonner qu'un pareil exemple ne soit pas mis plus souvent à contribution dans les lycées pour montrer la circulation du sang.

Adaptation à l'eau de mer. — La plupart des animaux d'eau douce que l'on plonge dans l'eau de mer meurent rapidement ; l'*Asellus* n'échappe pas à cette loi et périt après une immersion de cinq heures.

Cependant, en prenant des précautions, on peut l'accoutumer à vivre dans l'eau salée. Voici comment F. Plateau a opéré : il fit un mélange de dix-neuf parties d'eau douce et d'une partie d'eau de mer ; les Asellus qu'il y plongea ne parurent pas s'apercevoir de l'addition du sel. Le lendemain, on les mit dans un liquide contenant 1/20 d'eau de mer en plus et ainsi de suite ; finalement, on arriva au degré de salure de l'eau de mer et les Asellus y vécurent fort bien. Certains même pendant l'expérience s'étaient reproduits et les jeunes parurent plus résistants que les adultes à l'immersion brusque dans l'eau de mer pure.

Le mâle est plus grand que la femelle. Celle-ci n'abandonne pas ses œufs au hasard ; elle les porte en une masse fixée à sa face ventrale. Les Cloportes d'eau se nourrissent de plantes ou de détritus végétaux.

Crevette des ruisseaux. — Un autre crustacé, encore plus commun que le précédent, est la Crevette des ruisseaux (fig. 103), dite aussi Crevette puce *(Gammarus pulex)*. On le rencontre dans les ruisseaux plus profonds, surtout dans ceux qui renferment des

plantes en décomposition, comme des feuilles mortes ; il
n'aime pas cependant les eaux stagnantes ; il préfère
un léger courant. On en attrapera une grande quantité
avec le troubleau. A son défaut, il suffira de prendre
des poignées de feuilles mortes tombées dans l'eau ;
mais il faudra aller assez vite, car les Gammarus se
sauvent avec une assez grande rapidité. La Crevette des

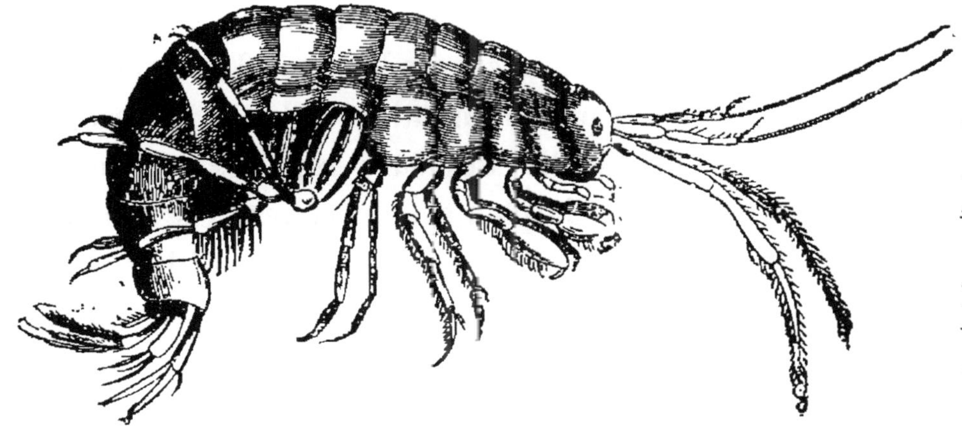

Fig. 103. — Crevette des ruisseaux.

ruisseaux, qui atteint de 1 à 2 centimètres, se distingue
tout de suite par son corps aplati *latéralement* comme
celui des crevettes, et en partie recourbé sur lui-même
sur la face ventrale. La tête porte deux paires d'antennes. Les anneaux antérieurs portent des pattes assez
longues et généralement au repos. Les derniers anneaux
dans la région abdominale sont pourvus d'appendices
nombreux et assez petits, que l'animal agite constamment avec une rapidité remarquable. C'est au moyen de
ces mouvements que l'animal peut nager dans l'eau
avec une vitesse assez grande ; rien n'est plus curieux
que de voir nager un Gammarus qui se dirige tou-

jours obliquement vers le haut ou vers le bas, en agitant constamment ses appendices, comme s'il grimpait sur un escalier imaginaire. Il décrit ainsi de grandes courbes dans l'eau. Le mâle est plus gros que la femelle. Généralement, ils se tiennent ensemble, la dernière placée sous le ventre du mâle ; tous deux nagent, en faisant mouvoir leurs pattes abdominales.

Les *Gammarus* n'aiment pas la lumière ; ils restent le plus souvent cachés au fond du bocal, à l'abri d'une pierre ou d'une plante aquatique ; il faut les tracasser pour les faire sortir de leurs repaires. Comme ils vivent de débris de plantes, on pourra les mettre en grande quantité dans l'aquarium commun où l'on pourra étudier leurs évolutions dans l'eau et où ils serviront de pâture aux animaux carnassiers, comme les poissons.

On peut observer chez eux un cas d'amour maternel et d'amour filial bien curieux. Les œufs que pond la femelle sont repris par elle et mis avec soin dans une poche ventrale formée par les pattes médianes. Quand les petits éclosent, ils restent d'abord dans cette poche ; un peu plus tard, pris du saint amour de la liberté, ils quittent ce qu'on pourrait appeler le *giron de leur mère*, pour aller se promener dans les environs. Mais à la moindre alerte, ils viennent se réfugier dans la poche incubatrice où la mère les protège contre leurs ennemis. Aurait-on cru cela d'un animal qui paraît aussi peu intelligent que la crevette d'eau ?

Branchipe des étangs. — Le BRANCHIPE DES ÉTANGS (*Brachipus stagnalis*) (fig. 104) se rencontre surtout dans le Midi de la France et particulièrement dans la région maritime. Son corps, fort élégant, est d'un blanc verdâtre, légèrement rougeâtre. A sa face ventrale, il porte une série de lamelles aplaties, constamment en mouvement.

A côté du genre Branchipe, il convient de citer le genre ARTEMIA qui a aujourd'hui dans la science une réputation universelle, depuis les célèbres expérien—

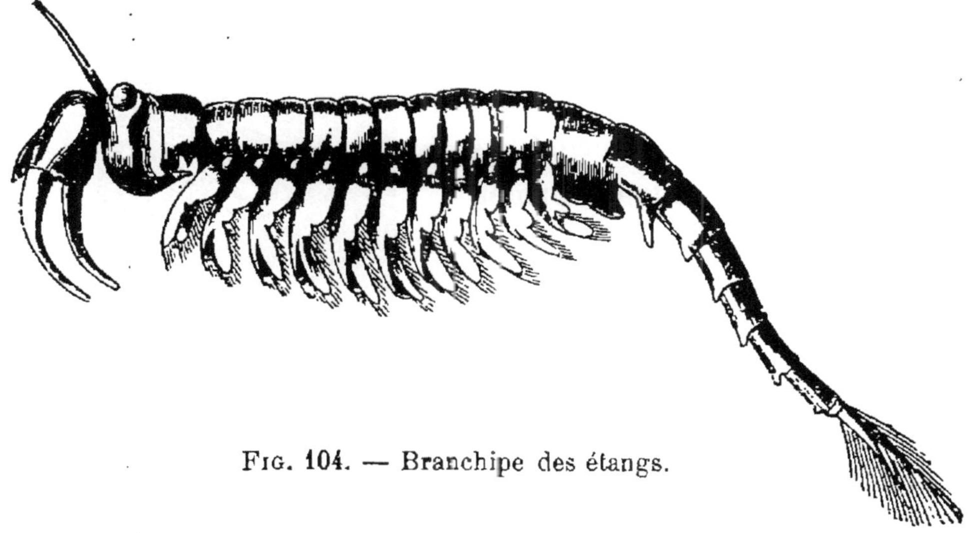

FIG. 104. — Branchipe des étangs.

ces d'un Russe, Schmankewitsch, expériences qui montrent nettement l'influence des milieux sur la variabilité des espèces. « L'*Artemia salina* vit dans la mer. Par suite de la rupture d'une digue, de nombreux Artemias furent entraînés dans une partie du limon du Konelnick rempli de sel déposé. Lorsqu'on rétablit la digue, l'eau salée se concentra par évaporation, et, de génération en génération, l'*Artemia salina* se transforma en *Artemia Milhauseni* ; cette dernière espèce, qu'on trouve dans les eaux salées très concentrées, peut être considérée, en raison de l'absence des lobes et des soies caudales, ainsi qu'en raison de ses dimensions moindres, comme une forme dégradée de l'espèce précédente sous l'influence de conditions d'existence favorables. Schmankewitsch provoqua artificiellement la même transformation par l'élevage, en concentrant lentement l'eau salée des cuves ; et par un traitement inverse, c'est-à-dire en atténuant graduellement la concentration, il parvint à transformer au contraire l'*Artemia Milhauseni* en *Artemia salina* (fig. 105). En poursuivant l'élevage de cette dernière dans des dissolutions de plus en plus diluées, il obtint une variété présentant les caractères des *Branchinecta* qu'on pourrait considérer, d'après lui, comme une nouvelle espèce de Branchipe. » (Brehm.) Le genre *Branchipus* ne serait donc autre que le genre *Artemia* adapté à l'eau douce !

FIG. 105. — Chirocéphale de Grube (*a*), Branchinecte des marais (*b*) et Artémie saline (*c*).

Apus cancriforme. — L'APUS CANCRIFORME *(Apus cancriformis)* (fig. 106) est un joli crustacé. Il est généralement assez rare. Mais parfois, surtout lorsqu'il y a eu des inondations, on le voit pulluler en très grande quantité. Sa taille atteint 2 à 3 centimètres. Il se distingue tout de suite par une vaste carapace verdâtre

qui recouvre une grande partie de la face dorsale du corps, ne laissant saillir au dehors que les derniers anneaux terminés par une languette médiane, portant deux appendices longs et poilus. En avant, on distingue de longues antennes, et sur la carapace une masse oculaire centrale. Cette masse, vue à

Fig. 106. — Apus cancriforme.

la loupe, se montre en réalité formée de deux yeux latéraux et d'un œil médian plus petit. La carapace est un simple prolongement postérieur de la tête; elle n'adhère pas au corps. En la soulevant et en la regardant par transparence, on y voit deux taches ovalaires qui représentent des glandes. Toute la face ventrale est garnie d'appendices locomoteurs ayant l'apparence de feuilles. L'étude de ces appendices est intéressante à faire en ce qu'elle nous montre les variations progressives de

forme qu'ils affectent depuis la tête jusqu'à la queue.
Nous engageons vivement nos lecteurs à les étudier de la
façon suivante. On prend un animal mort que l'on
étend sur le dos, dans l'eau. Les appendices flottent ;
alors, avec une pince très fine, on détache la première
patte au point où elle s'articule : pour cela, il suffit
d'exercer une petite traction avec la pince. Ayant
ainsi la patte, nous la plaçons sur une carte de
visite en y ajoutant une ou deux gouttes d'eau : les
diverses pièces membraneuses s'étalent d'une façon
merveilleuse. A mesure que l'eau se dessèche, la patte
vient petit à petit se coller contre le carton, où finalement elle s'applique si bien qu'il est impossible de la
détacher. Sur une même carte, on pourra mettre ainsi,
rangés en ordre, tous les appendices de notrebête.

Les femelles sont beaucoup plus communes que les
mâles : la onzième paire de pattes aplaties de la femelle
est transformée en deux petites cupules destinées à
recevoir les œufs.

L'Apus offre un grand intérêt historique. Les anciens
naturalistes croyaient que ces animaux provenaient de la
transformation des corps bruts, qu'ils naissaient spontanément : c'était la doctrine de *Générations spontanées*. L'un de leurs arguments étaient celui-ci : les Apus
disparaissent pendant trois, quatre, cinq années et même
plus, puis tout d'un coup on les voit pulluler en grand
nombre dans les mares. Ces Apus, disaient-ils, n'ont
pas pu provenir des Apus précédents, puisqu'il n'y en
avait pas ; donc ils ne pouvaient qu'avoir pris naissance spontanément au sein de l'onde. L'argument sem-

blait péremptoire. Les études récentes ont montré qu'elles n'avaient aucune valeur. Voici en effet ce qui se passe : lorsqu'une mare se dessèche, les Apus pondent des œufs entourés d'une coque très solide qu'ils déposent dans la vase. Si le marais se dessèche complètement, les œufs d'Apus, protégés qu'ils sont par leur coquille, restent ainsi pendant de longues années sans se transformer ni périr. Mais vienne un beau jour une inondation qui remplira de nouveau la mare abandonnée, les œufs se retrouveront dans leur milieu naturel, écloront et donneront des Apus ; ceux-ci ne sont pas nés spontanément ; ils proviennent d'Apus préexistants.

Les partisans de la doctrine des générations spontanées, ainsi battus dans leur démonstration, en furent réduits à se rabattre sur les infiniment petits, les microbes ; mais notre grand Pasteur a montré que, même ici, il n'y avait jamais de génération spontanée.

Les crustacés que nous avons étudiés jusqu'ici sont d'une taille assez volumineuse pour pouvoir être étudiés à l'œil nu ou à la loupe.

Ceux que nous allons passer en revue sont petits ; ils ne peuvent guère être étudiés qu'avec un microscope, mais un faible grossissement suffit ; les petits microscopes que l'on trouve dans le commerce suffisent amplement.

On capture ces petits crustacés dans l'eau avec une pipette.

Daphnie ou Puce d'eau. — La première de ces petites bêtes, celle que l'on rencontrera certainement est la DAPHNIE OU PUCE D'EAU *(Daphnia pulex)* (fig. 107).

C'est un petit animal arrondi, un peu aplati latéralement, enfermé dans une vaste carapace qui ne laisse
sortir que les antennes et les pattes antérieures. Les

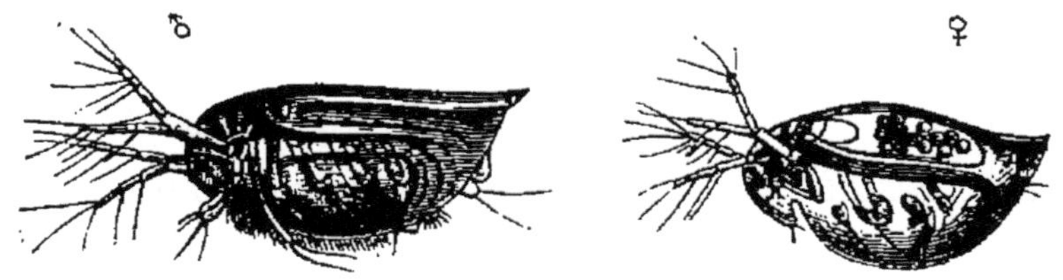

FIG. 107. — Puce d'eau (Daphnie). Mâle et femelle.

œufs s'accumulent dans la région dorsale de la carapace qui joue le rôle d'une cavité incubatrice.

Les œufs se développent en embryons, qui, lorsqu'ils
sont suffisamment formés, sortent les uns à la file des
autres : c'est un spectacle très attrayant.

A propos des Daphnies nous devons citer le passage
suivant[1] dû au célèbre naturaliste Leydig et que l'on
croirait, par ses idées, conçu tout exprès pour notre
livre.

« Le matin, de bonne heure, et pendant les soirées
chaudes et calmes, alors même que le ciel est couvert,
ces animalcules, dont les plus grands mesurent rarement plus de 6 millimètres de long, nagent d'abord au
voisinage du niveau de l'eau, puis s'enfoncent dans la
profondeur sitôt que le soleil éclaire un peu fortement
la surface. Quelques espèces ont plus de tendance à se
tenir au voisinage du fond vaseux qu'à s'élever vers la

[1] Leydig, cité dans Brehm, *Les Poissons et les Crustacés*, par
E. Sauvage et J. Kunckel d'Herculais, p. 797.

surface. L'habitude qu'ils ont de se rassembler en groupes dans les eaux stagnantes ou à faible courant, et la coloration spéciale[1] qu'ils donnent à l'eau, lorsqu'ils s'y trouvent en masses énormes, ainsi que prétendent l'avoir constaté certains observateurs, ont dû attirer sur ces animaux depuis longtemps l'attention des naturalistes : l'exiguïté de leurs corps ne permet qu'aux observateurs armés du microscope d'en prendre une connaissance approfondie. Les zoologistes qui n'étudient pas seulement les caractères extérieurs des animaux, mais qui s'intéressent encore à leur conformation interne ainsi qu'à leur mode d'existence, peuvent trouver dans ces créatures un sujet d'observation des plus attrayants. Grâce à la transparence du revêtement tégumentaire d'un grand nombre de ces crustacés, on peut discerner les organes complexes de l'animal vivant et intact, de même qu'on peut constater sur un modèle de machine, dont l'enveloppe est transparente, la composition et le jeu des diverses pièces qui le constituent. Même les personnes étrangères aux sciences zoologiques éprouvent une surprise agréable lorsqu'on leur montre, sur un de ces Cladocères installé sous un microscope, les mouvements des yeux et du tube digestif, les battements du cœur, la progression des globules sanguins qui cheminent semblables à de petites perles, enfin tant d'autres organes qui agissent et qui vivent. Tout le monde, il est vrai, ne se sent pas entraîné vers ces travaux, et tout le monde n'a pas l'occasion d'étudier à fond les corps organisés

---

[1] Jaune rougeâtre.

et, suivant l'expression du poëte, « de s'abandonner aux
« pensées élevées qui s'imposent à celui qui étudie la na-
« ture ». L'intérêt que la plupart des gens accordent au
monde des animaux repose bien plutôt sur les services
réels que ces bêtes peuvent rendre à l'humanité. J'é-
prouve d'autant plus de satisfaction à pouvoir fournir à
ceux qui aiment la nature à ce point de vue quelques
communications relatives aux Daphnies, qu'elles feront
ressortir l'utilité de ces petits êtres, peut-être trop mé-
connus jusqu'à présent.

« Pendant un séjour assez prolongé auprès des lacs
des montagnes bavaroises et du lac Constance, j'ai en
effet constaté que les Cladocères et les Cyclopides
constituent presque exclusivement la nourriture des
poissons les plus estimés de ces lacs. En ouvrant un
grand nombre de ces Poissons, j'ai trouvé constamment que le contenu de leur estomac était formé de ces
Crustacés microscopiques sans mélange d'aucun autre
aliment. Ainsi ces animalcules, comme l'indique d'ailleurs le nombre d'individus observés, doivent être
considérés comme représentant la majeure population
de ces eaux. Si l'on songe dès lors à l'importance qu'a
l'existence des *Coregonus* pour les habitants des bords
du lac de Constance, qui prennent plus de cent mille de
ces poissons chaque année, on conviendra nécessaire-
ment que ces petits Crustacés, trop dédaignés, en nour-
rissant une telle masse de poissons, rendent de très
grands services, bien que d'une manière indirecte, à
l'humanité. »

Au commencement de l'hiver, les Daphnies pondent

des œufs différents de ceux d'été en ce que leur coque est beaucoup plus dure.

Des œufs sont également déposés sous la carapace, mais celle ci se détache, tombe au fond de l'eau et constitue ainsi une sorte de sac, appelé *ephippium*, qui protège les œufs jusqu'au printemps suivant, époque où ils écloront (fig. 108).

Cypris. — Les CYPRIS (fig. 109) ont une vaste carapace articulée sur le dos, qui forme deux petites val-

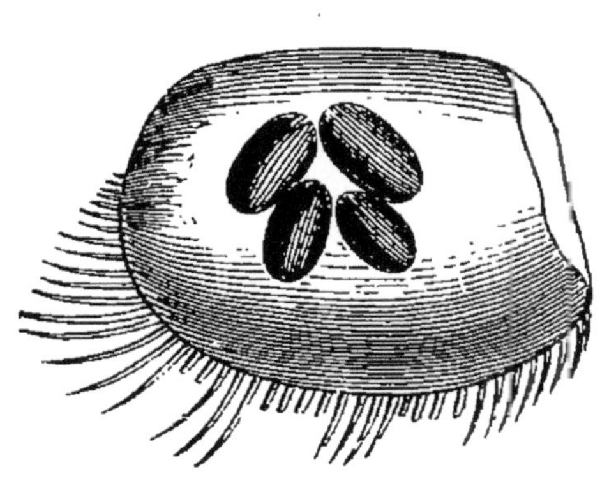

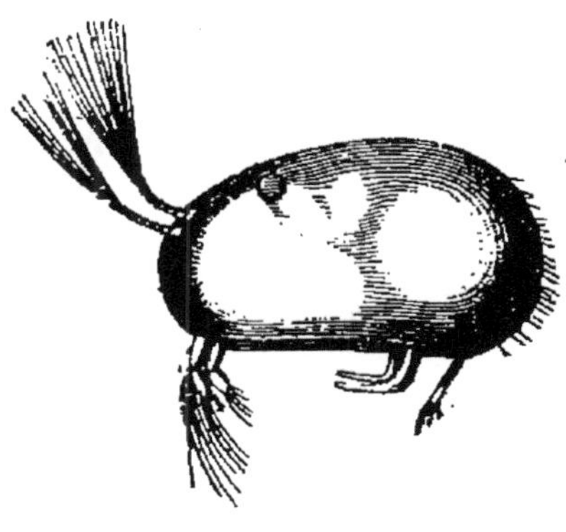

FIG. 108. — Chambre incubatrice ou éphippium d'une Daphnie, contenant quatre œufs d'hiver.

FIG. 109. — Cypris brune.

ves se rabattant l'une sur l'autre de façon à cacher complètement l'animal quand quelque danger le menace.

Cyclopes. — Citons enfin des Crustacés très communs, les CYCLOPES (fig. 110), que l'on reconnaît au premier coup d'œil dans un bocal à cause de leur couleur blanche et de leur natation saccadée. Leur front est garni d'un œil unique ; c'est de là que vient leur dénomination, qui rappelle les hommes du même nom de la légende.

Ils présentent aussi ce fait particulier de nager avec

antennes, tandis que les autres Crustacés nagent avec leurs pattes. L'extrémité postérieure de leur corps est bifurquée en deux longs appendices poilus.

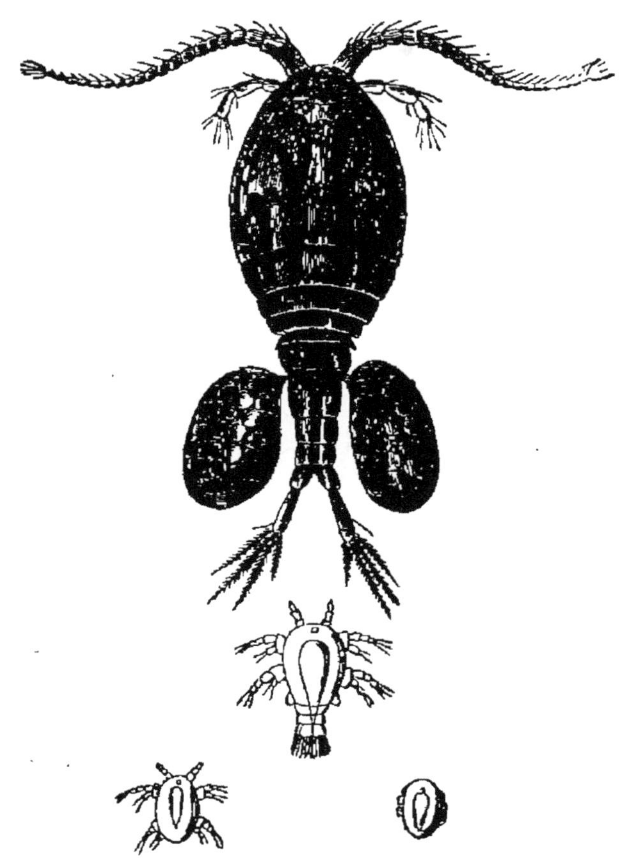

Fig. 110. — Cyclope femelle, avec ses sacs à œufs.
Au-dessous : Jeunes cyclopes.

Enfin la femelle porte latéralement et en arrière deux longs sacs blancs ou bruns contenant des œufs : cette particularité suffira à elle seule pour faire distinguer un Cyclope de tout autre crustacé.

Dans les chasses pélagiques à la surface des lacs, on récolte beaucoup de crustacés très élégants et remarquables par leur transparence absolue; ce caractère s'observe aussi chez les crustacés pélagiques marins : c'est évidemment un cas des plus nets de mimétisme[1].

CHAPITRE XI

LES INSECTES

Intérêt de l'étude des insectes. — Utilité du renouvellement de l'eau. — Champignons aquatiques. — Saprolégniées. — Ordres aquatiques.

Dans nos eaux douces, les animaux les plus fréquents sont, à coup sûr, les insectes qui s'y déploient avec une merveilleuse richesse de formes et de mœurs. Aussi sont–ils nombreux et toujours intéressants les problèmes que nous aurons à résoudre à leur sujet. Par opposition avec les Crustacés, qui, respirant par des branchies, trouvent dans l'eau leur milieu naturel, les insectes sont des êtres essentiellement aériens. Ce sera déjà une question de savoir comment ces bestioles peuvent arriver à respirer l'air atmosphérique et nous verrons que les moyens mis en œuvre pour arriver à ce but sont multiples. D'autre part, s'il en est, comme les Hydrophiles et les Dytiques, qui vivent dans l'eau à l'état adulte, il en est un plus grand nombre qui ne s'y trouvent qu'à l'état de larves

[1] H. Coupin, Le Mimétisme (*Revue Encyclopédique*, 1892).

différant complètement des animaux adultes, lesquels vivent dans le royaume d'Eole. Aussi, est-ce là un nouveau problème, tout aussi palpitant, de savoir à quel insecte appartient telle larve, comment elle se transforme, comment elle vit, etc. Nous n'en finirions pas si nous voulions donner une idée de la foule des questions qui se posent à chaque instant au sujet des insectes aquatiques.

Comment allons-nous les étudier? Un petit nombre d'entre eux pourront être mis dans l'aquarium commun; nous aurons soin de les indiquer quand le moment sera venu. Il en est d'extrêmement voraces, de vrais bandits, qu'il faut isoler. D'autres enfin, quoique peu dangereux, doivent être isolés pour pouvoir être étudiés avec soin.

Généralement, les bocaux qui les contiendront devront être garnis dans le fond d'une couche de vase plus ou moins épaisse et recouverte d'une couche de sable qui empêchera cette dernière de salir le liquide. Dans l'eau plongera un petit rameau de plante destiné à servir de support et souvent de nourriture aux insectes. Les insectes viennent respirer pour la plupart à la surface. On serait par suite tenté de croire que l'eau de leur aquarium n'a pas besoin d'être aérée ni changée. Il n'en est rien; l'eau doit être fréquemment renouvelée, d'abord pour enlever les débris de plantes en putréfaction, ensuite pour empêcher le développement de Champignons, les *Saprolégniées*, qui attaquent les insectes et les font périr rapidement (fig. 111 à 113). Dans les aquariums, même où l'eau est fréquemment renouvelée, la destruction des insectes par les Saprolégniées est à craindre. On n'a pas jusqu'ici indiqué le moyen d'obvier à cet inconvénient.

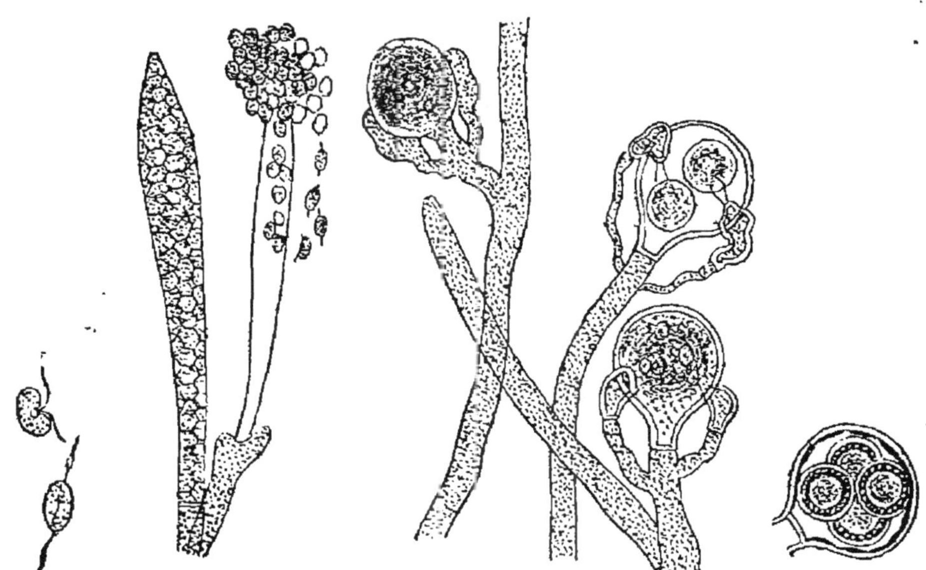

Fig. 111. — Une Saprolégniée *(Byssus argentatus)*. Reproduction par zoospores.

Fig. 112. — Une Saprolégniée *(Byssus argentatus)*. Reproduction sexuelle.

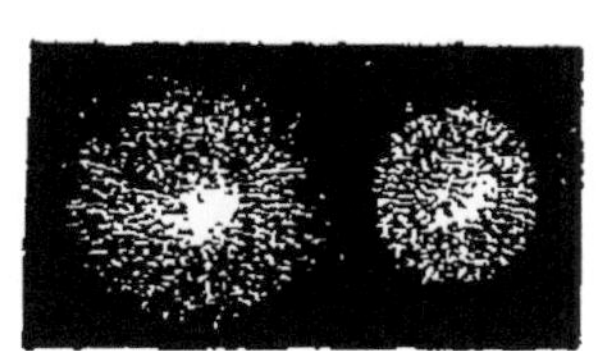

Fig. 113. — Végétation d'une Saprolégniée sur un œuf de Saumon.

Enfin, lorsqu'on voudra étudier une larve aquatique qui doit donner un insecte ailé, on aura soin de fermer l'orifice du flacon avec une toile métallique qui empêchera l'insecte de fuir. On aura soin aussi de placer à la surface de l'eau une petite planchette flottante qui permettra à l'insecte de venir se poser et par suite de ne pas se noyer, ce qui le détériorerait.

Les insectes se divisent en sept ordres principaux qui sont :

1. *Hyménoptères ;* 2. *Orthoptères ;* 3. *Lépido-ptères ;* 4. *Coléoptères ;* 5. *Hémiptères ;* 6. *Diptères ;* 7. *Névroptères.*

De ces sept ordres, le premier et le deuxième ne possèdent aucun représentant aquatique[1], soit à l'état adulte, soit à l'état larvaire.

Le troisième en renferme un si petit nombre qu'on peut les passer sous silence : citons cependant les Chenilles de *Catoclysta*, qui construisent des fourreaux soyeux sous les feuilles de la Lentille d'eau et les *Hydrocampa*, qui vivent dans des étuis au-dessous des feuilles des Nénuphars et des Potamots.

Passons maintenant en revue les ordres suivants, Coléoptères, Hémiptères, Diptères et Névroptères, en prenant dans chacun d'eux un certain nombre de types, choisis parmi les plus communs.

---

[1] Il y a cependant certains Ichneumons qui vont pondre dans des insectes aquatiques. Ces hyménoptères peuvent donc être jusqu'à un certain point considérés comme aquatiques.

CHAPITRE XII

LES COLÉOPTÈRES

Dytique bordé. — Description extérieure. — Sécrétion défensive. — Natation. — Voracité. — Préparation d'un squelette. — Dimorphisme sexuel. — Vol. — Respiration. — Reproduction. — Un jeune savant. — Ponte. — Larve. — Structure des mandibules. — Transformation en nymphe. — Autres insectes voisins des dytiques. — Les gyrins. — Evolution à la surface de l'eau. — Odeur de chocolat. — Un œil dans l'air et un œil dans l'eau. — Hydrophile brun. — Respiration. — Rôle des antennes. — Ponte. — Frêle esquif. Larve. — Nymphe. — Autres hydrophilides. — Hæmonia.

Dytique bordé. — Le premier coléoptère que nous étudierons avec quelques détails est le Dytique bordé *(Dytiscus marginalis)* (fig. 114) que sa grande taille indique tout de suite au regard. Il a environ 3 centimètres de long sur 1^{cm},50 de large. On le reconnaît facilement à son corps plat, seulement légèrement bombé sur le dos et sur le ventre, et d'une forme ovalaire très régulière.

FIG. 114. — Dytique bordé, femelle.

C'est un animal très carnassier, qui, si on le mettait dans l'aquarium commun, y amènerait avec lui la dévastation. Et cela est regrettable, car il est fort élégant quand il nage rapidement dans l'eau, avec ses pattes postérieures. On le mettra dans un flacon séparé où on aura soin de lui fournir une abondante nourriture. Mais examinons tout d'abord sa constitution. Lorsqu'on l'examine par le dos, on voit que son corps est composé de trois parties distinctes articulées les unes avec les autres. C'est, en avant, la *tête*, portant deux gros yeux latéraux et une paire d'antennes filiformes. Ensuite vient le *corselet*, limité par un cercle plus clair que la région médiane. Enfin vient le corps proprement dit, recouvert par les deux *élytres*, d'une couleur vert olivâtre, entourées par une bordure claire : c'est ce liseret circulaire qui a fait donner à l'animal son nom de *bordé*. Les élytres représentent des ailes antérieures qui n'interviennent pas dans le vol ; elles servent simplement à protéger les ailes postérieures. Celles-ci que l'on observera facilement en écartant les élytres, se distinguent par leur aspect membraneux, transparent. Quand elles sont étalées, elles sont beaucoup plus grandes que les élytres ; on les voit alors parcourues par un système de nervures brunes dont le but est de leur donner de la solidité. Aussi pour se placer au repos sous les élytres sont-elles obligées de se plier : à cet effet, chaque aile se plie d'abord longitudinalement, à peu près comme un éventail qui se ferme, puis transversalement en ramenant la moitié libre sur la partie adhérente. Ainsi repliées, les ailes se placent sous les élytres. Enlevons les élytres et les ailes ; nous apercevrons la partie supérieure de l'abdomen composée d'une série de segments. Sur les côtés de ceux-ci, à droite, comme à gauche, nous verrons des petits orifices ovalaires, garnis d'un bord assez résistant : ce sont les *stigmates*, au nombre total de neuf paires, chaque seg-

10.

ment en présentant un. En enlevant, avec des ciseaux, la partie dorsale des téguments, nous verrions que ces stigmates aboutissent dans des tubes blancs, extrêmement ramifiés, nommés *trachées* ; en mettant l'animal ainsi disséqué sous l'eau, ces trachées nous apparaîtront avec un aspect nacré, brillant, qui nous indiquera tout de suite qu'elles contiennent de l'air. C'est qu'en effet le système trachéen n'est autre que l'appareil respiratoire des insectes : l'air entre par les stigmates, et se rend par l'intermédiaire des trachées à tous les tissus qui peuvent ainsi respirer.

On voit que, chez le Dytique, les orifices respiratoires sont recouverts complètement par les élytres. Examinons maintenant l'animal par la face ventrale. Nous apercevrons tout d'abord la bouche entourée de plusieurs pièces mobiles, cornées, qui servent à la mastication. En les enlevant les unes après les autres, on pourra les étudier et l'on trouvera ainsi en allant d'avant en arrière : 1° une pièce impaire, la *lèvre supérieure* ; 2° deux pièces très fortes, arquées, à extrémité pointue, les *mandibules* ; 3° deux pièces moins puissantes, composées de plusieurs parties, les *mâchoires* et portant latéralement deux sortes de petites antennes, les *palpes maxillaires* ; 4° une pièce impaire, la *lèvre inférieure* qui porte également deux *palpes labiaux*. Les quatre parties que nous venons de décrire se rencontrent chez tous les insectes, mais comme ils sont souvent très déformés, il est parfois fort difficile de les retrouver : la trompe du Papillon, l'aiguillon du Cousin, la trompe de la Mouche, sont tous constitués essentiellement comme la bouche broyeuse du Dytique. En arrière de la tête, nous verrons que le corselet porte deux paires de pattes. Puis vient une deuxième paire de pattes disposée pour grimper. Enfin, tout en arrière, vient la troisième paire de pattes, celle-là, rejetée très en arrière et éminemment bien disposée pour la natation. Chaque patie est arquée, presque tout d'une pièce et garnie de poils longs et rigides destinés à donner prise à l'eau. Tout en arrière s'ouvre l'orifice génital, puis l'anus. Ajoutons enfin que les pourtours du corselet sécrètent, quand on capture le Dytique, une matière visqueuse blanche comme du lait, dégageant une odeur désagréable : c'est probablement une matière de défense.

Ainsi constitué le Dytique nage avec une grande facilité dans l'eau en faisant mouvoir ses pattes postérieures qui font l'office de rames ; il est à noter que les mouvements des pattes natatrices sont exactement synchrones, comme ceux des jambes d'un nageur « classique ».

Son corps ovalaire et complètement lisse est éminemment bien disposé pour fendre l'eau, sans que celle-ci lui offre de la résistance : cette forme se rencontre d'ailleurs chez la plupart des coléoptères aquatiques, montrant ainsi leur adaptation profonde au milieu liquide. Le Dytique se promène constamment dans l'eau, en nageant par soubresauts ; quelquefois il se repose sur une plante aquatique en se cramponnant avec ses deux paires de pattes antérieures ; de temps à autre il se rapproche de la surface de l'eau pour respirer (fig. 115), comme nous l'expliquerons tout à l'heure.

Mais l'animal n'est jamais occupé qu'à une seule chose, à chasser ; aperçoit il un têtard nageant tranquillement dans le bocal, il fond sur lui, le saisit soit par la nuque, soit par la queue et l'avale en le déchiquetant sans plus tarder. La voracité des Dityques n'est comparable qu'à celle des requins ; ils mangent tout ce qui leur tombe sous la dent [1] et de préférence les animaux vivants : nous ne saurions trop le répéter, il faut exclure les Dityques avec soin des grands aquariums même quand ceux-ci ne renferment que de gros animaux, comme des Poissons ou des Tritons. « Quelquefois, dit E. Blanchard, des Dytiques s'attaquent à des Grenouilles ; s'accrochant sur le dos de l'animal, ils en entaillent la peau avec leurs mandibules et se mettent à la ronger. La grenouille toute saignante se débat en vain contre les morsures des Dytiques, elle finit toujours par succomber. » Les combats des Dytiques avec les divers hôtes de nos eaux douces sont des sujets d'obser-

[1] On peut utiliser cette voracité des dytiques de manière à les faire travailler à notre profit. Lorsque l'on veut préparer le squelette d'un animal qui n'est pas trop volumineux, la besogne est assez délicate et assez pénible lorsque nous n'avons à notre disposition que nos instruments de laboratoire et notre main. Mais il est un moyen bien simple de préparer un tel squelette, sans qu'on ait besoin d'y toucher : on lui enlève d'abord une bonne partie des tissus mous, tels que les viscères et une partie des muscles. Ceci fait, on place la bête ainsi délabrée dans un vase plein d'eau où l'on met des dytiques affamés. Ceux-ci ne tardent pas à manger ce qui reste de tissus mous, tout en respectant les parties dures, les os que nous convoitons : quelques jours après, nous aurons un magnifique squelette aussi bien préparé, mieux même, que n'aurait pu le faire le meilleur taxinomiste de profession.

vation très intéressants, parfois même fort palpitants : voir la nature aux prises avec elle-même, n'est-ce pas un spectacle toujours curieux, toujours nouveau ?

Les mâles diffèrent sensiblement des femelles. Le *dimorphisme sexuel*, comme on appelle ce phénomène, est ici des plus marqués. Les élytres sont très lisses chez le mâle, tandis que, chez la femelle, elles sont parcourues par des sillons longitudinaux, profonds et poilus. Les pattes ne sont pas moins différentes : la paire antérieure ne présente rien de particulier chez la femelle ; mais, chez le mâle, elle se termine par deux lames aplaties et garnies en dessous de ventouses, dont deux sont fort grandes, tandis que les autres sont beaucoup plus petites. Évidemment ces cupules sont destinées à permettre au mâle de s'accrocher sur le dos de la femelle, dont les cannelures facilitent la préhension[1].

Lorsque l'eau est assez abondante et la nourriture copieuse, les Dytiques se contentent de se déplacer avec leurs pattes. Mais lorsque les mares se dessèchent ou lorsque les victuailles font défaut, ils déplacent leurs ailes et s'envolent vers des lieux meilleurs. « Ils ne quittent jamais leur élément pendant le jour, mais seulement la nuit, en grimpant préalablement le long d'une plante aquatique, pour prendre plus facilement leur essor. Il est aisé de comprendre, d'après cela, comment les plus grosses espèces sont amenées quelquefois à se

---

[1] Il arrive parfois que des mâles présentent des indices de cannelures tandis que des femelles montrent une tendance à devenir lisses. On trouvera dans Brehm (*Les Insectes*, vol. I, p. 136) les hypothèses fort intéressantes émises sur l'origine de ce polymorphisme.

réfugier dans des tonneaux à eau de pluie, dans les conduits ou divers autres réservoirs ; parfois on rencontre le matin ces insectes couchés sur le dos, résignés à leur sort, à la surface des vitres des serres ou des couches qu'ils avaient prises pour la surface brillante d'une pièce d'eau. Beaucoup d'entre eux mettent à profit leur faculté de voler pour se rendre dans les bois et y passer l'hiver, cachés sous la mousse où on les trouve engourdis en compagnie des Carabiques, de Brachélytres et d'autres insectes. » (Brehm.)

Mis à terre ils marchent très difficilement en sautillant ; leur ventre repose alors contre le sol et les pattes peuvent à peine y toucher, ce qui ne leur permet que de se traîner péniblement.

Nous avons dit que le Dytique, comme la majorité des insectes, respirait l'air en nature. A cet effet, il est pourvu de trachées qui viennent s'ouvrir aux stigmates placés sur la face dorsale de l'abdomen, sous les élytres. Ajoutons que cette face est garnie d'un tissu feutré assez épais et que les stigmates postérieurs sont les plus volumineux. Lorsqu'un Dytique veut respirer, on le voit (fig. 115) quitter le fond et venir se placer au niveau supérieur de l'eau en faisant émerger à l'air la partie tout à fait postérieure de son abdomen. Étant ainsi suspendu en quelque sorte, il écarte légèrement ses élytres, ce qui permet à l'air extérieur de pénétrer et d'adhérer au tissu feutré qu'elles recouvrent. Lorsla provision d'air est suffisante, le Dytique referme ses élytres, et plonge en emportant avec lui une réserve d'air assez abondante, qui, pénétrant par les stigmates, surtout par les stigmates postérieurs, plus volumineux, jusque dans les trachées, va servir pendant un certain

Fig. 115. — Dytiques bordés. L'un d'eux respire à la surface de l'eau.

temps à la respiration. Quand cette réserve sera épuisée, le Dytique viendra faire une nouvelle provision et ainsi de suite, pendant toute sa vie.

Reproduction du Dytique. — Comment se reproduisent les Dytiques ? La manière dont ils pondent et l'endroit où ils déposent leurs œufs est resté longtemps inconnu. C'est un jeune élève du lycée d'Evreux, plus tard, le Dr Régimbard, qui a élucidé cette quesion. Nous tenons à citer une bonne partie du Mémoire du jeune savant ; il nous montrera qu'il n'est pas besoin d'avoir une science profonde et qu'il n'est pas nécessaire d'aller bien loin pour faire des observations intéressantes, précieuses même (fig. 116).

FIG. 116. — Dytiques bordés en train de pondre.

« Au mois de mars 1865, raconte-t-il, je vis une femelle de *Dytiscus marginalis* se poser d'une manière out à fait insolite sur une tige de jonc ordinaire *(Scirpus lacustris)* ; elle se tenait la tête en haut, les antennes cachées sous le corselet et les pattes antérieures et intermédiaires embrassant solidement la tige ; en même temps les pattes postérieures placées parallèlement au corps, s'agitaient doucement et régulièrement sur les côtés de l'abdomen dont l'extrémité s'écartait et se rapprochait alternativement des élytres. L'Insecte, changeant de place, reprit deux ou trois fois cette position qu'il ne gardait que peu de temps, puis il monta prendre de l'air et redescendit, entraînant une énorme bulle. Il se replaça de la même manière sur une nouvelle tige de jonc, avec les mêmes mouvements des nageoires. Puis l'extrémité de l'abdomen s'étant fortement dilatée, en s'écartant des élytres, le Dytique fit sortir sa tarière, en appliqua le tranchant sur le jonc et commença à la faire mouvoir d'avant en arrière ; il en résulta une incision longitudinale. Voulant étudier de plus près cette manœuvre qui m'était tout à fait inconnue, je dérangeai l'Insecte qui prit la fuite en rentrant sa tarière. Presque au même moment, il la sortit de nouveau en nageant et laissa tomber un œuf. J'avais le mot de l'énigme : il ne me restait plus qu'à voir opérer l'animal jusqu'au bout sans le déranger. J'eus le bonheur de le voir, après quelques instants, remonter et prendre une grosse bulle d'air pour aller se fixer sur un jonc. La tarière se mut encore d'avant en arrière, avec assez de lenteur. Quand elle eut pénétré jusqu'au centre de la moelle, elle s'arrêta, dirigée obliquement en bas ; enfin elle se gonfla peu à peu et l'Insecte la rentra dans son abdomen pour retourner prendre de l'air. La durée totale de l'opération fut à peu près d'une demi-minute... Ayant arraché ensuite quelques tiges de jonc, j'en trouvai qui avaient une ou plusieurs incisions. Ces incisions, ressemblant à la fente longitudinale d'une greffe en écusson, intéressent l'écorce et la moelle, dans une profondeur qui varie un peu, suivant l'épaisseur de la tige ; ainsi, lorsqu'elles sont pratiquées dans le jonc, elles n'ont guère que 1 millimètre et demi de profondeur ; mais dans les pétioles de *Sagittaria*, j'en ai trouvé qui avaient tout près de 3 millimètres.

« L'œuf est cylindrique, légèrement arqué, arrondi aux deux extrémités. Il présente de 5 à 6 millimètres et demi de longueur sur 1 de largeur ; il est situé dans le sens de l'incision, c'est-à-dire parallèlement à l'axe de la tige. Ordinairement les deux lèvres de la fente ne se referment pas exactement sur lui, de sorte qu'on peut l'apercevoir du dehors... Pourquoi ces Insectes, cachent-ils ainsi leurs œufs dans les plantes ? Tout d'abord, il y a lieu de penser que c'est pour soustraire leur progéniture à la voracité de leurs nombreux ennemis, Poissons, Insectes et autres qui peuplent les eaux. Cette explication est certainement admissible ; mais je pense qu'il y a une autre raison. L'époque de l'éclosion des Larves s'étend en général de la fin de l'hiver au milieu du printemps ; il est rare qu'elle se continue après la fin d'avril. Il n'en est pas de même de la ponte, qui se fait surtout en hiver et au printemps, mais qui a lieu aussi en été et en automne, de même que l'accouplement. Les œufs, suivant la saison de la ponte, sont donc susceptibles d'attendre plusieurs mois avant d'éclore. Comme le niveau de l'eau est sujet à baisser, ils pourraient se trouver exposés à l'air et se dessécher, mais ils sont contenus dans une plante qui les protège d'abord, et qui leur fournit ensuite l'humidité indispensable à leur conservation. Plus tard, les pluies d'automne et d'hiver feront remonter le niveau de l'eau, et les Larves, étant de nouveau submergées, pourront éclore et trouver les conditions nécessaires à leur développement. »

Les œufs mettent environ douze jours pour éclore. On en voit alors sortir de petites Larves qui dévorent tout ce qu'elles rencontrent et grossissent rapidement : en quatre jours elles atteignent 10 millimètres et changent une première fois de peau. Elles grandissent de plus en plus, en changeant plusieurs fois de peau. Finalement elles atteignent une longueur de 5 à 6 centimètres. Leur corps, vermiforme, comprend douze anneaux qui vont en diminuant progressivement de longueur depuis la tête jusqu'à l'extrémité postérieure qui se termine par deux appendices poilus : c'est par cette extrémité que l'animal respire en venant la faire affleurer à la surface de l'eau. Les premiers anneaux portent trois paires de pattes grêles non adaptées à la natation. La tête est fort large et très aplatie de haut en bas : elle porte de chaque côté six yeux disposés en deux séries transversales et une antenne filiforme. Mais ce qui lui donne un aspect particulier, c'est qu'elle porte deux mandibules assez longues, grêles, très aiguës et assez éloignées l'une de l'autre : on se demande comment l'animal peut se servir de tels instruments pour mastiquer; c'est qu'en effet elles agissent surtout comme un appareil de succion. La bouche fait défaut ou du moins est très réduite, mais elle est suppléée par les mandibules qui sont creuses et qui portent, un peu en arrière de leur point terminal, une fente qui livre passage aux matières absorbées par succion : une pareille transformation des mandibules est fort rare chez les insectes. La larve du Dytique (fig. 117) est

Fig. 117. — Dytique bordé et sa larve.

au moins aussi carnassière que l'adulte ; elle se tient en embuscade sur les plantes aquatiques et se précipite sur les petits animaux qui passent à sa portée et qu'elle suce avec ses mandibules : elle mange de préférence les larves des autres insectes et les vers, mais elle dévore aussi ses frères et sœurs ; son appétit n'a pas de limite.

Pour voir quelles sont les transformations ultérieures des Larves, il convient de les mettre dans un vase dans lequel on aura au préalable placé de la terre, de telle façon que celle-ci vienne émerger à l'air sur une assez

grande surface : on pourra la maintenir en place en y
semant diverses plantes semi-aquatiques. Dans ces conditions on voit les Larves grimper le long de la terre et
y pénétrer de manière à devenir complètement invisibles. On laisse les choses en l'état pendant une quinzaine de jours. A cette époque, on fouille dans la terre
délicatement ; on y trouve des cavités ovoïdes contenant
chacune une nymphe qui ressemble à un jeune enfant
couché dans son berceau. Au bout d'environ trois
semaines, la peau de la nymphe se fend et le jeune Dytique
en sort. Mais comme ses téguments sont extrêmement
mous, il reste encore dans sa coque de terre : au bout de
huit jours cependant, il se rend dans l'eau, prêt à
affronter la lutte pour l'existence et en semant partout
le carnage et l'effroi.

Hydrocanthares. — Les autres Insectes de la même
famille que le Dytique bordé que l'on rencontre dans les
mares sont extrêmement abondants, tant en genres
qu'en espèces et en individus. Leur histoire générale est
à peu de chose près la même que celle que nous venons
de décrire ; aussi ne nous y attarderons-nous pas longtemps. Citons cependant les types les plus communs que
l'on pourra rencontrer :

Le *Dytiscus marginalis* est remarquable par sa longueur ; elle atteint 40 millimètres et sa largeur 22 millimètres. Les élytres se prolongent sur les côtés en une
membrane mince et tranchante. On le trouve surtout
dans les Vosges (fig. 118 et 119).

Le *Cybister Rœselii* (fig. 120), souvent pris par les
commençants pour le Dytique bordé. On le reconnaît

facilement à son corps élargi en arrière. La femelle est
presque lisse.

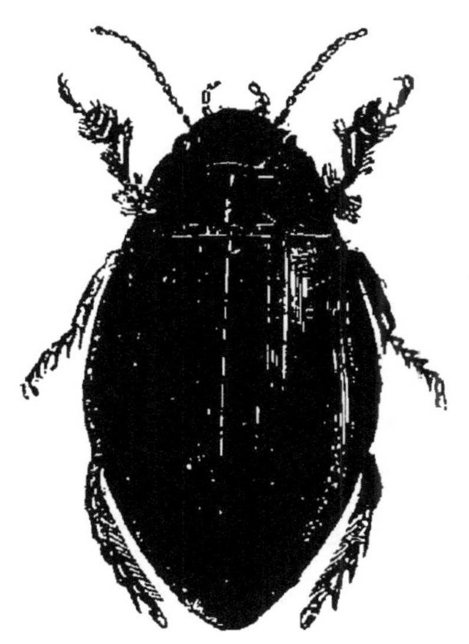

Fig. 118. — Dytique très élargi,
mâle.

Fig. 119. — Dytique très élargi,
femelle.

Fig. 120. — Cybister
de Rœsel.

Fig. 121. — Acilie sillonnée. Hydropore.
Larve de l'*Hydroe caraboïdes*.

L'*Acilius sulcatus* (fig. 121) ressemble à un petit
Dytique, mais avec une forme plus ovalaire (15 milli-

mètres). Le mâle est très lisse, la femelle est poilue avec des cannelures très marquées.

Les *Hydaticus* sont encore plus petits que les précédents (7 à 10 millimètres) : les deux crochets de leurs tarses postérieurs sont inégaux.

Les *Colymbetes* sont très voisins des précédents. Leurs crochets sont encore plus inégaux.

Les *Hyphydrus* ont le corps très convexe, presque globuleux.

Les *Hydroporus* sont également convexes ; leurs élytres sont couvertes de dessins variés (fig. 121).

Enfin le *Pelobius Hermanni* se reconnaît facilement à son corps (10 millimètres) très convexe, renflé en dessous et par ses élytres marquées d'une tache noire irrégulière : lorsqu'on le prend avec les doigts il fait entendre un cri strident produit par le frottement des élytres contre l'abdomen.

Gyrin. — Les GYRINS (fig. 122) s'éloignent notablement comme mœurs et comme organisation des Dytiques. Leur taille est ordinairement de 1 centimètre. Les élytres sont d'un bleu métallique très foncé, tirant sur le marron. Le corps est un peu aplati

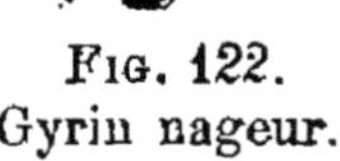

FIG. 122.
Gyrin nageur.

sur la face ventrale et bombé sur la face dorsale. Les pattes antérieures sont fort longues. Au contraire les deux paires postérieures sont courtes, aplaties, très élargies, en un mot transformées en nageoires.

Lorsque le temps est sombre, les Gyrins se tiennent accrochés aux plantes aquatiques, le long de la rive.

Mais lorsque le soleil est resplendissant, ils viennent à la surface de l'eau, appuyant leur ventre sur
celle-ci, tandis que leur dos est dans l'air : ce sont donc
des animaux à moitié aquatiques et à moitié aériens. Ils
vivent ainsi généralement en troupes et décrivent, à la
surface de l'eau, toute une série de cercles, de spirales,
de courbes diverses, les unes dans un sens les autres
dans un autre, ce qui leur a fait donner le nom vulgaire
de *Tourniquets :* on ne peut mieux comparer leurs
évolutions rapides qu'à celles d'un patineur habile,
qui s'amuserait à décrire sur la glace les arabesques
les plus compliquées. Ils patinent véritablement sans
presque troubler l'eau dont la surface reste calme : le
soleil, éclairant vivement leur dos métallique, donne à
l'animal nageant l'aspect d'un petit globe de feu du plus
joli effet. La rapidité de leurs tournoiements est très
grande ; aussi est-il presque impossible de les prendre
avec la main. On ne peut s'en procurer qu'avec le troubleau, et encore faut-il aller très vite, car, dès qu'ils se
sentent menacés, ils plongent dans l'onde et se réfugient
dans la vase. Lorsqu'on les prend avec les doigts, ils
laissent suinter de leur corps une liqueur à odeur assez
désagréable, qui rappelle de très près celle du chocolat.

Une particularité anatomique des plus remarquables
est la constitution de leurs yeux. Les Gyrins possèdent,
comme les autres coléoptères, deux yeux latéraux, mais
ceux-ci sont divisés par le rebord latéral de la tête chacun
en deux parties, l'une tournée vers le haut, l'autre tournée vers le bas : il y a donc en réalité quatre yeux, deux
dorsaux et deux ventraux. Cette curieuse particularité

est, à n'en pas douter, une conséquence de leur vie à la surface de l'eau : les yeux supérieurs servent aux Gyrins pour éviter le bec de l'Hirondelle à laquelle ils échappent par un plongeon rapide, les yeux inférieurs leur permettent d'apercevoir dans l'eau les Larves et autres animaux dont ils font leur nourriture. Si Bernardin de Saint-Pierre avait connu ce fait, quelle belle page il aurait ajoutée à ses *Harmonies dé la nature* !

Les Gyrins sont très carnassiers ; ils s'attaquent aux animaux aquatiques quels qu'ils soient; souvent ils se dévorent entre eux. Comme les Dytiques, ils peuvent voler, après avoir grimpé sur une plante aquatique pour se gonfler d'air et prendre leur essor.

La larve ressemble un peu à une scolopendre ; elle possède, sur ses anneaux abdominaux, des appendices poilus ; ses mandibules sont perforées comme celles du Dytique. Quand elle va se transformer en nymphe, la larve se construit, sur une plante aquatique, une coque parcheminée pointue aux deux bouts.

Les Dytiscides et les Gyrénides que nous venons de passer en revue sont essentiellement carnassiers. La troisième famille de coléoptères aquatiques, les Hydrophilides, sont herbivores ; ils ont d'ailleurs des antennes en forme de massue, tandis que celles des Dytiques sont filiformes.

Hydrophile brun. — L'Hydrophile brun *(Hydrophilus piceus)* (fig. 123) est le plus gros coléoptère des eaux douces de nos contrées. On retrouve chez lui la forme en carène de navire que nous avons déjà mentionnée chez le Dytique. Mais, ici, le corps est plus allongé, plus pointu en arrière, plus bombé sur le dos et plus massif. Les élytres sont d'un noir assez foncé, un peu verdâtre, striées longitudinalement de lignes très fines. L'hydrophile nage assez lourdement ; ses pattes sont d'ailleurs moins transformées en rames que celles des Dytiques. Pour respirer, il vient à la surface de l'eau en faisant sortir sa tête : c'est alors qu'une des antennes se recourbe plusieurs fois, en faisant passer, par ce mouvement de l'air sous le ventre. Celui-ci étant garni de poils, l'air atmosphérique y adhère quand l'animal vient à plonger : la couche d'air lui donne un aspect argenté comme du mercure. « Entre le thorax et l'abdomen, se trouve une grande vessie aérienne ballonnée, à paroi membraneuse, fort mince ; cette vessie, en rapport avec les nombreuses ramifications trachéennes, permet d'accumuler une provision d'air considérable, et fait en même temps fonction de vessie natatoire. » (Brehm.)

Il se nourrit de plantes aquatiques et, à défaut, d'autres végétaux, comme des salades ; il se conserve fort bien en captivité et peut être mis dans l'aquarium commun avec les poissons ; on le vend fréquemment chez les marchands de poissons rouges. Mais il faut avoir soin de lui donner largement à manger ; sans quoi, il devient féroce, et s'attaque aux divers animaux aquatiques, même aux poissons, même à ses propres frères.

La manière dont l'Hydrophile assure l'existence de sa race est très intéressante à étudier ; elle a été décrite avec soin et chacun pourra la vérifier chez les animaux vivant dans un aquarium. Voici comment

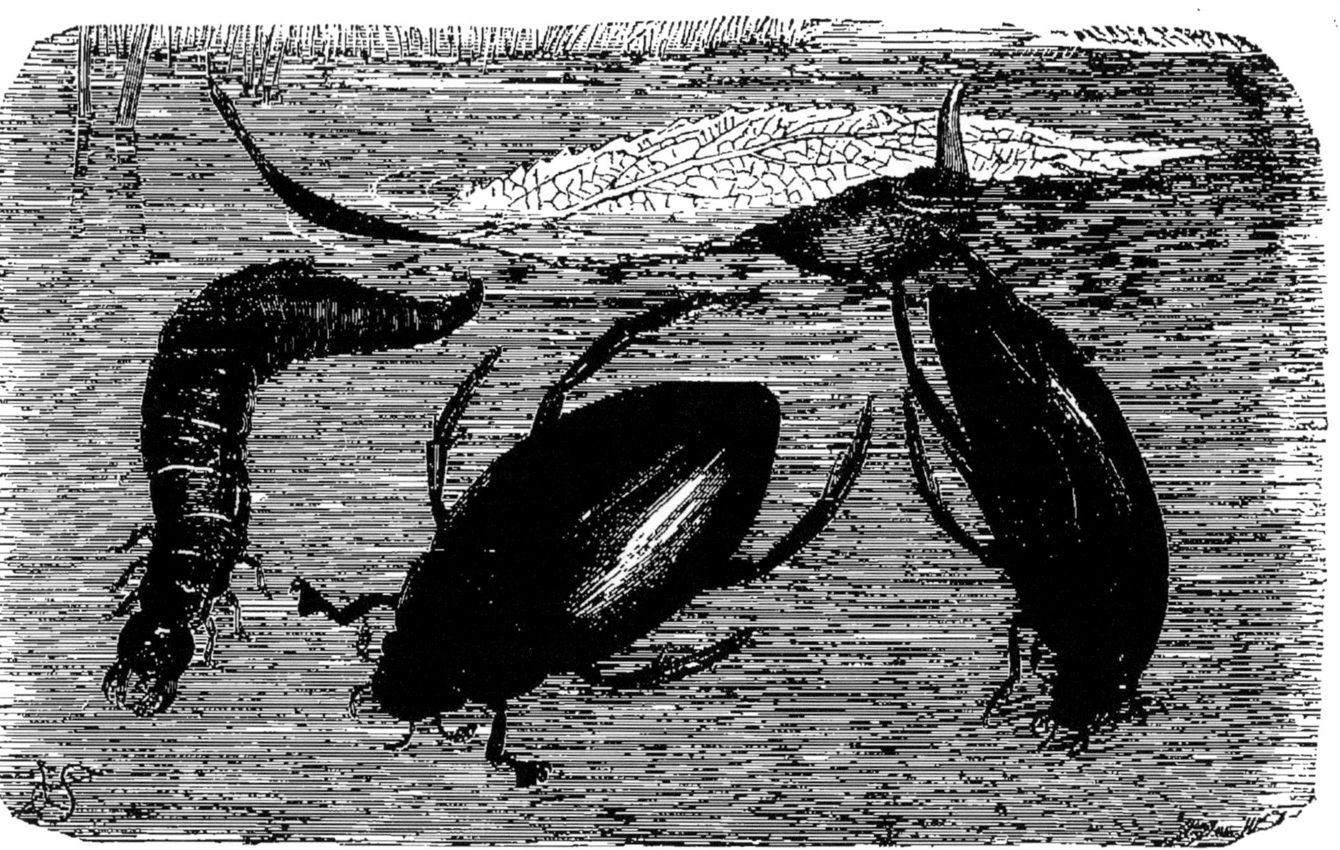

FIG. 123. — Hydrophile brun. — Mâle nageant. — Larve dans sa position ordinaire. — Femelle venant de filer son cocon placé sous une feuille.

Brehm [1] décrit fort bien la construction du cocon qui sert à protéger les œufs.

« La femelle [2] se renverse sur le dos à la surface de l'eau et se tient sous une feuille flottante qu'elle maintient appliquée contre sa face ventrale (fig. 123). Elle fait alors saillir de l'extrémité abdominale deux tubercules bruns, portant chacun un petit tuyau, véritable filière d'où s'échappent les fils blanchâtres qui, grâce à un mouvement de va-et-vient, finissent par constituer un tissu recouvrant tout l'abdomen de l'animal. Cela fait, la femelle se retourne, met le tissu sur son dos et se fabrique une deuxième feuille soyeuse qu'elle se met à rattacher à la première par les bords. Finalement, elle enfonce son abdomen dans cette sorte de sac ouvert qu'elle remplit d'œufs à partir du fond ; elle en pond une cinquantaine qu'elle range symétriquement la pointe en haut. A mesure que le sac se garnit, notre insecte s'avance et quand il est comble, il retire la pointe de son abdomen. Saisissant alors les bords de l'ouverture avec ses pattes postérieures, il y dépose fil sur fil, jusqu'à ce que l'orifice, rétréci de plus en plus, soit recouvert d'un bourrelet épais. Puis, filant encore une couche transversale, il achève de fermer l'orifice par une sorte de couvercle. Au-dessus de ce couvercle, l'Hydrophile établit encore une pointe en continuant de filer de haut en bas et *vice versa* ; en allongeant de

---

[1] Brehm, *Les Insectes*, édition française par J. Kunckel d'Herculais, vol. I, p. 146.

[2] On la reconnaît à ce que ses pattes antérieures sont filiformes. Chez le mâle, elles se terminent par une ventouse.

plus en plus ses fils, il achève le dôme dont la pointe
figure une corne recourbée. En quatre ou cinq heures,
et après y avoir encore fait çà et là quelques retouches,
le chef-d'œuvre est achevé, et l'original petit esquif
se balance sur l'eau au milieu des feuilles de plantes
aquatiques (fig. 124). Un mouvement brusque des flots
le renverse-t-il, aussitôt il reprend
sa position la pointe en haut, selon
les lois de la pesanteur, car les œufs
placés au fond laissent la partie supérieure pleine d'air. Ces coques
ovales, masquées par les végétaux
auxquels elles restent attachées,
échappent souvent au regard. »

Fig. 124. — Loque
ovigère de l'Hy-
drophile brun, ou-
verte pour montrer
la disposition des
œufs.

   Ces coques sont gris clair et
pourvues d'un long appendice conique. La larve, à son maximum de
développement, est volumineuse, vermiforme, avec des
pattes assez petites. La tête est pourvue de fortes mandibules au moyen desquelles l'Hydrophile dévore de petits mollusques, tel que les Lymnées et les Planorbes.
Leur voracité les a même fait appeler *Vers assassins* par
Réaumur. Dans l'eau, la larve est généralement verticale, plus ou moins contournée sur elle-même, en faisant affleurer à la surface l'extrémité postérieure de
leur abdomen au moyen de laquelle elle respire. La
peau est ridée, noirâtre, avec le dos plus foncé. Lorsqu'on veut s'en emparer, elle devient flasque et reste
immobile, *elle fait le mort*, comme l'on dit. Lorsqu'elle a atteint son maximum de taille, la larve péné-

tre dans la terre humide et logée dans une cavité, elle se transforme en nymphe. Celle-ci a une apparence étrange due à la présence, sur les côtés de la tête et sur le dernier segment, de lames chitineuses en forme d'S : il paraît que ces pièces sont destinées à permettre à la nymphe de ne pas toucher aux parois humides de sa prison, mais la chose n'est pas bien certaine et mérite-rait d'être étudiée à nouveau. C'est à la fin de l'été que l'Hydrophile adulte sort de la nymphe : en automne, par conséquent, les Hydrophiles sont plus communs qu'à n'importe quelle autre époque de l'année.

Parmi les autres Hydrophilides de notre aquarium, citons au hasard : l'*Hydrous caraboïdes*, sorte de petit Hydrophile d'un noir brillant ; les *Hydrobius*, mauvais nageur ; l'*Heleochares lividus*, qui porte avec lui, sous son ventre, le cocon qui contient ses œufs ; les *Helepho-rus* qui ne nagent pas, mais se promènent dans l'eau sous les herbes aquatiques ; les *Ochtebius* qui affec-tionnent les eaux courantes, etc. Tous sont herbivores.

Hæmonia. — Nous avons dit que les Coléoptères aquatiques appartiennent à deux familles, les *Dytiscides* et les *Hydrophilides*. Il n'y a qu'une exception à signaler, mais elle est fort intéressante. L'*Hæmonia equiseti* vit sous l'eau, fixé aux plantes aquatiques, et appartient à la famille des Chrysomélides, dont les nombreuses espèces vivent généralement sur les fleurs.

Nous empruntons à Maurice Girard [1] les renseigne-

---

[1] Maurice Girard, *Traité élémentaire d'entomologie*, Paris, 1873, t. I.

ments suivants sur cette espèce. C'est à tort que les *Hæmonia* sont regardés comme rares; il ne s'agit que de savoir les récolter. On ne trouve que difficilement les adultes, qui ne paraissent pas sortir de l'eau, et adhèrent si fortement aux tiges et aux feuilles submergées, que les secousses les plus énergiques données par le filet à pêcher ne parviennent pas à leur faire lâcher prise; en outre leur couleur se confond avec celle des dépôts vaseux, de sorte qu'il faut souvent éplucher les plantes feuille à feuille, avant de découvrir un adulte cramponné. On doit s'attacher au contraire à la recherche des premiers états. Les fonds de sable et de gravier et les eaux courantes sont peu propices pour rencontrer des larves d'*Hæmonia*. Il faut opérer, au contraire, ses investigations dans les eaux calmes et à fond vaseux, et arracher à la main, et en plongeant le bras profondément, les touffes de plantes aquatiques avec le chevelu de leurs racines, surtout les *Potamogeton*, les *Myriophyllum*, les *Equisetum*. On voit alors, et parfois en abondance, agglomérées autour des racines, des coques d'un brun rougeâtre, très semblables d'aspect à des pupes de Diptères, et qui sont les coques nymphales d'*Hæmonia*. On élève très facilement les larves et les coques avec les plantes immergées dans l'eau, celles-ci même commençant à se décomposer.

La larve n'a que 8 à 10 millimètres de longueur. La tête est petite, roussâtre, avec des antennes de quatre articles et en arrière cinq petits points brunâtres, des ocelles. Le corps, convexe en dessus, n'a que onze segments couverts de petites soies spinuliformes. Le dernier, plus petit que les autres et aplati, est muni à sa partie supérieure de deux disques ferrugineux. Les trois segments thoraciques portent chacun une paire de pattes très courtes d'un roux clair, armées d'un ongle brun très robuste et hérissées de soies plus fortes que celles du corps.

Les larves, observées dans des bocaux, ne cherchent pas à gagner la surface de l'eau pour atteindre l'air libre; elles sont d'une extrême lenteur dans leurs mouvements, mettant plusieurs heures pour se déplacer de quelques centimètres. Elles enfoncent la tête et une partie plus ou moins grande de leur corps dans la tige des *Potamogeton*, qu'elles creusent avec leurs mandibules pour se nourrir, soit de parenchyme, soit de sève. Au moment de la transformation, la larve s'accroche aux tiges et aux racines des végétaux, et y colle solidement une coque ellipsoïdale, dont la longueur varie de 8 à 9 millimètres sur 2,5 à 3 de large. La coque est due à un liquide sécrété, ayant la propriété de durcir sous l'eau, comme un ciment hydraulique. Les nymphes sont molles, d'un blanc éclatant.

La durée totale de l'évolution des *Hæmonia* est de quatre à cinq mois entre la ponte des œufs et l'éclosion de l'adulte. Elle se renouvelle de mai à octobre, où l'on trouve à la fois les trois états, ce qu'explique le peu de variation des températures de l'eau. L'insecte demeure environ six semaines dans la coque, partie en larve, puis en nymphe, puis en adulte, attendant que ses téguments aient pris la consistance nécessaire. Alors il ronge circulairement la calotte supérieure de la coque, et va s'accrocher aux tiges des plantes sans sortir de l'eau, et ne paraissant pas d'ordinaire enveloppé d'air. Ces adultes ont unegrande tendance à s'accrocher à tout et partout, et, quand on les conserve captifs dans les vases, il n'est pas rare d'en voir des groupes de huit ou dix cramponnés les uns aux autres. Ils marchent lentement sur les plantes, et restent immobiles des heures entières agitant un peu les antennes. Quand ils perdent leur appui, leur démarche est bien plus vive, et ils remontent et descendent aisément dans l'eau, non mouillés, en raison de leur pubescence soyeuse. Ils ont de l'air sous leurs élytres. On ne les voit jamais voler, bien qu'ils possèdent des ailes bien développées. On peut les conserver à sec, sans qu'ils paraissent souffrir. La ponte et les œufs sont inconnus.

CHAPITRE XIII

LES HÉMIPTÈRES

Travaux de Dufour. — Nèpe cendrée. — Pattes ravisseuses. — Stigmates ouverts et fermés. — Atavisme. — Rôle du tube postérieur dans la respiration. — Expériences de Dufour. — Ranâtre linéaire. — Notonectes. — Natation avec le ventre en l'air. — Mue. — Corise de Geoffroy. — Polymorphisme des pattes. — Hydromètre des marais. — Comment elle se tient sur l'eau. — Limnobate des étangs. — Vélie des ruisseaux. — Naucore.

Les Hémiptères aquatiques (fig. 125) sont pour la plupart fort curieux ; ils ont été étudiés avec grand

Fig. 125. — Hémiptères aquatiques. — A gauche : Limnobates des étangs; Naucore cimicoïde. — Au milieu : Vélie des ruisseaux; Ranâtre linéaire; Nèpe cendrée. — A droite : Notonecte glauque; Hydromètre des étangs.

soin par Léon Dufour auquel nous ferons quelques em-
prunts, relatifs surtout à la respiration de ces insectes.

Nèpe cendrée. — Le premier Hémiptère que nous
étudierons est la NÈPE CENDRÉE *(Nepa cinerea)* (fig.
126), animal d'ailleurs fort disgracieux, mais à l'aspect
bizarre (fig. 127). Il est plat, souvent couvert de boue,

FIG. 126. — Nèpe
cendrée.

FIG. 127. — Nèpe cendrée, vue de trois quarts.

et marche lentement avec ses deux paires de pattes postérieures. Les deux pattes de la première paire sont
constamment relevées et ressemblent assez bien aux
pinces du Scorpion, apparence qui fait désigner la Nèpe
sous le nom de *Scorpion d'eau*. La tête est terminée
par un bec pointu à l'aide duquel elle suce le sang des
petits animaux dont elle fait sa nourriture et qu'elle
capture à l'aide de ses deux premières pattes ravisseuses
qui se replient sur elles-mêmes à la manière d'un bras qui
se replie sur le bras proprement dit. Enfin le corps se
termine par une sorte de stylet filiforme, composé de
deux parties qui parfois s'éloignent l'une de l'autre.

Respiration de la Nèpe. — Comment se fait la respiration de la Nèpe? En regardant (fig. 128) l'animal par la face ventrale, on voit sur celle-ci trois paires de stigmates volumineux, occupant seulement la région inférieure de l'abdomen : ils sont ovales et occupent le même niveau que les téguments où ils siègent. Mais ce qu'ils présentent de bien curieux, c'est qu'ils *ne sont pas ouverts* ; ils n'offrent ni fente médiane, ni disposition valvulaire, ni cils, ni villosités. Le diaphragme qui les oblitère a une consistance cornée ; en le regardant à la loupe, on voit qu'il est, en dehors, d'un doré pâle, métallique, avec des points plus brillants. Les stigmates de la Nèpe ne peuvent donc pas servir à l'introduction de l'air. On peut alors se demander quelle est la raison de leur existence : il ne semble y avoir qu'une seule solution à cette question. Il est probable que, autrefois, l'animal était terrestre et qu'alors les stigmates étaient ouverts et facilitaient la respiration. Puis plus tard, la Nèpe, pour des raisons qui nous échappent, est devenue aquatique, tandis que ses stigmates, devenus inutiles, se sont bouchés. Les faux stigmates sont donc des vestiges d'un état antérieur ; ce sont, comme l'on dit, des caractères *ataviques*. Par où donc la Nèpe peut-elle puiser de l'air? En examinant une Nèpe, on remarque tout de suite un long stylet aigu qui termine l'abdomen. Au premier abord, on est tenté de comparer cet appareil à d'autres appendices semblables que l'on rencontre chez certains Insectes terrestres, tels que les Sauterelles ; chez ces derniers, le tube sert à conduire les œufs dans une fente d'arbre, au fond de la terre ou

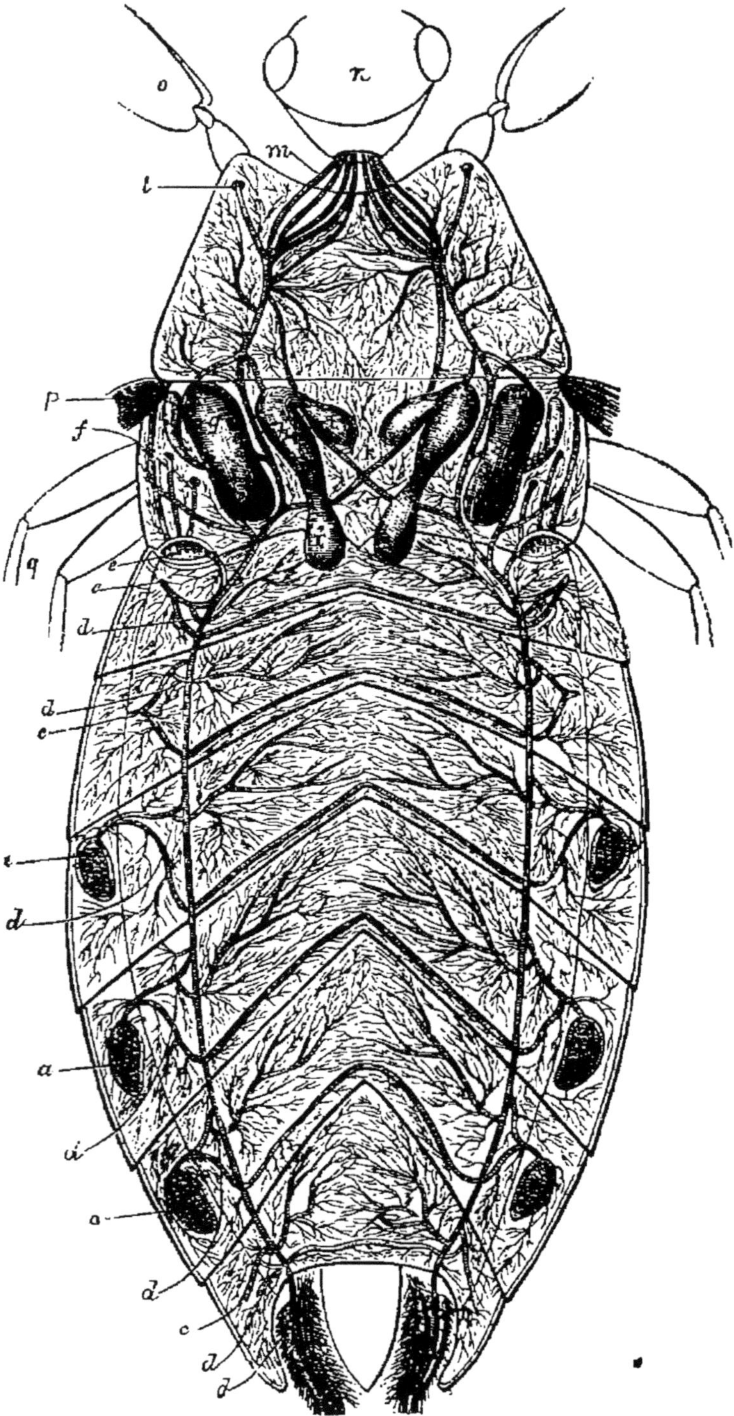

FIG. 128. — Appareil respiratoire de la Nèpe.

ailleurs ; on l'appelle alors un *oviscapte*. Il n'en est rien ; en effet, chez les Insectes auxquels nous venons de faire allusion, l'oviscapte n'existe que chez la femelle ; le tube de la Nèpe se trouve aussi bien chez le mâle que chez la femelle. Le rôle est tout autre : le siphon qui termine l'abdomen des Nèpes sert à la respiration.

« Ce siphon, délié comme une soie de porc, droit et assez raide, a la couleur et la consistance cornée du reste du corps. Il égale en longueur, l'abdomen de la Nèpe. Il est formé par la contiguïté, l'adossement de deux tiges sétacées, canaliculées ou creusées en gouttière sur la face par laquelle elles s'adaptent l'une à l'autre. Cette gouttière a ses deux bords garnis intérieurement de poils très fins. » (Dufour.)

Le tube ainsi formé est ouvert à son extrémité libre. A sa base, il contient deux petits stigmates (fig. 128), qui, conduisent dans tout le système trachéen de l'animal. On voit que ces trachées sont extrêmement ramifiées et se renflent par places dans la région thoracique. Nous appelons l'attention sur deux petits sacs qui, dans la figure 128, sont notés par la lettre *e* et qui reçoivent un petit tronc trachéen : ils paraissent jouer un certain rôle dans l'aspiration de l'air. Voici ce qu'en dit Léon Dufour :

« En promenant une loupe attentivement sur les divers compartiments du thorax de la Nèpe, dans le but d'y découvrir des stigmates, je ne tardai pas à constater, tout près de l'angle postérieur et externe de la région dorsale du métathorax, l'existence constante d'un petit sachet transversalement ovalaire, d'un blanc terne, d'une consistance souple, formant là comme un commencement de hernie, et marqué de quelques légères plissures dirigées dans le sens de son petit diamètre. Les bords correspondants de la base de l'abdomen et du métathorax sont en cet endroit échancrés, et la scissure ou l'hiatus résultant de ces deux échancrures, est le siège du sachet. J'ai reconnu que, dans certains cas, celui-ci était plus saillant et utriculiforme, et que, dans d'autres, il paraissait au contraire affaissé, ridé. Je soupçonnais alors que ces changements étaient sous l'influence de la fonction respiratoire, et les vivisections m'ont paru le confirmer. »

En se contractant et en se relâchant successivement, ils refouleraient et aspireraient l'air du système trachéen. Ceci étant dit, voyons comment se fait la respiration. C'est Dufour qui a éclairci cette question ; voici ses intéressantes observations et expériences que chacun peut répéter.

« Quoique la Nèpe soit un insecte aquatique, on n'aperçoit, dans sa structure extérieure, rien qui puisse la faire reconnaître pour un Insecte nageur. Ses pattes glabres et arrondies ne sont propres qu'à l'ambulation ou à la préhension ; son corps plat, cuirassé et compact, gagne promptement le fond de l'eau, et ses téguments, habituellement salis par la boue, annoncent assez son habitude à ramper dans la vase. Aussi ces Hémiptères choisissent-ils, pour leur habitation ordinaire, les eaux tranquilles ou un fond vaseux où les plantes aquatiques abondent. A la faveur de ces dernières, ils peuvent grimper pour se rapprocher de la surface du liquide, où on les voit émerger de temps en temps la pointe de

leur siphon respiratoire, pour y puiser l'air atmosphérique. J'ai conservé pendant plusieurs mois ces insectes
dans des bocaux qui réunissaient les deux conditions
dont je viens de parler et j'ai pu ainsi étudier à loisir
leurs habitudes. Je les ai vus passer des heures entières
le bout du siphon à fleur d'eau, et le corps immergé,
comme suspendu sur les plantes qui leur servent de
support. J'ai été à même de constater alors, avec le
secours de la loupe, le mouvement presque insensible
de l'inhalation de l'air, et l'attention la plus soutenue
ne m'a jamais décelé le moindre travail, la moindre
action dans les faux stigmates. Cette observation cent
fois répétée me donnait déjà la presque certitude que
cet Insecte respirait uniquement par le siphon caudal.
Cependant je voyais aussi la Nèpe gagner le fond de
l'eau et y demeurer longtemps, ou immobile en guettant
sa proie, ou rampant pour l'atteindre.

« Une expérience décisive devait lever tous mes
doutes. Il s'agissait de placer des Nèpes dans l'eau même
sans élément vital. Je renfermai donc deux Nèpes bien
portantes dans un flacon assez large, rempli d'eau jusqu'au goulot, et hermétiquement bouché, de manière à
ne laisser aucune couche d'air entre le bouchon et le
liquide. Voulant d'ailleurs respecter les autres habitudes de l'Insecte, j'eus le soin de laisser au fond du
flacon et de la vase et des détritus végétaux, conditions
favorables aussi aux animalcules dont les Nèpes peuvent se nourrir. Au bout de deux heures de cette réclu-
sion, ces Insectes donnèrent des signes non équivoques
de malaise et de souffrance. Après avoir vainement

redressé leur siphon, on les voyait faire jouer l'une sur l'autre les deux tiges de celui-ci, les entr'ouvrir, les refermer, pour les tenir de nouveau écartées. Un vide considérable, qui s'observait entre la région dorsale à l'abdomen et les élytres, témoignait de l'oppression extrême de l'insecte. Enfin, au bout de dix heures, les deux Nèpes étaient mortes sans retour, et les branches du siphon demeuraient dans le plus grand état de divergence. Je renouvelai deux fois cette expérience, et j'obtins le même résultat, avec quelque légère différence pour l'heure de la mort.

« De ce que nous venons d'exposer sur l'appareil respiratoire de la Nèpe, il résulte ce fait, rigoureusement établi et nouveau pour la science, que cet Insecte ne respire que par les stigmates du siphon caudal. »

Les œufs (fig. 129) déposés sur les plantes aquatiques sont ovales et couronnés en avant par sept soies plus ou moins conniventes.

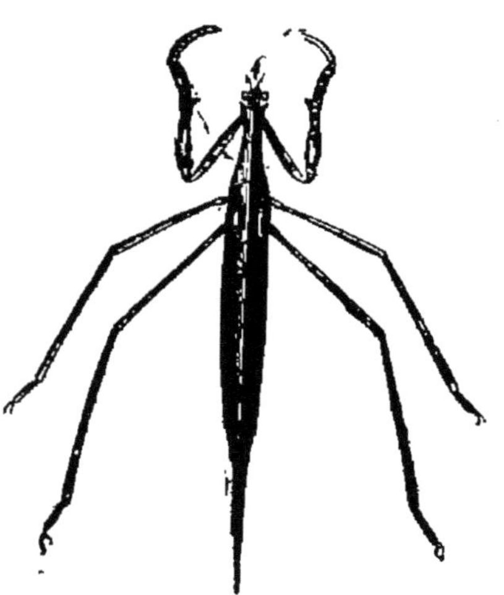

Fig. 129.
Œuf de Nèpe (grossi).

Ranâtre. — L'Hémiptère le plus voisin de la Nèpe est la RANATRE LINÉAIRE *(Ranatra linearis)* (fig. 130) qui a la même constitution et les mêmes mœurs qu'elle : elle en diffère seulement par son corps très étroit, allongé, et par ses grandes pattes. On l'appelle vulgairement

Fig. 130. — Ranâtre linéaire.

la *Punaise à queue* ou encore le *Scorpion d'eau à aiguille*. L'abdomen est rouge en dessus, jaune sur les côtés. Les ailes sont d'un blanc sale. Les œufs sont allongés et terminés par deux longues soies seulement.

Notonectes. — Les deux espèces précédentes sont très disgracieuses et se traînent péniblement dans la

Fig. 131.
Notonecteglauque.

Fig. 132.
Notonectes nageaut.

vase. Il n'en est pas de même des Notonectes *(Notonecta glauca)* (fig. 131 et 132), qui sont de fort jolis animaux, tant par leurs brillantes couleurs que par leur rapidité natatoire et la singulière propriété qu'ils possèdent de se tenir le ventre en l'air.

« Elles nagent sur le dos, de manière que le ventre

est supérieur ou tourné en haut, et c'est cette singu-
larité que Linnœus a si bien exprimée par le nom,
d'étymologie grecque, qu'il leur imposa. Une région
dorsale relevée en dos d'âne ou de carène arrondie, et
revêtue d'un velouté qui la rend imperméable, des
franges fines et nombreuses qui garnissent soit les
pattes postérieures, soit les bords de l'abdomen et du
thorax, soit enfin, en double rangée, une légère crête
médiane de la paroi ventrale, et qui s'étalent ou se
ploient au gré de l'insecte, comme de véritables nageoires
favorisent et cette attitude en supination et la prestesse
des mouvements natatoires de la Notonecte. Puisque
la nature, qui semble souvent se faire un jeu de produire
des exceptions bizarres qui attestent l'immensité de ses
ressources, avait condamné cet animal à passer sa
vie dans une posture renversée, il fallait bien, pour le
maintien de son existence, qu'elle lui donnât une organisation en harmonie avec cette attitude; c'est aussi
dans ce but que la tête est fortement inclinée sur la
poitrine; que les yeux, de forme ovalaire, peuvent
exercer la vision en haut et en bas; que les pattes
antérieures, ainsi que les intermédiaires, agiles et
arquées, uniquement destinées à la préhension, peuvent
se débander en quelque sorte, à la faveur des hanches
allongées qui les lient au corps, et accrochent solidement
leur proie avec les griffes robustes qui terminent leurs
tarses. Les Notonectes sont, dans tous leurs états, des
insectes essentiellement carnassiers; et quand on les
saisit sans précaution, ils font avec leur bec des piqûres
fort douloureuses. Ils sont très inhabiles à la marche,

et, lorsqu'on les place hors de l'eau, sur le sol, on les voit, toujours, sauter par saccades irrégulières. » (Dufour).

Les œufs de Notonecte (fig. 133) sont oblongs, presque cylindriques, non tronqués, jaunâtres, et pondus dans les entailles faites à des plantes aquatiques.

Fig. 133. — Œuf de Notonecte (grossi).

Les larves offrent les mêmes mœurs que les adultes, mais elles n'ont pas d'ailes et une teinte vert jaunâtre. Elles changent de peau trois ou quatre fois. Rien n'est plus curieux à voir que ces mues qui affectent le tégument tout entier. L'animal en sort et la dépouille reste flottante à la surface de l'eau, en figurant à s'y méprendre un animal vivant,

Je me souviendrai toujours que j'avais une fois mis dans un vase six larves de Notonecte que j'avais recueillies à la mare voisine. Le lendemain, en m'éveillant, mon premier soin fut d'aller rendre visite à mes nouveaux hôtes et quelle fut ma surprise quand je vis qu'il y en avait sept ! J'allai informer mon père de ce fait curieux en lui disant que sans doute c'était un Notonecte qui, en volant, était venu retrouver ses frères ! Mais au bout de quelque temps je reconnus mon erreur, c'était une larve qui avait mué ; j'avais pris sa dépouille pour un insecte vivant ! Je cite cette anecdote pour montrer avec quelle délicatesse ces intéressantes bestioles changent de peau.

Les Notonectes respirent par l'extrémité postérieure

de leur abdomen qu'elles viennent étaler à la surface de l'eau. Elles nagent par soubresauts avec leurs pattes natatoires; quand on les met à terre, elles marchent sur le ventre en sautillant maladroitement. Elle volent très facilement.

Corise. — La Corise de Geoffroy *(Corisa Geoffroyi)* (fig. 134) ressemble fort à la Notonecte, mais elle nage sur le ventre (13 milimètres). Le corselet est rayé de jaune, le bec est caché. Les élytres sont d'un noir verdâtre, traversées par des lignes jaunes ondulées[1].

Ils sont remarquables par la structure insolite et hétéromorphe de leurs pattes (fig. 135). Celles-ci semblent destinées, les antérieures à la préhension, les intermédiaires à une sorte d'ambulation dans l'eau, et les postérieures uniquement à la natation. Les premières sont courtes et insérées tout près de la tête. Sa dernière pièce est arquée et organisée de manière à saisir, à retenir et à déchirer une proie : elle est garnie sur ses deux bords

Fig. 134.
Corise de
Geoffroy.

[1] Bien que nous ne parlions jamais ici d'animaux exotiques, nous devons rapporter l'usage que, dans certains pays, on fait des œufs de Corises. Dans les lacs du Mexique et particulièrement dans le lac Tezcuco, les habitants fauchent les herbes aquatiques qui sont couvertes d'œufs de Corises. On pile ces œufs, on en fait une sorte de farine, puis du pain, appelé *haulte*, que l'on vend sur les marchés de Mexico. Le pain n'est pas mauvais, paraît-il, bien qu'il ait un goût de poisson assez prononcé. Les Mexicains récoltent aussi beaucoup d'œufs de Corises pour les donner à manger aux oiseaux : on les vend dans les rues en criant *Moschitos!* C'est le « mouron pour les ppp... .tits oiseaux! » de là-bas.

12.

de longues soies cornées, raides et un peu arquées, lui donnant l'aspect d'un peigne.

« Ajoutons, pour le complément du mécanisme ou de la fonction de ces pattes, que les deux tarses agissent de concert, formant, par leur connivence, en même temps une cage et une pince dont la faculté préhensives'exerceavec d'autant plus d'énergie que ces membres sont courts et assez robustes. » Les pattes intermédiaires sont plus longues et plus minces que les deux autres paires ; elles se terminent par deux ongles allongés, tantôt rapprochés, tantôt écartés au gré de l'insecte. « Ces pattes paraissent surtout destinées, en s'accrochant aux corps environnants, à fixer

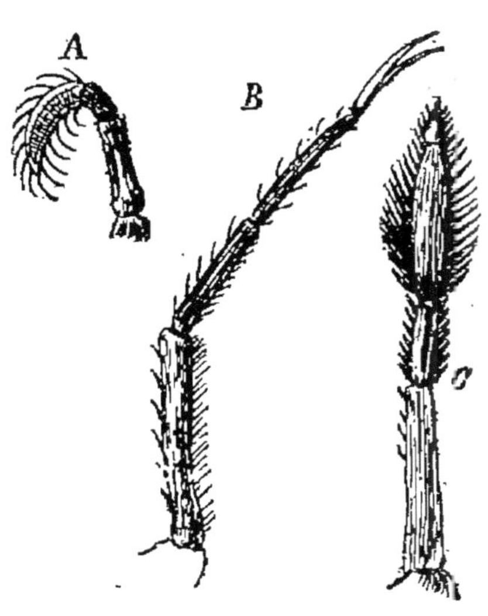

Fig. 135. — Pattes très grossies de *Corisa striata* : A, patte antérieure; B, patte intermédiaire; C, patte postérieure. (L. Dufour.)

l'animal lorsqu'il veut ou guetter ou dévorer sa proie. J'ai souvent observé les Corises suspendues entre deux eaux sur un support, à la faveur des ongles des tarses intermédiaires et maintenues dans leur équilibre horizontal par les mouvements insensibles des pattes postérieures, qui alors faisaient à la fois l'office et de balanciers et de nageoires. J'ai bien constaté aussi dans ce cas que les pattes intermédiaires et antérieures concourent à exercer la progression lorsque l'insecte est immergé. Les pattes postérieures sont franchement natatoires, surtout par leur dernier article. Il constitue véritablement une rame et une nageoire ; il est aplati, lancéolé, formé de deux pièces, dont la terminale, bien plus courte, est tout à fait dépourvue d'ongles ; il est garni, soit sur ses bords, soit sur son disque, près de ceux-ci de branches ou de barbe fines, souples, serrées, susceptibles de s'étaler largement dans l'eau, et plus longues, plus fournies au bord inférieur qu'au supérieur. » (L. Dufour.)

Hydromètre. — Une autre espèce bien curieuse est l'HYDROMÈTRE DES MARAIS *(Hydrometra paludum)* (fig. 136), que tout le monde connaît sous le nom de *Savetier*, ou de *Cordonnier*, si remarquable par son corps allongé et ses pattes filiformes, au moyen desquelles la bestiole marche sur l'eau, absolument comme un patineur sur la glace, en faisant de grandes enjambées (fig. 136).

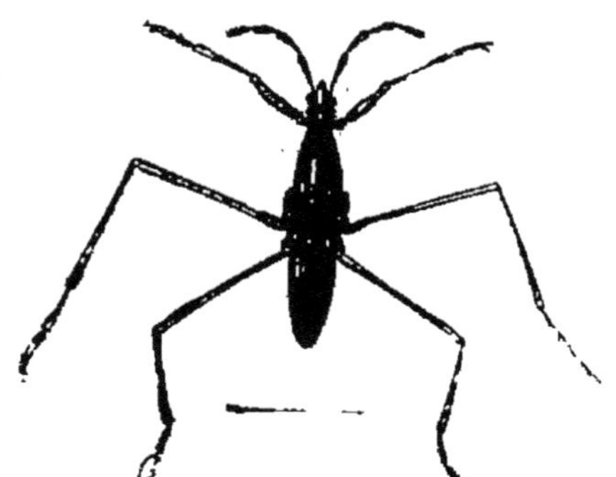

Fig. 136. — Hydromètre des marais.

Les pattes antérieures sont ravisseuses ; les pattes postérieures seules servent à la locomotion. Celles-ci sont enduites d'une graisse qui fait que, l'extrémité seule de la patte pénètre dans l'eau et c'est ce qui permet à l'insecte de se maintenir sur l'eau, en ayant même l'air de ne pas l'effleurer (fig. 137). On sait que, pour faire tenir une aiguille dans un verre d'eau, il suffit de l'enduire au préalable de graisse ; ici le phénomène est identiquement le même. Une mauvaise farce à faire à une Hydromètre, consiste à lui tremper les pattes dans

FIG. 137. — Hydromètre, nageant à la surface de l'eau.

de l'éther qui dissout la matière grasse; remis sur l'eau, l'animal est devenu incapable de se maintenir à la surface et tombe au fond.

Limnobate. — Le LIMNOBATE DES ÉTANGS *(Limnobates stagnorum)*, appelé vulgairement la *Punaise aiguille*, affecte la même forme que l'espèce précédente, mais son corps est beaucoup plus grêle avec une tête épaisse en avant en forme de massue (fig. 138).

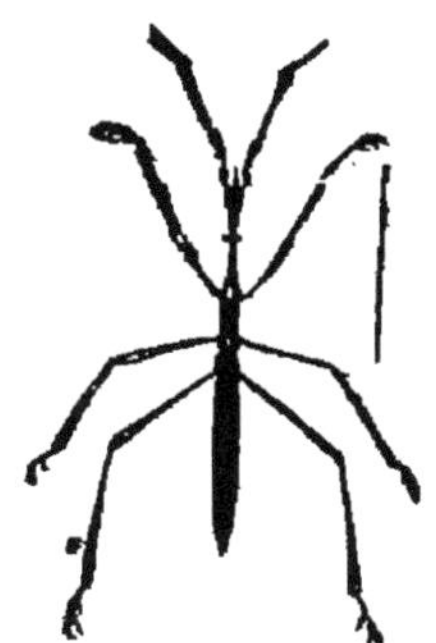

FIG. 138.
Limnobate des
étangs.

Vélie. — La VÉLIE DES RUISSEAUX *(Velia currens)* (fig. 125) marche également à la surface de l'eau. Son corps est trapu ; l'abdomen est jaune orangé : on la voit plus souvent à l'état aptère qu'à l'état d'Insecte parfait. Elle aime les eaux parcourues par un faible courant.

Naucore. — La NAUCORE CIMICOÏDE *(Naucoris cimi-*

coïdes) (fig. 139) est ovale et aplatie. Le dos est légèrement bombé, d'un brun verdâtre luisant.

« Ces Hémiptères aquatiques, munis d'un bec très
piquant et de pattes antérieures ravisseuses (fig. 141),

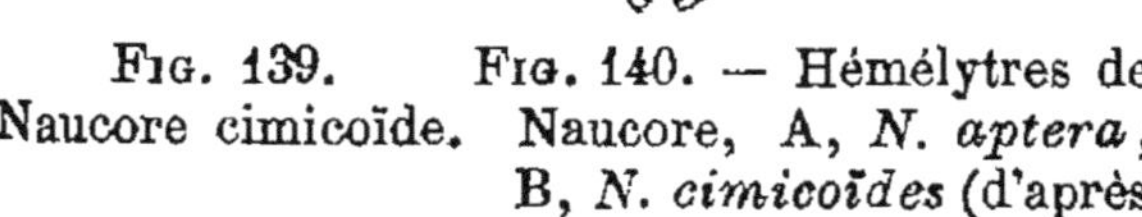

Fig. 139.
Naucore cimicoïde.

Fig. 140. — Hémélytres de
Naucore, A, *N. aptera*;
B, *N. cimicoïdes* (d'après
L. Dufour).

Fig. 141. — Patt
ravisseuse de Nau
core cimicoïde.

sont insectivores ; ils sont plus voraces que la plupart
des autres Hétéroptères cohabitants de l'eau, et ils
paraissent être supérieurs à ceux-ci en courage et en
force. J'ai souvent remarqué que, placés dans un
même bocal, ils finissaient par les dévorer toutes. Ils
supportent facilement la captivité pendant plusieurs
mois. On les voit rarement à la surface de l'eau,
comme les Corises et les Notonectes, et ils ne rampent point dans la vase, comme les Nèpes et les
Ranâtres. Ils se tiennent au milieu des Charagnes, des
Conferves ou autres plantes touffues pour y chasser leur
proie. Les espèces ailées quittent souvent le soir leur
demeure aquatique et s'envolent, soit pour poursuivre
les petits Insectes dans les airs, soit plutôt pour recher-
cher une localité plus appropriée. » (L. Dufour).

Il y a chez nous deux espèces : 1º la Naucore aptère, et 2º la Naucore cimicoïde. La première diffère de la seconde par l'absence des ailes, par les cinq taches du corselet et une plus petite taille. En outre, chez la *N. uptera* (fig. 140), chaque élytre se termine en pointe mousse, dépourvue de portion membraneuse et d'une texture coriacée uniforme. Au contraire, chez la *N. cimicoïdes*, elle est pourvue d'une portion membraneuse, et largement tronquée à son extrémité. Ils pondent leurs œufs vers la fin d'avril, en les collant contre des brins de plantes aquatiques, dans lesquelles ils pratiquent, au préalable, une entaille avec leur tarière.

CHAPITRE XIV

LES DIPTÈRES

Larves. — Cousins. — La tête en bas. — Examen à la loupe. — Contorsions. — Mue. — Nymphe. — Sa mobilité. — Sa transformation. — Description de Réaumur. — Moment critique. — Sauvé ! — Ponte. — Vers de vase. — Confusion facile. — Prétendus vers Polypes. — Fourreau de vase. — La Nymphe. — Eristale gluante. — Ver à queue de rat.

Avec les Diptères nous abordons l'étude des Insectes qui ne vivent dans l'eau qu'à l'état de larves. Nous avons déjà dit quelles précautions il fallait prendre pour étudier leurs transformations.

Cousin. — Parmi les larves les plus communes que

nous prendrons avec notre troubleau, il n'en est pas
de plus abondante que celle du COUSIN ou MOUSTIQUE
(Culex pipiens). Il n'est pas une eau qui n'en renferme
en abondance. Souvent même, elles se développent dans
les aquariums en apparence spontanément, mais en réalité parce que quelque moustique est venu y déposer
ses œufs sans qu'on s'en soit aperçu. L'abondance des
larves est même parfois gênante, parce qu'elles emplis-
sent le troubleau dans lequel il est alors impossible de
rien voir. On en mettra quelques-unes dans l'aquarium
commun, leurs contorsions et leur aspect sont des sujets
qui intéressent tout le monde ; mais il ne faudra pas en
mettre une trop grande quantité, car elles changent de
peau très fréquemment et leurs dépouilles salissent l'eau
rapidement. Mais quel spectacle vraiment merveilleux
va nous offrir l'examen des larves, leur transformation
en Nymphes, puis en Cousins !

Larve de Cousin. — Les larves sont assez petites ;
elles atteignent à peine 1 centimètre ; elles sont cependant bien visibles à l'œil nu, grâce à leur transparence
et à la délicatesse de leurs formes. Dans l'eau de l'aquarium, on les voit placées verticalement, la tête en bas
et l'autre extrémité en haut, venant affleurer à la surface de l'eau : dans cette position singulière, elles restent en général tranquilles et on peut les considérer
tout à son aise. Mais il faut bien se garder de faire le
moindre bruit ou de toucher à l'aquarium, car, à la moindre inquiétude, elles descendent au fond en se contournant sans cesse sur elles-mêmes de la façon la plus comi-
que qu'on puisse imaginer ; au bout de quelques minu-

tes, elles remontent en se contournant de la même façon, sans qu'il soit possible de les observer avec soin. Profitons du moment où une larve est au repos pour l'examiner. Nous verrons dans ces conditions qu'elle est dépourvue de pattes et que sa forme rappelle celle d'un Ver : elle est formée de dix anneaux très nets portant latéralement, à droite et à gauche des touffes de poils. Le onzième anneau est fort petit, rejeté un peu sur le côté et garni de poils et de palettes formant une sorte d'éventail ou de bouquet. De l'avant-dernier anneau part un long tube cylindrique, délicat, terminé à son extrémité libre par un orifice entouré d'une couronne de poils : c'est ce tube qui vient affleurer à la surface de l'eau, où il vient puiser l'air atmosphérique.

Ce tube et le dernier anneau font entre eux un certain angle, de telle sorte que, au premier abord, on se demande quel est celui d'entre eux qui est la vraie continuation du corps. Mais l'incertitude disparaît lorsqu'on remarque que c'est du dernier que sortent les excréments verdâtres : c'est donc lui qui porte l'anus ; il porte quatre lamelles aplaties servant peut-être à la natation. L'anneau qui suit la tête est beaucoup plus volumineux que tous les autres et porte trois paires de touffes de poils. En examinant la larve avec une loupe, on peut voir facilement leur intestin, grâce à la transparence de leur tégument : on l'aperçoit rempli de différentes matières, les unes vertes, les autres brunes ; on peut aussi voir les mouvements péristaltiques qui poussent lentement ces matières jusqu'à l'anus. On aperçoit aussi par transparence les trachées sous la forme de deux tubes blancs qui tous deux viennent aboutir au sommet du siphon respirateur. La tête est un peu aplatie de haut en bas. Voici quelle description en donne Réaumur[1] dans un style qui paraît aujourd'hui parfois naïf, mais qui n'en est que plus « de bonne foy ».

« De chaque côté on aperçoit une tache brune, qui est un des yeux, au moins cette tache est-elle placée où se trouvera par la suite l'œil du Cousin, mais elle n'a pas de réseau. On ne trouve point de dents à cette tête; mais autour de la bouche, on voit plusieurs espèces de barbillons; Swammerdam en compte sept, dont deux, plus considérables que les autres, ont la figure d'espèces de croissants, dont le côté concave est garni d'une frange bien fournie de poils très pressés les uns contre les autres. On observe avec plaisir la vitesse avec laquelle le Cousin fait jouer ces deux espèces de houppes. Si on les considère au travers d'une loupe, on voit qu'alternativement le Cousin les retire en arrière et les porte en avant, et toujours très vite; ces deux sens ne sont pourtant pas les seuls sens dans lesquels elles paraissent être agitées. On remarque ensuite de petits courants de liqueur, qui sont sans doute déterminés par le mouvement des houppes, à se diriger vers l'ouverture qui est entre elles, vers la bouche. Les autres barbillons d'un volume moins considérable, sont partiellement garnis de poils, et servent encore à agiter l'eau. Les courants portent au Ver l'aliment qui lui est né

---

[1] Réaumur, *Histoire des Insectes*, vol. IV. Nous « modernisons », bien entendu, l'orthographe.

cessaire, des Insectes imperceptibles, de petites Plantes, et peut-être même des corps terreux qui nagent dans
l'eau. Quand les Vers ne trouvent pas, auprès de la surface de l'eau, de quoi se nourrir, ils en vont chercher
ailleurs. Souvent je les ai vus descendre au fond d'un
poudrier de verre, et s'y tenir pendant un temps assez
considérable ; ils se plaçaient auprès d'une espèce de
terreau qui s'y était déposé, ils en détachaient de petits
grains avec les barbes de leurs croissants ; ils donnaient
aux petits grains un mouvement qui les portait vers
leur bouche, où ils entraient apparemment : car, après
les avoir vus aller en avant, je ne les voyais pas retourner en arrière. La tête de ces Vers *(sic)* a un ornement dont nous devons dire quelque chose (fig. 142) ;
elle a deux espèces d'antennes courbées en arc ; la concavité de l'une est tournée vers celle de l'autre. Ce sont
des antennes d'une structure différente de celle des antennes des Insectes ailés, car on n'y trouve aucune autre
articulation que celle de leur base ; mais elles n'en sont
pas moins agréables à voir au microscope. Leur côté concave est lisse ; sur la plus grande partie de la longueur
de la partie convexe, il y a, de distance en distance, un
poil qui ressemble à une épine et qui est presque cou-
chée sur la tige dont il part, ou qui s'en éloigne peu en se
dirigeant vers le bout de l'antenne ; à quelque distance
de ce bout est une jolie houppe fournie de poils très
larges, quoique raides. Enfin le bout de l'antenne a trois
ou quatre poils d'une médiocre longueur, et deux plus
longs et plus gros que ceux de la houppe ».

Nymphe de Cousin. — Les larves changent plu-

sieurs fois de peau. la Laissons parole à Réaumur qui
paraît être le premier à l'avoir constaté.

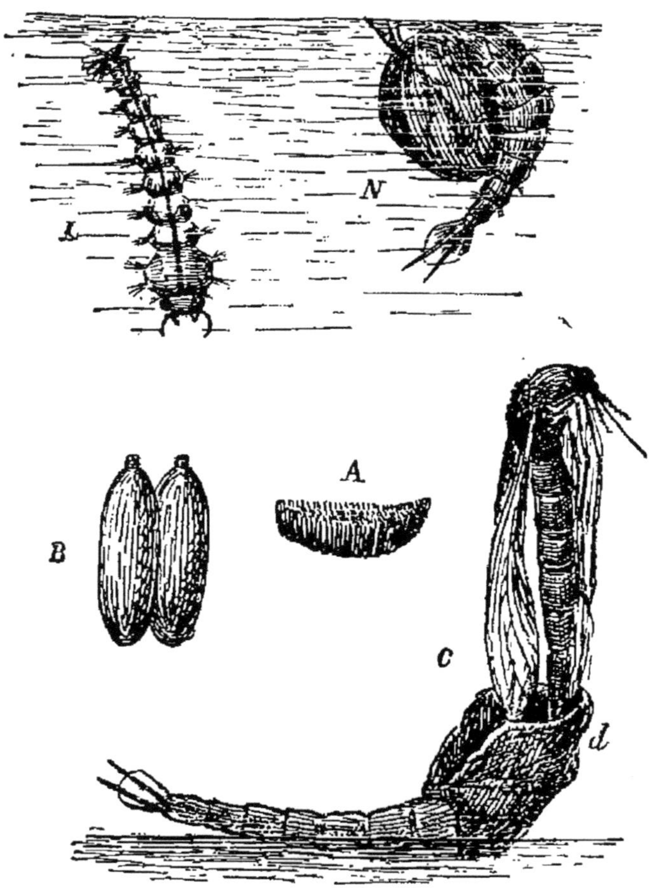

Fig. 142. — Cousin : L, larve (grandeur nat.); N, nymphe (gr.
nat.); B, œuf (très gros-i); A, flottille d'œufs (un peu grossie);
C, Cousin sortant de sa dépouille d (un peu grossi).

« Lorsqu'il veut quitter une dépouille (fig. 142), il se
met à la surface de l'eau, dans une position différente
de celle où il avait coutume de s'y tenir; il y est
d'abord allongé et étendu, ayant le dos en dessus; il se
recourbe ensuite un peu, il enfonce sa tête et sa queue
sous l'eau, à fleur de laquelle est son premier anneau,

celui qu'on peut appeler le corselet. Cet anneau se fend alors, bientôt la fente se prolonge sur un ou deux des anneaux qui le suivent, et dans l'instant cette fente devient assez considérable pour laisser sortir le corselet du ver, et successivement toutes les parties, qui paraissent à jour couvertes d'une peau plus tendre que celle dont elles viennent de se tirer. Au reste, la dépouille que le ver laisse alors est très complète, il n'y manque rien de ce que l'extérieur du ver nous montre. »

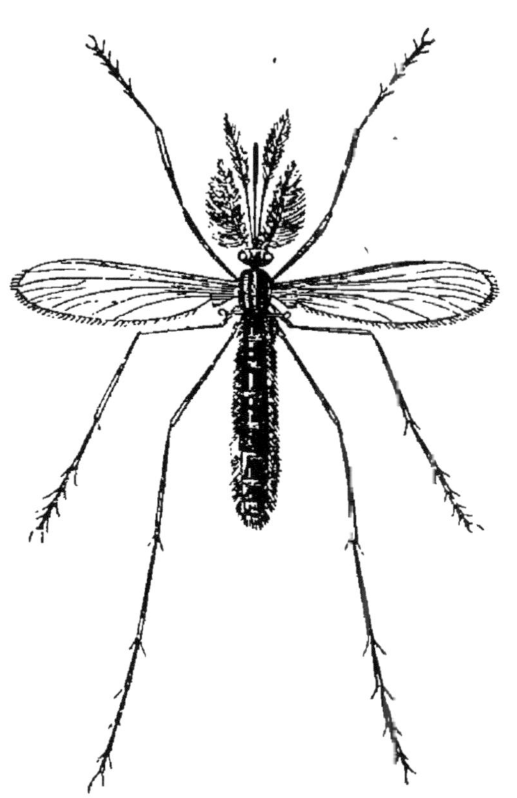

FIG. 113. — Cousin commun mâle, grossi.

La larve change ainsi deux fois de peau et conserve la même forme après chaque mue. Une troisième fois, elle change de peau, mais alors il en sort un animal tout différent, la Nymphe qui, au premier abord, affecte la forme d'une lentille : cette apparence est due à ce que les premiers anneaux sont extrêmement dilatés, tandis que l'abdomen reste petit et s'applique étroitement sur les bords des premiers. Quand l'animal se meut, on voit fort bien ces deux parties qui donnent alors à l'animal la forme d'un point d'interrogation. Cette nympe nage dans l'eau en ramenant brusquement et en éloignant de même l'abdomen de la tête. Au repos, elle est placée tout près de la surface de l'eau. On voit que la nymphe diffère ici, notablement, de celle des autres insectes, où elle se fait remarquer par son immobilité absolue ; elle rappelle cependant ces dernières en ce qu'elle ne se nourrit pas, n'ayant, d'ailleurs, pas de bouche pour absorber des aliments. Sur la tête, on aperçoit deux sortes de petits cornets qui ne sont autres que des tubes respiratoires dont la position, on le voit, est fort différente de ce qu'elle était chez la larve (fig. 142, N, et 145).

Transformation de la Nymphe. — La Nymphe nage pendant environ une semaine ; puis, passé cette époque, elle reste immobile à la surface de l'eau. Examinons-la alors attentivement et nous assisterons à un spectacle bien intéressant (fig. 142). Réaumur a si bien décrit les phénomènes qui vont se passer que nos lecteurs nous seront reconnaissants de donner le passage en question : ses observations sont « prises sur le vif » et chacun pourra les vérifier aisément.

« L'Insecte, qui est parvenu au moment où ses enveloppes ne lui sont plus nécessaires, se tient comme auparavant, en repos à la surface de l'eau ; mais au lieu que, dans les autres temps où il ne changeait pas de place, la partie postérieure de son corps était contournée et comme enroulée en dessous, alors il redresse cette partie, il la tient étendue à la surface de l'eau, au-dessous de laquelle son corselet est élevé. A peine a-t-il été un moment dans cette position, qu'en gonflant les parties

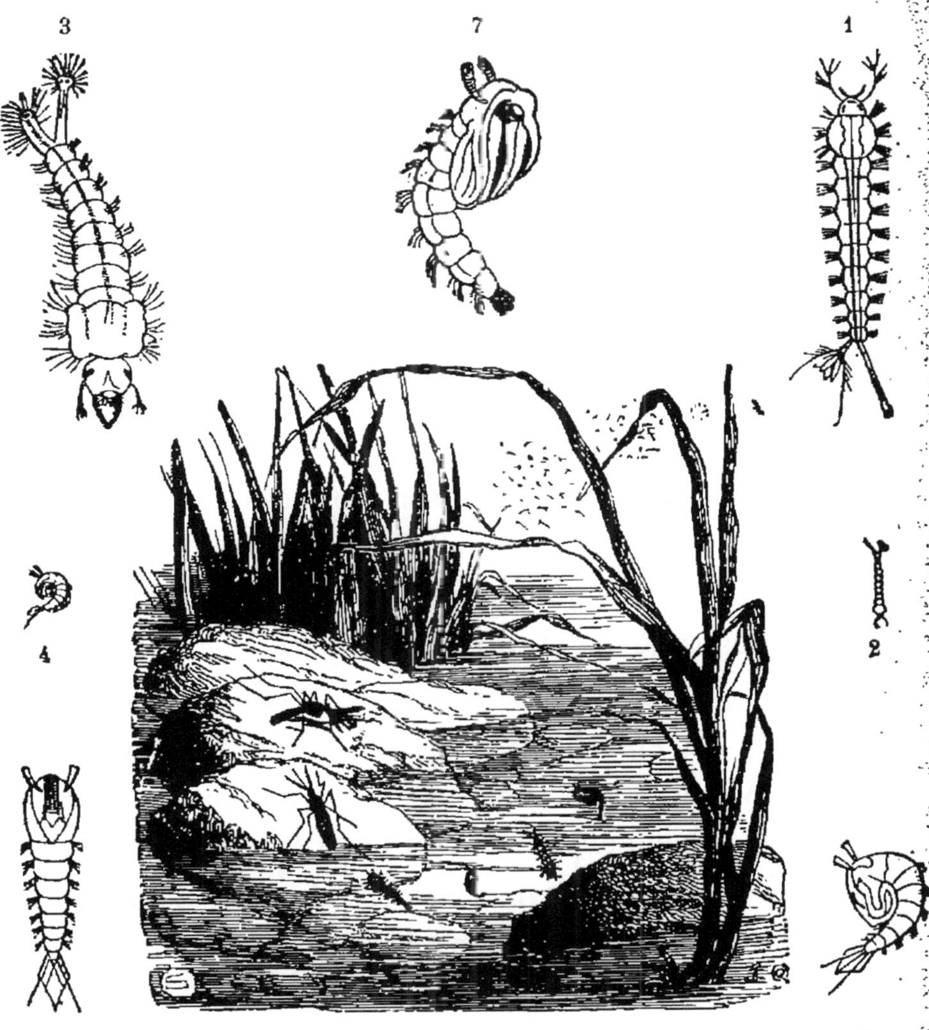

Fig. 144 à 151. — Cousin : larves, nymphes, adultes, de gr. nat.;
1, Larve de Cousin, grossie; 2, Larve de Cousin, gr. nat.; 3, Larve
de cousin annelé, très grossie; 4, Nymphe de Cousin, gr. nat.;
5, Nymphe de Cousin, grossie; 6, Nymphe de Cousin, vue de face
et grossie; 7, Nymphe de Cousin annelé, très grossie.

intérieures et antérieures de son corselet, il oblige la
peau de se fendre assez près de ces deux stigmates, ou

même entre ces deux stigmates, qui ont la figure d'oreilles ou de cornets. Cette fente n'a pas plus tôt paru, qu'on la voit s'allonger et s'élargir très vite, elle laisse à découvert une partie du corselet du Cousin, aisée à reconnaître par la fraîcheur de sa couleur, qui d'ailleurs est verdâtre, et différente de celle de la peau qui l'enveloppait auparavant. Dès que la fente est assez agrandie, et l'agrandir assez est l'affaire d'un instant, la partie antérieure du Cousin ne tarde pas à se montrer ; bientôt on voit paraître la tête, qui s'élève au-dessus des bords de l'ouverture. Mais ce moment et ceux qui suivront jusqu'à ce que le Cousin soit entièrement hors de sa dépouille, sont des moments bien critiques pour lui, des moments où il court un terrible danger. Cet Insecte qui vivait dans l'eau et qui aurait péri si on l'eût tenu dehors pendant un temps assez court, a subitement passé à un état où il n'a rien autant à craindre que l'eau. S'il était renversé sur l'eau, si elle touchait son corselet et son corps, c'en serait fait de lui. Voici comment il se conduit dans une situation si délicate. Dès qu'il a fait paraître la tête et son corselet, il les élève autant qu'il peut au-dessus des bords de l'ouverture qui leur a permis de paraître au jour. Le Cousin tire la partie postérieure de son corps vers la même ouverture, ou plutôt cette partie s'y pousse en se contractant un peu, et s'allongeant ensuite ; les rugosités de la dépouille dont elle s'efforce de sortir lui donnent des appuis. Une plus longue portion du Cousin paraît donc à découvert, et en même temps la tête s'est plus avancée vers le bout antérieur de la dépouille ; mais, à mesure qu'elle s'avance vers ce côté, elle se redresse, elle s'élève de plus en plus ; le bout antérieur du fourreau et son bout postérieur se trouvent donc vides. Le fourreau alors est devenu pour le Cousin un espèce de bateau dans lequel l'eau n'entre point, et où il serait fort dangereux qu'elle entrât ; elle ne saurait trouver de passage pour arriver au bord postérieur, et les bords de la fente du bout antérieur ne sauraient être submergés, que lorsque ce bout est considérablement enfoncé. Le Cousin est lui-même le mât du petit bateau qui le porte. Les grands bateaux qui doivent passer sous les ponts ont des mâts qu'on peut coucher ; dès que le bateau est hors du pont, on hisse le mât, en le faisant passer successivement par différentes inclinaisons, on l'amène à être perpendiculaire au plan horizontal. Le Cousin s'élève ainsi successivement jusqu'à devenir lui-même le mât de son petit bateau, et un mât posé verticalement. Toute la différence qu'il y a ici, c'est que le Cousin est un mât qui devient plus long à mesure qu'il s'élève davantage. A mesure qu'il s'élève, une nouvelle partie du corps sort du fourreau : quand il est parvenu à être presque dans un plan vertical, il ne reste plus dans le fourreau qu'une portion assez courte de son bout postérieur. On a peine à s'imaginer comment il a pu se mettre dans une position si singulière, qui lui est absolument nécessaire, et comment il peut s'y conserver. Ni les jambes ni les ailes n'ont pu l'aider en rien, celles-ci sont encore trop molles, et comme empaquetées, et les autres sont étendues et couchées tout le long du ventre, les anneaux seuls ont pu agir. Le devant du bateau est beaucoup plus chargé que le reste, aussi a-t-il beaucoup plus de volume. L'observateur qui voit combien ce devant de bateau enfonce, combien ses bords sont près de l'eau, oublie dans l'instant que le Cousin est un Insecte auquel il donnera volontiers la mort dans un autre temps, il devient inquiet pour son sort, et le devient bientôt davantage pour peu qu'il s'élève du vent, pour peu que ce vent agisse sur la surface de l'eau. On voit pourtant d'abord avec plaisir la petite agitation de l'air, qui suffit pour faire voguer le Cousin avec vitesse; il est parti de différents côtés, il fait différents tours dans le baquet. Quoiqu'il ne soit que comme une espèce de bâton ou de mât, parce que les ailes et les jambes sont appliquées contre le corps, il est peut-être, par rapport à son petit berceau, une voilure beaucoup plus grande qu'aucune de celles qu'on ose donner à un vaisseau. On ne peut s'empêcher de craindre que le petit bateau ne soit couché sur le côté, ce qui arrive quelquefois dans les temps ordinaires, et très souvent, lorsque les Cousins se transforment dans des jours où le vent a trop de prise sur la surface de l'eau du baquet. Dès que le bateau a été renversé, dès que le Cousin a été couché sur la surface de l'eau, il n'y a plus de ressource pour lui. J'ai vu quelquefois l'eau toute couverte de Cousins qui, par cet accident, avaient péri en naissant. Il est pourtant plus ordinaire que le Cousin parvienne à faire son opération, heureusement elle n'est pas de longue durée. Le Cousin, après s'être dressé perpendiculairement, tire ses deux premières jambes du fourreau, et il les porte en avant, il tire ensuite les deux suivantes;

alors il ne cherche plus à conserver sa position gênante, il se penche vers l'eau, il s'en approche, il pose dessus ses jambes ; l'eau est pour elles un terrain assez ferme et assez solide, qui, sans céder trop, peut les soutenir, quoique chargées du corps de l'insecte. Dès que le Cousin est ainsi sur l'eau, il y est en sûreté, les ailes achèvent de se déplier et de se sécher, ce qui est fait plus vite qu'on ne peut le dire ; enfin le Cousin est en état d'en faire usage, et bientôt on le voit s'envoler, surtout si on tente de le prendre. »

Toutes ces transformations sont, on le voit, extrêmement intéressantes, autant pour le savant que pour le poète ou l'homme du monde.

Ponte du Cousin. — Nous aurons terminé l'histoire des Cousins quand nous aurons dit de quelle façon se fait la ponte. On aperçoit souvent à la surface de l'eau des baquets, des sortes de petits radeaux blanchâtres, un peu allongés, pointus à un bout, arrondis à l'autre : ce sont autant de pontes de moustiques, dont chacune renferme un très grand nombre d'œufs (fig. 142, A). Le radeau n'a pas un centimètre de long ; aussi, pour l'étudier, faut-il se servir d'une loupe. Les œufs sont allongés et ressemblent assez bien à des quilles que l'on aurait réunies ensemble en grand nombre. Chaque œuf a une extrémité arrondie et une autre terminée par une sorte de petit goulot de bouteille (fig. 142, B). Il est à remarquer que ces œufs, pour arriver à bien, doivent flotter ; s'ils étaient submergés, ils périraient. Comment le Cousin arrive-t-il à fabriquer une aussi jolie ponte ? Pour l'observer, il convient de se lever de fort bonne heure et d'aller voir ce qui se passe à la surface des étangs ou des baquets voisins. On pourra observer aussi les mêmes faits en enfermant un certain nombre de moustiques au-dessus d'un aquarium recouvert d'une toile métallique. On voit un Cousin se cramponner avec ses deux parties de pattes antérieures sur un fragment de feuille flottante ; en même temps il allonge ses deux pattes postérieures horizontalement au-dessus de l'eau. Le dernier anneau qui porte l'anus se relève. C'est de l'avant-dernier que sortent les œufs qui de suite reposent sur les pattes, dont le rôle est de les soutenir. Les œufs sortent un à un très rapidement. Quand leur nombre devient déjà grand, le Cousin croise ses jambes postérieures de manière à rapprocher de plus en plus de l'orifice qui continue à laisser sortir les œufs.

Lorsque le radeau est achevé, l'animal le dépose à la surface de l'eau et s'envole pour mourir bientôt. L'histoire du Cousin adulte (fig. 143) serait aussi bien intéressante à faire, mais elle nous entraînerait trop loin.

Vers de vase. — Les larves les plus communes, après celles des Cousins, sont celles du *Chironome plumosa* (fig. 152) : le vulgaire les appelle des Vers rouges ou des Vers de vase ; mais, comme nous l'avons déjà dit, ce ne sont pas des *Vers*, mais des larves d'Insectes : c'est là une confusion qu'il faut éviter. Ces Vers rouges abondent dans toutes les mares ; à Paris, on en vend de grandes quantités aux pêcheurs à la ligne qui s'en servent en guise d'appâts.

Ce sont eux aussi que l'on donne généralement en pâture aux poissons des aquariums d'appartement.

Les Vers rouges vivent dans la vase où ils se construisent de petits fourreaux protecteurs. Quand on les sort de leur retraite et quand on les lance dans l'eau claire, ils se tortillent en tous sens, restant généralement au fond du bocal. Comme leur nom l'indique, leur couleur est d'un beau rouge sang ; parfois cependant, elle devient brune. Leur taille permet de les examiner à l'œil nu. On voit que le corps est formé d'une série d'articles placés à la file les uns des autres. Près de la tête, on voit deux sortes de petits moignons: ce ne sont pas des pattes véritables, car elles ne sont pas articulées, elles sont analogues aux fausses pattes des chenilles. On voit deux paires de filaments semblables, mais plus longs à l'avant-dernier anneau et à la jonction de celui-ci avec le dernier. Réaumur s'était imaginé que ces sortes de tentacules étaient semblables aux tentacules des Polypes ; aussi désignait-il les Vers rouges sous le nom de *Vers polypes*. Leur rôle principal est de permettre à l'animal de se cramponner à son fourreau de vase. L'anus, vaguement quadrangulaire, porte, à chacun de ses quatre angles, un petit corps oblong comme une olive. De ces quatre corps, il y en a deux plus antérieurs qui se distinguent en outre en ce qu'ils portent deux autres masses ovoïdes terminées chacune par un orifice entouré d'une couronne de poils raides. La larve quitte de temps à autre son tuyau de vase pour se rapprocher de la surface de l'eau et venir respirer à l'aide des organes en question. Ceux-ci servent encore à l'animal à se fixer sur n'importe quel débris nageant dans l'eau ; le corps s'agite alors dans tous les sens,

Réaumur a vu des larves construire un fourreau de vase.

« J'ai tout lieu de croire que ce Ver sait filer, qu'il tire d'auprès de sa bouche des fils, dont il se sert pour réunir les petits grains qui, ensemble, doivent composer le tuyau qui est pour lui un logement convenable. Je n'ai pourtant pas pu parvenir à voir ces fils ; mais je crois qu'ils m'ont échappé pas leur finesse, car

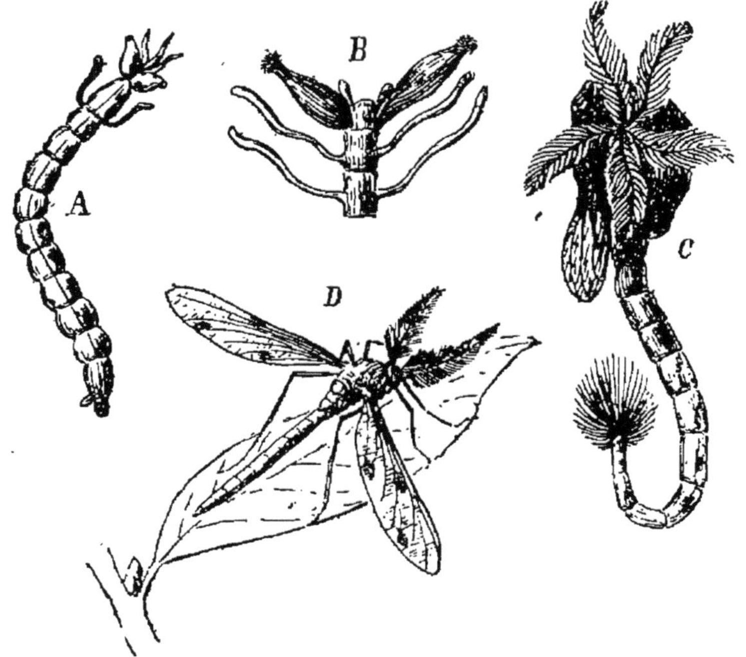

Fig. 132. — Chironome plumeux : A, larve (Ver rouge);
B, extrémité postérieure de la larve ; C, nymphe; D, adulte.

j'ai vu faire au Ver, que j'avais mis dans la nécessité de se construire un logement, tous les mouvements d'un Insecte occupé à filer. Celui qui a été mis hors de son ancienne habitation, et qui commence à travailler pour s'en faire une nouvelle, fixe la partie postérieure ; là il prend un point d'appui sur lequel le reste du corps se donne une infinité de mouvements pour se porter tantôt à droite, tantôt à gauche, tantôt en haut, tantôt en bas, et pour se contourner de toutes façons. Dans chacun des endroits où la tête se trouve successivement, elle cherche de petits grains solides, et d'une qualité convenable. Dès que les parties qui environnent la bouche en ont touché et saisi un, les deux bras ou moignons dont nous avons parlé s'avancent pour aider à le tenir. Le corps se recourbe ensuite, de manière que la tête, amenée tout proche de la partie postérieure, y peut déposer et arrêter le petit grain. C'est de ces petits grains apportés successivement, et déposés les uns sur les autres, que se forme un tuyau. La tête n'abandonne pas absolument le petit grain après qu'il a été mis en place, elle se donne des mouvements vifs, elle retourne en arrière, mais sur le champ elle se rapproche du grain. Les deux bras ne sont pas alors dans l'inaction, il semble qu'ils s'approchent de la tête pour saisir le fil qui en sort, et l'appliquer sur le grain. Un Ver que je tirai un jour de son fourreau et que je mis dans un poudrier plein d'eau dont le fond était couvert d'une terre que je croyais convenable, ne réussit point à se couvrir ; mais il me montra, mieux qu'aucun autre que j'ai vu en œuvre, les mouvements semblables à ceux d'un Insecte qui file, et l'effet de ces fils. Il forma à différentes reprises, et successivement en différents endroits, de petites lames de grains liés ensemble ; mais, que ce fût son intention ou non, il ne parvint point à faire prendre une figure courbe à ces lames plates qui flottaient dans l'eau. »

C'est dans le tube de vase que la larve se transforme

en nymphe. Sous cet état, l'animal présente une tête volumineuse portant latéralement deux grosses touffes de poils. De même, à l'extrémité postérieure, on voit un panache poilu. Les nymphes rappellent celles du Cousin, en ce qu'elles peuvent se mouvoir aussi bien que la larve. Au moment de la métamorphose, elles se rapprochent de la surface et restent immobiles pendant quelque temps. Bientôt on en voit sortir un Insecte ailé qui ressemble au premier coup d'œil à un Cousin, mais qui en diffère profondément en ce qu'il n'a pas d'aiguillon et qu'il est par suite incapable de piquer. La tête est ornée d'antennes plumeuses très élégantes ; chaque aile a trois petites taches brunes (fig. 152, D).

Ver à queue de rat. — Les larves du Moustique et du Chironome sont fort élégantes ; il n'en est pas de même de celles de l'ÉRISTALE GLUANTE *(Eristalis tenax)*, qui est vraiment repoussante : c'est une grosse masse blanche, presque informe qui remue à peine et qui se termine à la partie postérieure par une longue queue fort mince, cette dernière particularité lui a fait donner le nom vulgaire de *Ver à queue de rat* ou encore de *Ver souris* (fig. 153). Elle semble dépourvue de membres ; cependant en regardant avec soin la face ventrale, on peut voir sept paires de petites pattes membraneuses rudimentaires, bordées de crochets très fins. A quoi peut bien servir la longue queue qui termine le corps? Gœdaert avait supposé que la queue, en frottant contre le plan sur lequel l'Insecte est posé, maintenait le ventre sur ce plan et empêchait ainsi la larve de rouler. Voilà une opinion assez bizarre et que rien ne justifie. Non, le rôle

de la queue est tout autre ; pour le mettre en évidence, il suffit de placer des Vers à queue dans un bocal rempli d'eau.
On ne tarde pas à voir les queues, d'abord contractées,
s'allonger petit à petit, comme une longue-vue que l'on

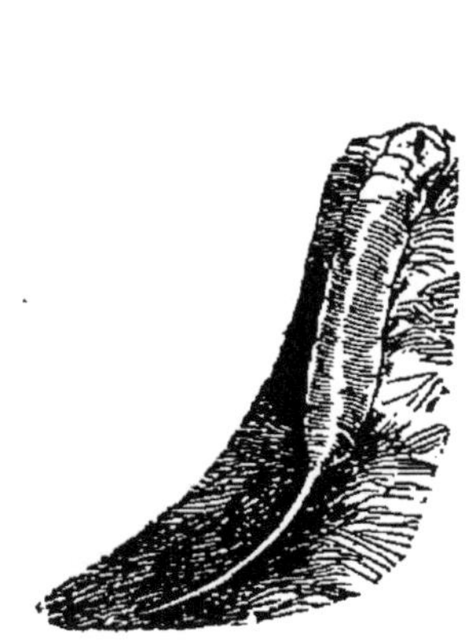

Fig. 153. — Ver à queue
de rat (Eristale) sortant
de l'eau.

Fig. 154. — Eristale adulte.

tire, et venir faire affleurer l'extrémité libre à la surface de l'eau : évidemment la queue est un organe respiratoire. Si l'on verse encore de l'eau dans le bocal, la
queue s'allonge d'autant. On peut lui faire ainsi atteindre une longueur de 15 centimètres. Au moment de la
métamorphose, la larve quitte le milieu aquatique et
rampe sur la vase, traînant péniblement derrière elle sa
queue (fig. 153). Puis elle s'enfonce dans le sol et n'en
sort plus qu'à l'état d'une jolie Mouche, que notre figure
154 représente butinant des fleurs.

CHAPITRE XV

LES NÉVROPTÈRES

Ephémère. — Branchies trachéennes. — Circulation du sang.
— Subimago. — Transformation en imago. — Prosopistome.
— Problème à résoudre. — Larve de Libellule. — Respiration
par l'anus. — Locomotion rapide. — Masque. — Transformation en Libellule. — Sialis de la vase. — Phryganes. —
Curieux nid. — Variabilité des matériaux. — La larve et
ses branchies trachéennes. — Transformation en insecte
parfait.

Éphémère. — Les ÉPHÉMÈRES [1] sont intéressantes à
beaucoup d'égards, tant par leur larves aquatiques
elles-mêmes que par les transformations qu'elles subissent ultérieurement.

La larve de l'Éphémère est une bien jolie petite bête,
transparente, délicate, se promenant sur les plantes
aquatiques. Ce qui lui donne sa légèreté, sa grâce
toute spéciale, c'est que, à droite et à gauche de son
abdomen, elle porte une série de lamelles minces, trans-

---

[1] Nous en possédons trois types principaux : 1° L'*Ephemera
vulgata*, d'un brun foncé ; 2° la *Palingenia virgo* (fig. 160) a le
thorax jaune, l'abdomen gris, les ailes blanches ; 3° la *Cloë diptera*
a la tête noire et les ailes translucides. Ce sont les *Cloë* qui possèdent
les plus jolies larves ; voici ce qu'en dit E. Blanchard : « Frêles,
délicates, presque diaphanes, pourvues de branchies en lamelles
qu'elles agitent sans cesse avec rapidité, ayant des pattes grêles,
des appendices abdominaux, larges et frangés, servant de rames,
de petites larves, pleines d'élégance, vivent à découvert, nagent avec
facilité, atteignent leur proie et échappent à leurs ennemis par la
prestesse de leurs mouvements. »

parentes comme du cristal (fig. 155). En examinant
l'animal avec une forte loupe, on aperçoit dans ces lamelles des sortes de nervures ramifiées d'une grande
délicatesse. Qu'est-ce que ces larves et ces nervures et à
quoi peuvent-elles servir? Pour le savoir, examinons
la larve au microscope. Nous verrons que les nervures
apparaissent en noir très foncé; cela nous indique tout
de suite qu'elles contiennent de l'air. Suivons-les de
proche en proche et nous les verrons toutes venir
s'aboucher à des tubes qui parcourent le corps et qui se
montrent avec tous les caractères des trachées. Les lamelles ne sont donc que des expansions du corps renfermant en abondance des tubes respiratoires, des trachées. Mais ici, les lamelles étant fort minces, les trachées
peuvent absorber directement l'air dissous dans l'eau.
Leur rôle est donc le même que celui des branchies des
crustacés ou des poissons, avec cette différence que, au
lieu de renfermer des vaisseaux sanguins, elles contiennent des trachées; c'est ce qu'on appelle des *branchies
trachéennes*. Grâce à leur présence, la larve n'a pas
besoin de venir respirer à la surface; elle peut vivre
constamment dans l'eau. Les lamelles trachéennes sont
très fragiles; elles se séparent au moindre attouche-
ment, mais l'animal ne paraît pas incommodé de cette
amputation. La transparence de la larve permet aussi
d'observer le cours du sang avec autant de facilité que
chez les *Asellus* : la figure 155 montre le cours du
sang. Le corps se termine par trois appendices poilus,
aussi longs que lui.

Les pattes sont assez faibles, sauf les deux anté-

rieures qui sont plus fortes ; la larve se sert de ces
dernières pour pratiquer, sur le rivage des ruisseaux, des conduits parfois fort longs qui se terminent tout près de la surface du sol. C'est là qu'elle se transforme en insecte ailé que l'on prendrait au premier abord pour l'insecte adulte, mais qui en réalité n'est qu'une nymphe ; c'est ce qu'on appelle la *subimago*, le nom d'*imago* servant, comme toujours, à désigner l'adulte.

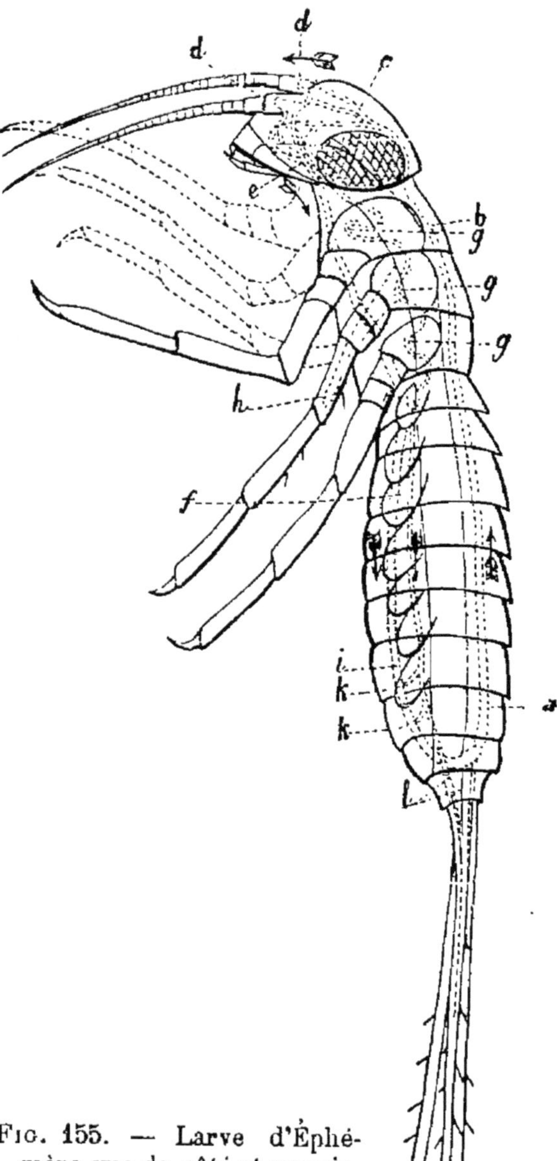

Fig. 155. — Larve d'Éphémère vue de côté et grossie, pour montrer la circulation du sang.

« Ce que les Éphémères présentent de plus intéressant, dit Brehm, est une des particularités de leur développement que l'on ne retrouve pas chez d'autres Insectes. Aussitôt

Fig. 156. — Éphémère adulte abandonnant la subimago. — Larve aquatique de l'Éphémère.

Fig. 157. — Éphémère vulgaire mâle.

que le Névroptère abandonne son existence aquatique et se transforme en Insecte parfait, il se dépouille encore une fois de sa peau, y compris les ailes, fig. 156. Cette nymphe active ou *subimago* se tient immobile un certain temps les ailes étendues horizontalement pis commence à imprimer à tout son corps un tremblement continu ; sous cette influence, l'abdomen se fend et la déchirure produite se prolonge lentement vers la partie antérieure. Dans cette

FIG. 158. — Vol des Éphemères, au-dessus d'un étang.

opération, les épines qui garnissent latéralement les anneaux jouent un rôle important en fournissant un point d'appui très utile, qui s'oppose à tout mouvement de recul. La pression exercée par l'animal, au niveau de la région thoracique et céphalique de cette nymphe active, produit une violente tension de cette membrane à la partie dorsale du thorax, et finit par la faire éclater suivant la ligne médiane (fig. 156). Les bords de cette fente s'écartent du côté des ailes, et la face dorsale du thorax de l'Éphémère complètement développé apparaît blanche et brillante au milieu de la dépouille de la nymphe ; sous les efforts répétés de l'Insecte, la tête apparaît au dehors. Les ailes de la nymphe retombent alors en forme de toit le long du corps, tandis que celles de l'Insecte adulte ou *imago* sortent presque en même temps que les pattes antérieures qui, d'abord appliquées contre le corps s'étendent au moment où les ailes récemment développées se dressent en l'air, ses tarses se fixent alors solidement à l'objet sur lequel reposait la nymphe. L'insecte se repose quelques secondes, dégage son abdomen ainsi que ses soies caudales et ses pattes postérieures, nettoie sa tête et ses antennes à l'aide de ses pattes antérieures, et d'un vol rapide disparaît aux yeux de l'observateur (fig. 157). »

L'*Ephemera vulgata* apparaît en nombre immense au mois d'août ; elle ne vit guère qu'un jour et c'est elle que l'on prend toujours pour emblême de ce qui passe rapidement.

« Les Éphémères, le nom l'exprime, c'est la vie qui commence au lever du soleil et finit à son déclin le même jour. Les Éphémères, c'est la délicatesse des formes, la légèreté du corps. Les Éphémères, c'est la réalisation

FIG. 159. — Les Éphémères vulgaires.

du rêve des mystiques apparitions sortant des eaux, lorsque, par un beau soir d'été, des milliers, des millions de ces créatures aériennes voltigent à la surface des étangs ou des rivières (fig. 158 et 159). » (Em. Blanchard.)

Les Palingénies se montrent au mois d'août (fig. 160).

Prosopistome. — Ceux de nos lecteurs qui voudraient trouver « du nouveau » n'ont qu'à se livrer attentivement à l'étude d'un singulier Insecte, le PROSOPISTOME, dont la larve avait

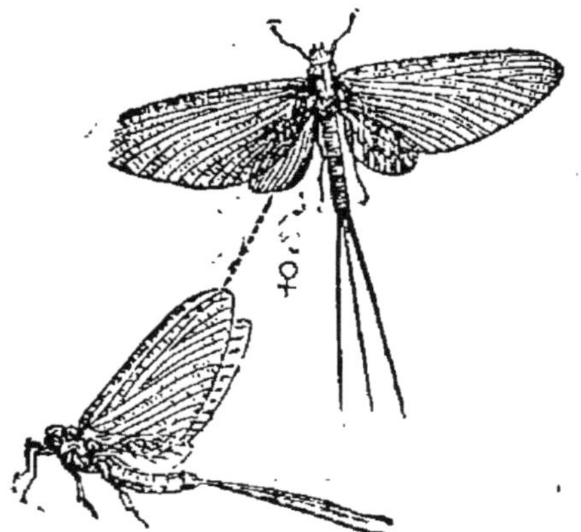

FIG. 160. — La Palingénie
à longue queue.

été prise autrefois pour un Crustacé. Geoffroy qui nous l'a fait connaître, en 1768, l'avait rencontrée dans les environs de Paris. Suivi en cela par Latreille et même par H. Milne-Edwards, il l'avait classée parmi les Crus-

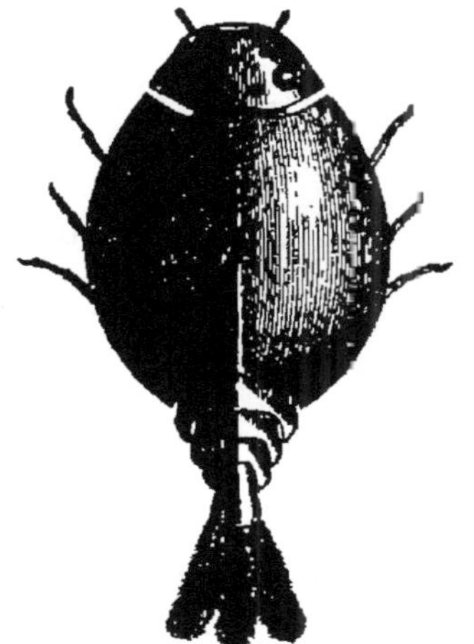

FIG. 161. — Prosopistome.
Larve, vue de dos.

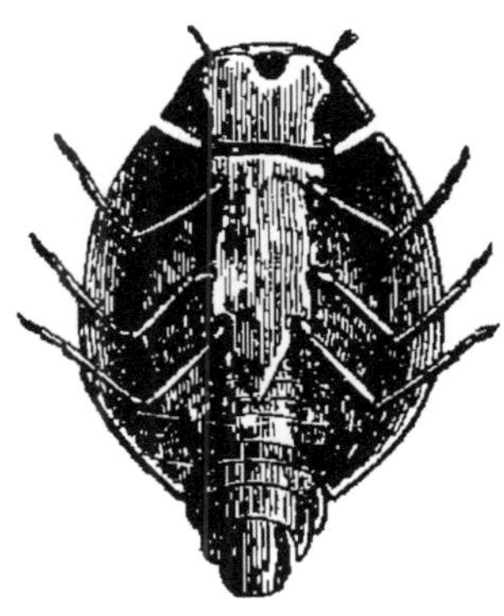

FIG. 162. — Prosopistome.
Larve, vue par la face ventrale.

FIG. 163. — Prosopistome. Subimago.

tacés (fig. 161 et 162). En 1871, le Dr E. Joly retrouva le même animal dans la Garonne et aperçut dans son corps un magnifique réseau de trachées : il n'y avait plus de doute, c'était une larve d'Insecte. Mais en quoi se transformait-elle, il n'en savait rien. C'est M. Vayssière qui, en 1878, obtint un animal ailé, une *subimago* (fig. 163) qui correspond à la nymphe de l'Éphémère. Mais en quoi se transforme la subimago ? Cherchez-le...

Larves de Libellules. — Lorsque nous nous sommes occupé des Coléoptères, nous avons signalé un bandit toujours inassouvi : c'était le Dytique. Nous avons maintenant à nous occuper d'un autre, non moins féroce, la larve des LIBELLULES.

C'est un vilain animal. Le corps, de couleur terne, massif, se termine par une grosse tête pourvue de deux gros yeux. Sur le dos, on remarque deux sortes d'ailes rudimentaires, rigides. Sur la face ventrale, il y a trois paires de pattes, ne présentant rien de particulier. Le corps se termine en arrière par une sorte de pyramide, formée par la réunion de plusieurs épines, qui de temps à autre s'éloignent l'une de l'autre comme les pétales d'une fleur qui s'épanouit. En examinant une larve au repos, on peut voir s'établir autour de cette extrémité des courants d'eau très rapides ; c'est en effet dans cette région que la larve respire. Les épines sont généralement au nombre de trois ; on voit entre elles un orifice par lequel sortent des excréments ; c'est évidemment l'anus. Si, sur un animal mort, nous fendons la cavité à laquelle ce dernier donne accès, nous tombons dans une vaste poche à parois feutrées ; cette poche rectale est tapissée d'une grande quantité de branchies trachéales (fig. 164). On comprend dès lors comment peut s'opérer la respiration. Le rectum se dilate, l'eau entre, baigne les branchies ; puis le rectum se contracte et chasse l'eau qu'il contient. Et ainsi, par la contraction et le relâchement successifs de la poche rectale, l'eau est

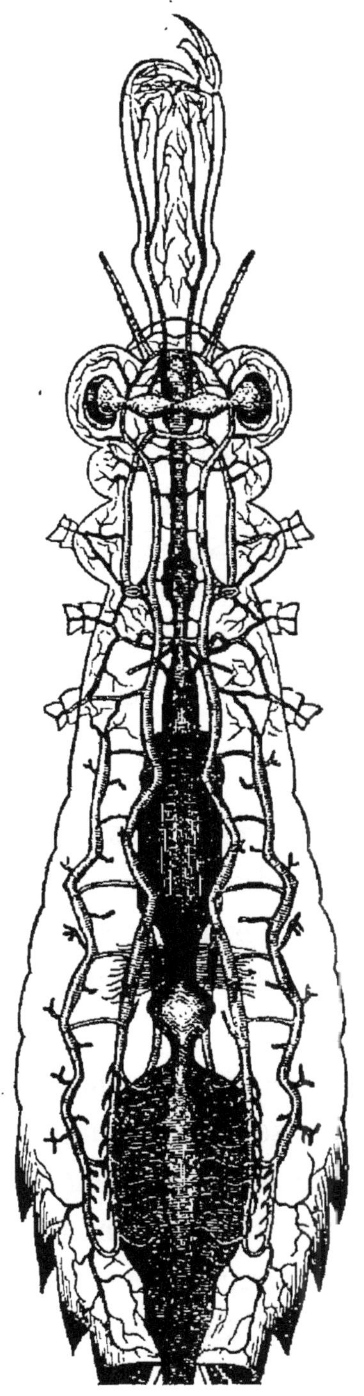

FIG. 161. — Appareil respiratoire de la larve de Libellule.

sans cesse renouvelée, condition essentielle à la respiration [1]. Le même organe sert aussi à la locomotion ; lorsqu'on cherche à prendre une larve, celle-ci contracte brusquement sa poche et expulse l'eau qu'elle contient ; comme dans cet appareil appelé *tourniquet hydraulique*, il se produit un mouvement en sens inverse de l'orifice, mouvement qui projette la bête en avant.

Un autre appareil particulier que nous offre la larve de libellule est le *masque* (fig. 165), c'est-à-dire la pièce buccale connue sous le nom de *lèvre inférieure*, mais ici profondément modifiée. Il se trouve au-dessous de la tête et il est presque impossible de l'apercevoir quand l'animal est au repos, posé sur

[1] Certaines espèces respirent en outre par des branchies trachéales externes.

une plante ; c'est qu'à ce moment le masque est
replié deux fois sur lui-même. En se servant d'une
pince, on peut le déployer ; on voit alors qu'il est fort
long et composé de deux parties principales articulées
l'une sur l'autre : c'est d'abord une sorte de mandrin
étroit qui s'insère à la base de la bouche et c'est ensuite une partie qui va en s'évasant progressivement et
se termine enfin par deux sortes de mâchoires aiguës

Fig. 165. — Larve de Libellule s'emparant d'une
larve d'Éphémère.

rabattues l'une sur l'autre. La larve, grâce à sa couleur
terne, passe souvent inaperçue quand elle repose sur la
vase ou sur les plantes aquatiques ; les petits animaux
aquatiques se laissent tromper à cette apparence, ils
nagent autour de la larve qui, sans en avoir l'air, guette
sa proie. Aussi quand un têtard, par exemple, passe à sa
portée, le masque, d'abord caché, se déploie, happe le
têtard, se replie et amène ce dernier à la bouche qui ne
tarde pas à l'engloutir. Tout cela en un clin d'œil,
en moins de temps qu'il ne le faut pour le dire.

Transformation des larves en Libellules. — Un autre
spectacle aussi bien intéressant est celui qui montre
comment la larve donne naissance à une Libellule

(fig. 166). On lira sans doute avec plaisir le passage
suivant que nous emprutons à Réaumur.

« J'en ai eu de la même espèce qui se sont métamorphosées une heure ou deux après être sorties de l'eau, et
d'autres qui ont passé un jour entier avant que de prendre une nouvelle forme. L'opération est de quelque durée : ceux qui la verront commencer ne la quitteront
pas avant qu'elle soit finie. On ne peut pas se lasser à
l'attendre, on peut lire, pour ainsi dire, dans les yeux
de la nymphe, si elle est prête à se transformer, si elle
ne tardera pas plus d'un quart d'heure ou d'une demi-
heure ; les siens, qui jusque-là ont été ternes et opaques,
deviennent brillants et transparents. Cet état, qui n'est
pas propre aux cornées de la nymphe, est dû à celles de
la Demoiselle, qui sont alors appliquées immédiatement
sous les autres, et qui ont acquis tout le luisant qu'elles
doivent avoir dans la suite : c'est de quoi je me suis
assuré en enlevant les cornées à des nymphes, après
qu'elles avaient semblé être devenues transparentes ;
j'ai trouvé sous chacune une œil de la Demoiselle, auquel
il ne manquait rien. Enfin si l'on veut se procurer le
plaisir de voir et de revoir ce qui se passe pendant la
transformation de ces nymphes, on se fournira au printemps, comme je l'ai fait, d'un bon nombre de celles de
quelques espèces que l'on jettera dans un bassin, ou que
l'on tiendra dans des baquets pleins d'eau. Quand des
dépouilles trouvées aux environs auront appris qu'il y
a eu des nymphes qui se sont métamorphosées, on examinera à différentes heures du jour les bords de l'eau
où l'on tient les autres et l'on prendra celles qui se sont

FIG. 166. — Les Libellules. Eclosion d'une Libellule. — Ponte aquatique
de la Demoiselle fiancée.

rendues sur ces bords : elles y restent ordinairement quelque temps pour se ressuyer et se sécher parfaitement, avant que de songer à aller plus loin. La nymphe après être restée au bord de l'eau d'où elle est sortie, autant de temps qu'il lui en a fallu pour se bien sécher, se met en marche, et cherche un lieu où les manœuvres qui doivent opérer le grand changement auquel elle se prépare, se puissent faire commodément : souvent elle se détermine pour une plante sur laquelle elle grimpe ; après l'avoir parcourue, elle se fixe, soit contre la tige, soit contre une branche, soit même contre une feuille, quelquefois elle s'attache à un brin de bois sec ; mais elle se place toujours la tête en haut, il lui est essentiel d'être dans cette position. Ce qui ne lui est pas moins nécessaire, c'est de se cramponner de manière que des efforts assez considérables ne soient pas capables de la faire changer de place. Elle y parvient sans peine et sans industrie, car elle n'a plus qu'à presser le haut de ses pieds contre le corps sur lequel elle veut s'arrêter : chaque pied est terminé par deux crochets raides, et dont la pointe est si fine, qu'elle pénètre dans des plantes, dans du bois, etc., qu'elle ne fait presque que toucher. J'ai souvent décroché des fourreaux d'où des Demoiselles s'étaient tirées, et j'ai admiré ensuite la facilité avec laquelle je les accrochais solidement contre les corps sur lesquels je les posais sans les presser sensiblement. Pour être en état de répéter mes observations avec facilité, j'ai eu à la fois pendant plusieurs jours à la campagne un grand nombre de nymphes fixées dans un lieu où il m'était aisé de les voir toutes d'un coup d'œil. Une des pièces d'une tapisserie de toile peinte d'une chambre très bien éclairée, et la pièce qui était dans le plus beau jour, en étant très garnie, on apportait sur cette pièce toutes les Nymphes qu'on avait prises hors de l'eau ; elles s'y trouvaient bien, et la plupart se cramponnaient à des racines, assez près de l'endroit où on les avait placées : aussi y avait-il peu d'heures dans le jour, où cette pièce de tapisserie me fournit un spectacle amusant et varié. Pour l'essentiel, la métamorphose de ces nymphes en demoiselles n'a rien de différent de celle des chrysalides en papillons, et de celles de différentes autres nymphes en mouches, soit à deux, soit à quatre ailes : dans toutes c'est toujours un animal qui quitte une dépouille sous laquelle étaient cachées, et hors d'état de se développer, des parties qui, quand elles sont mises au jour, le font paraître tout autre qu'il n'était auparavant. La métamorphose dont il s'agit à présent a pourtant ses particularités que nous allons détailler. La nymphe qui s'est fixée, et dont les cornées paraissent beaucoup plus transparentes qu'elles ne l'avaient paru jusque-là, se tient tranquille : les mouvements par lesquels la transformation est préparée, se passent dans son intérieur : le premier effet sensible qu'ils produisent, est de faire fendre en dessus la partie du fourreau qui couvre le corselet : par la fente qui s'est faite, on voit une portion du corselet de la dépouille, cette portion qui s'élève bientôt au-dessus des bords de la fente, se gonfle et fait ainsi l'office de coin pour l'obliger à devenir plus longue. Elle gagne l'extrémité antérieure du corselet,

elle touche ensuite au col, enfin elle avance jusque
sur le crâne, à la hauteur des yeux : là se voit une
seconde fente dont la direction est perpendiculaire à
celle de la première, elle va vers l'une et l'autre cornée,
et s'étend jusqu'au centre de chacune, et par delà. Pour
faire cette dernière fente, et la partie de l'autre qui se
trouve sur le crâne, il a été accordé à la Demoiselle
prête à naître, de pouvoir gonfler la tête : cette tête qui,
quand elle sera devenue dure et écailleuse, aura une
forme constante, peut, alors qu'elle est encore molle, en
prendre successivement de différentes, se gonfler et se
contracter, comme si elle était membraneuse. A mesure
que la fente du fourreau qui est au-dessus du corselet
s'agrandit, une plus grande portion de celui-ci devient
à découvert et s'élève ; et, dès que cette fente est par-
venue jusqu'à l'endroit du crâne où elle doit aller, et
que la fente transversale qui s'étend jusqu'aux cornées,
a été faite, la tête de la Demoiselle trop pressée auparavant est plus à l'aise, et en état de se dégager : elle se
tire un peu en arrière, et sort de la dépouille ; elle
s'élève au-dessus des bords d'une fente assez grande
pour la laisser passer. La tête de la Mouche est si grosse
alors, qu'on a peine à concevoir qu'elle ait pu être
contenue quelques instants auparavant sous le crâne de
la dépouille. La partie antérieure de la Mouche, dans
laquelle je comprends sa tête et son corselet, est donc
à découvert et à l'air, au-dessus du fourreau, hors
duquel elle se tire de plus en plus ; les jambes qui tiennent au corselet ne tardent pas à commencer à se montrer, à sortir en partie de leurs étuis, qui sont ces

jambes que la nymphe a si bien cramponnées contre quelque corps solide : pour dégager encore davantage celles
qui lui sont propres, la Mouche naissante renverse en
arrière la partie qui est hors du fourreau. Pendant que
les jambes se dégagent, on peut observer de chaque
côté deux cordons blancs attachés chacun par un bout
à la partie de la dépouille qui couvrait auparavant le
corselet : ces quatre cordons sont les quatre gros troncs
de trachées de la nymphe, dont nous avons eu occasion
de parler, ils ne doivent pas servir à la Demoiselle, ils
sortent de son intérieur par les quatre stigmates de son
corselet. A mesure qu'elle s'élève davantage sur sa
dépouille, la posture de chaque trachée qui paraît hors
de son corps, et qui en est sortie, devient plus longue ;
mais pour faire sortir une plus longue posture de ces
trachées devenues inutiles et surtout pour achever de
tirer ses jambes de leurs étuis, la Demoiselle pousse le
renversement en arrière bien plus loin qu'elle n'avait
fait, elle se renverse à un tel point qu'elle se trouve
avoir la tête pendante en bas ; elle n'est alors soutenue
que par ses derniers anneaux qui sont restés dans la
dépouille, ils forment une espèce de crochet qui l'empêche de tomber. »

Elle continue à s'agiter, puis, cessant tout mouvement,
elle reste immobile, comme morte. Cet arrêt est destiné
à lui permettre de se reposer, en même temps que ses
tissus deviennent plus rigides.

« Dans son état de faiblesse apparent, ou plutôt de
tranquillité, son corps étant un peu contourné, étant
concave du côté du dos et convexe du côté du ventre,

elle lui donna une courbure directement contraire, elle se rendit concave du côté du ventre ; elle se recourba ensuite davantage dans le même sens, et si subitement, qu'elle sembla faire une espèce de saut qui mit sa tête à la hauteur de la partie du fourreau dans laquelle elle avait été logée ; ses jambes se trouvaient au-dessus de la grande ouverture ; bientôt leurs crochets saisirent la partie antérieure du fourreau et s'y cramponnèrent. Il est donc essentiel que cette manœuvre ne se fasse qu'après que les crochets ont pris de la raideur. Il fut aisé alors à la Demoiselle d'achever de tirer la partie postérieure de son corps, de la dépouille dans laquelle elle était restée jusque-là ; elle augmenta la courbure du corps, elle le plia presque en deux, et par ce dernier mouvement, elle en conduisit le bout jusqu'à l'ouverture par laquelle elle tarda peu à le faire sortir : elle étendit ensuite son corps à peu près en ligne droite, et elle se trouva dans une attitude plus naturelle. »

La Demoiselle est née, mais que nous sommes loin encore de l'élégant insecte que tout le monde connaît, celui dont Victor Hugo a dit :

> La frisonnante libellule
> Mire les globes de ses yeux,
> Dans l'étang splendide où pullule
> Tout un monde mystérieux.

Elle reste accrochée sur la dépouille, ou bien, en s'aidant de ses pattes, va se placer à un autre endroit. Ce qui frappe surtout, c'est que les ailes sont extrêmement petites, épaisses. « On a peine à imaginer comment chacune de ces ailes pourra parvenir à acquérir l'ampleur qui lui convient, comment elle pourra s'élargir et s'allonger suffisamment. Ce qu'elles ont de trop en épaisseur, fournira au volume qu'elles prendront dans les deux autres dimensions ; elles sont plissées comme le papier d'un éventail, ou comme une feuille d'arbre prête à se développer, et c'est ce qui les rend si étroites ; mais ce qui les rend courtes, c'est que chacune de leurs parties longitudinales est pliée comme des lanternes de papier. »

Les ailes se déploient lentement et au bout d'un quart d'heure, elles ont acquis toute leur ampleur : la Demoiselle s'envole.

Fig. 167. — Sialis de la vase. Adulte. Œufs et larves.

Sialis de la vase. — On rencontre souvent, sous les feuilles des roseaux ou des iris, des œufs rangés par plaques avec une régularité remarquable : ce sont des œufs de Sialis de la vase (fig. 167 et 168). Les larves qui en sortent se rendent dans l'eau, où elles se livrent à la chasse des petites bêtes. La tête est assez grande ;

l'abdomen, mou, porte latéralement des branchies trachéennes qui servent à la fois à la respiration et à la
natation. Ces larves sont brunes, et marquées de taches
claires. Elles sortent de l'eau pour se transformer en
insectes parfaits.

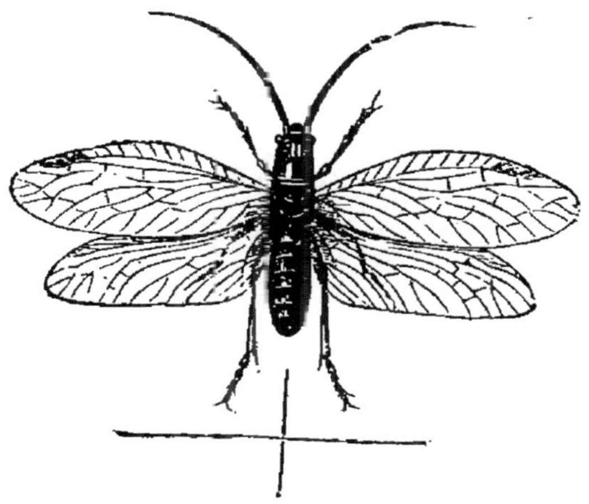

FIG. 168. — Sialis de la vase.

Phryganes. — Les derniers Insectes que nous ayons
à examiner, les Phryganes, sont extrêmement intéressants ; il faut être prévenu de leur présence, sans quoi
on risquerait de ne point les apercevoir dans le troubleau
qui les a pêchés.

Les larves de PHRYGANES (fig. 169) se construisent
en effet un nid qui les enveloppe complètement et les
cache à la vue. Ce nid est une sorte de fourreau cylindrique ouvert à ses deux extrémités ; nous représentons divers spécimens de nids de Phryganes (fig. 170) ;
les matières employées sont extrêmement variables.
Mais il ne faudrait pas croire que chacun d'eux correspond à une espèce spéciale. Non, les différences entre
les fourreaux tiennent simplement aux matières que la

larve a eues sous la main (si l'on peut s'exprimer ainsi)
pour les construire. Généralement ce sont des petites
bûchettes de bois d'une régularité remarquable [1] et dis-

FIG. 169. — Phryganes. Adultes et fourreaux de larves.

posées transversalement en laissant au centre un espace
cylindrique tapissé par de la soie. D'autres fois, ce sont
de simples brindilles de plantes, des fragments de végétaux verts, de vase, de cailloux, de coquilles, de petites planorbes, de feuilles mortes, etc. Une mention
spéciale doit être faite pour une coque délicate, en
forme de coquille, qui a été trouvée à Tenesse. Le plus

---

[1] On n'a pas étudié complètement la manière dont les larves
édifient leur fourreau; ce serait un travail bien intéressant à faire
pour qui a des loisirs.

souvent le fourreau est entièrement libre dans l'eau ;

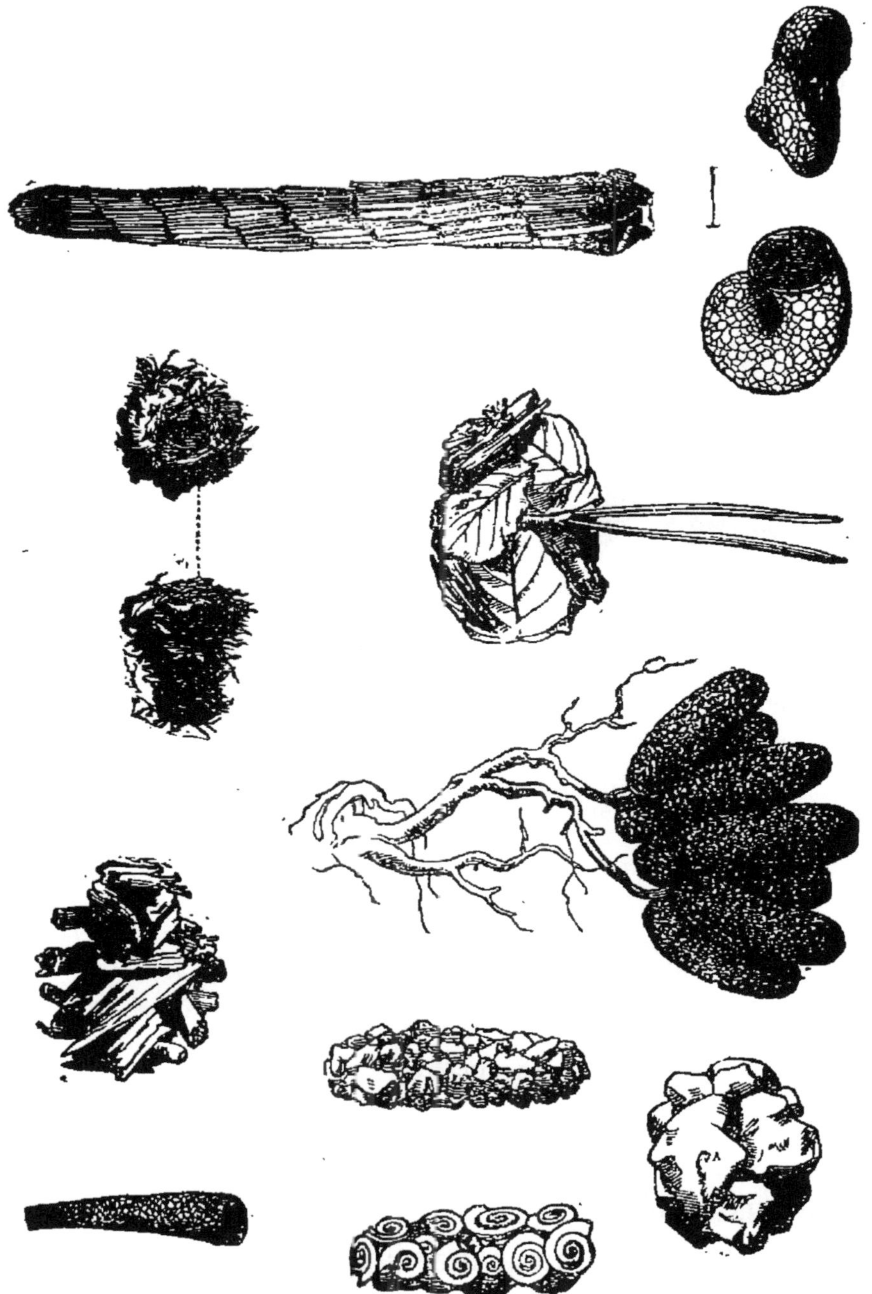

FIG. 701. — Divers fourreaux de Phryganides.

ce n'est qu'exceptionnellement qu'il est fixé à quelque

plante aquatique (fig. 171). A l'état de repos, la larve
y est complètement cachée; mais, lorsqu'elle veut se
déplacer, on voit sortir, d'une extrémité, la tête et les

FIG. 171. — Fourreau fixé
de la larve de la Phrygane
rhombifère.

FIG. 172. — Phrygane rhombifère,
au vol.

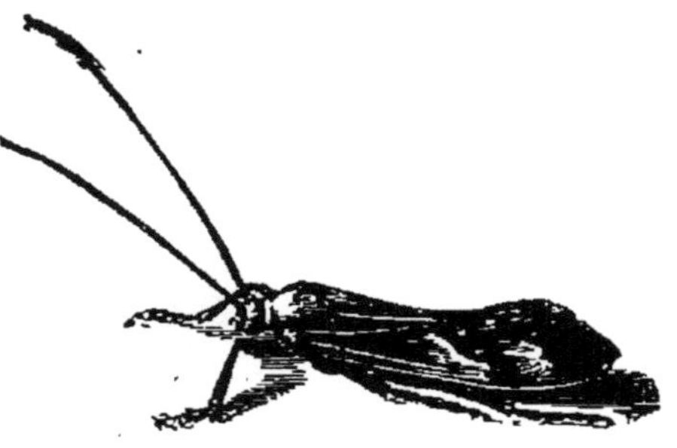

FIG. 173. — Phrygane rhombifère,
au repos.

FIG. 174. — Larve de Phrygane dégagée du fourreau.

FIG. 175. — Nymphe de
Phrygane, dégagée du
fourreau.

anneaux antérieurs munis de pattes. En arrière, elle
est solidement cramponnée au nid par des crochets.
Mais vient-on à l'effrayer, elle rentre immédiatement,
dans son fourreau et disparaît à la vue. Si au contraire
on la laisse tranquille, on la voit se promener en man-

geant des plantes et en traînant lourdement son fourreau derrière elle.

Pour l'examiner en détail, il faut l'extraire du nid et
cela n'est pas très facile. On y arrive cependant en faisant pénétrer par l'arrière du fourreau la tête d'une
épingle, que l'on pousse petit à petit. La larve agacée
finit par sortir (fig. 174); on voit, dans ces conditions,
que tout son abdomen est recouvert de sortes de poils
blancs très jolis qui, sous la loupe, se montrent contenir des trachées : ce sont des branchies trachéennes
dont nous avons vu tant d'exemples chez les larves des
Névroptères. La larve, une fois sortie, marche avec assez
de rapidité ; mais, dès qu'elle a retrouvé son nid, elle
y pénètre par l'avant, puis fait volte face et se trouve
ainsi revenue à sa position originelle. Mais, si on ne lui
donne pas de nid, elle s'en refabrique généralement un
autre.

Quand le moment de la nymphose est arrivé, la
larve fixe son fourreau à une plante aquatique. A son
intérieur, elle se transforme progressivement en une
nymphe d'un blanc jaunâtre, ornée sur ses quatre derniers segments d'une strie latérale noire (fig. 175).
Auparavant, elle a bouché les deux extrémités du
fourreau avec de la soie.

Au printemps la nymphe s'agite, perce son cocon,
et sort dans l'eau. En nageant sur le dos, à la façon des
Notonectes, elle se rend à l'air sur une plante aquatique, puis elle se fend pour mettre en liberté l'insecte
parfait (fig. 172 et 173).

CHAPITRE XVI

LES ARACHNIDES

Argyronète. — Habitat. — Cloche à plongeur. — Une boule d'argent. — Construction merveilleuse de la cloche. — Sorte d'aérostat. — Cloche du mâle. — Canal de communication. — Jeunes Argyronètes. — En hiver. — Acariens. — Atax. — Arrénures. — Hydrachnes. — Larves à trois pattes.

Argyronète. — Les Araignées paraissent avoir un profond dédain pour l'eau : on n'en trouve qu'une seule espèce aquatique, mais celle-ci est si intéressante et si curieuse, qu'elle rachète largement par ses singularités l'absence de ses sœurs dans notre aquarium.

C'est l'ARGYRONÈTE (fig. 176); examinée en elle-même, elle ne présente rien de bien spécial que nous ne rencontrions pas chez les Araignées terrestres. Son corps est divisé en deux parties, l'une antérieure, le céphalo-thorax, l'autre postérieure, l'abdomen. La première porte quatre paires de pattes. La couleur générale est terne, elle varie du brun au noir. Sur la tête il y a huit yeux très petits (fig. 177). Enfin tout le corps est revêtu d'un velouté de poils très fins et très serrés. L'Argyronète se rencontre dans l'Europe centrale ; en France, on la trouve surtout dans le Nord ; elle est rare aux environs de Paris. Ses mœurs ont été étudiées avec soin par l'abbé de Lignac (1748) et par M. Félix Plateau (1867), l'ingénieux naturaliste de Gand.

Les Argyronètes semblent préférer les eaux sta--

gnantes ou à faible courant, contenant surtout des
plantes aquatiques. Dans ces endroits, elles habitent
une demeure des plus curieuses et que l'on ne peut se

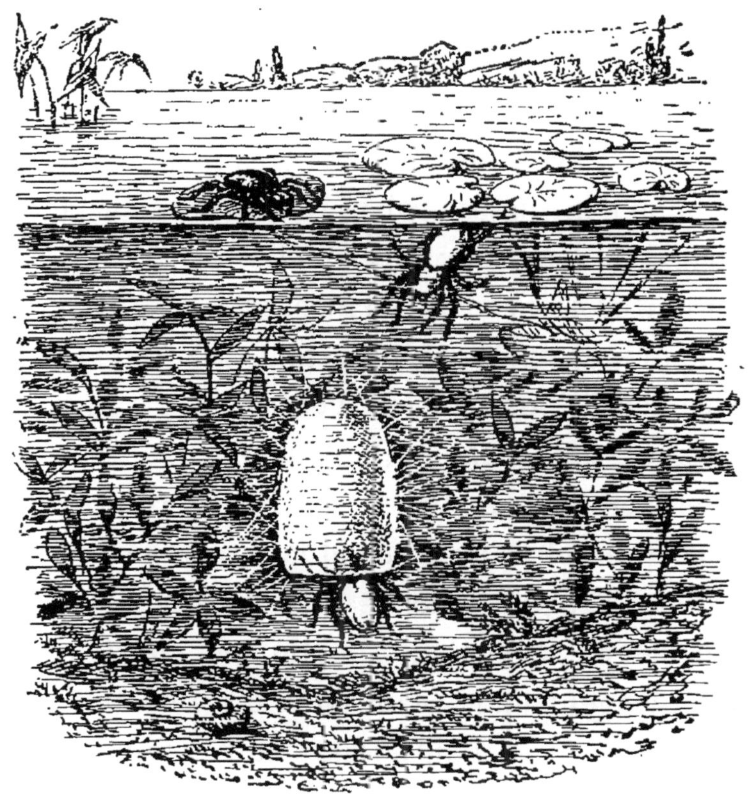

Fig. 176. — L'Argyronète et sa cloche à plongeur.

lasser d'admirer : c'est une véritable cloche à plongeur.
Sa forme est absolument comparable à celle d'un dé à
coudre, mais d'une délicatesse sans égale. Elle est
tout entière tissée avec des fils de soie qui s'entre-
croisent dans tous les sens en formant un feutrage épais
très résistant. La cloche, plongée entièrement dans l'eau,
l'orifice tourné vers le bas, est remplie d'air. Elle est
d'ailleurs fixée dans cette position par de nombreux fils

qui la relient aux plantes voisines. C'est dans la cavité
pleine d'air que vit l'Argyronète en temps de repos.
Quand la faim se fait sentir, elle sort de son repaire et
se met à nager dans l'eau avec une grande prestesse :
elle offre alors un aspect très curieux, celui d'une boule
d'argent. Cela est dû à ce que le corps est recouvert,
comme nous l'avons dit, de poils très fins qui retiennent
une couche d'air assez épaisse. L'Argyronète nage donc
ou vient à la surface : dès qu'elle a
aperçu une proie à sa convenance, elle
s'en empare et va la dévorer tout à
son aise soit à l'air, soit en l'entraînant dans sa cloche. Quelquefois

Fig. 177. — Dis-
position des yeux
des Argyronètes.

même, elle la fixe à l'intérieur de cette dernière pour ne
la dévorer que plus tard, quand la disette se fera sentir.

Comment l'Argyronète a-t-elle construit sa singulière demeure, comment a-t-elle pu construire une
cloche à plongeur dans l'eau, alors que l'homme ne peut
la construire qu'à l'air? Dans notre aquarium nous
pouvons en suivre pas à pas la formation en ayant soin
de placer diverses plantes aquatiques. M. Félix Plateau
a fort bien décrit les diverses phases de la construction
de la cloche. Voici ce que nous dit Brehm :

« Lorsque cette Araignée veut bâtir le nid qu'elle
habite ordinairement et qui est situé à une certaine distance au-dessous de la surface de l'eau, elle rapproche
et maintient, à l'aide de fils, un certain nombre de
feuilles ou de tiges délicates de plantes aquatiques,
puis tisse un réseau d'une ténuité infinie disposé de
façon que tous les fils se croisent en un même point.

Cela fait, elle s'élève à la surface de l'eau, relève son abdomen dont la pointe émerge à l'air, écarte ses filières et replonge rapidement. De cette façon elle entraîne, indépendamment du revêtement argenté de son abdomen, une vésicule plus ou moins grosse, remplie d'air, et fixée à l'extrémité de son corps. Elle nage, ainsi accoutrée, jusqu'à l'endroit qu'elle a choisi préalablement pour y établir sa résidence, et là, à l'aide de ses tarses postérieurs, elle détache une bulle d'air qui va se loger sous sa toile et la soulever légèrement. Elle recommence son manège, lâche une deuxième bulle qui se réunit à la première, et ainsi peu à peu se constitue une sorte de cloche à plongeur, de la grosseur d'une noisette et dont l'orifice est situé en bas. Les fils qui maintiennent ce nid pendant qu'il s'accroît sont habilement disposés de façon à empêcher l'eau de pénétrer dans les vésicules dont l'air s'échapperait sans cela sous forme de perles qui viendraient éclater à la surface ; d'ailleurs, lorsqu'il a atteint 1 centimètre et demi de diamètre, l'Araignée le couvre de fils de plus en plus serrés. Cette cloche en miniature adhère aux herbes voisines par un nombre considérable de fils, comme les liens multiples qui retiennent un aérostat, jusqu'au moment où on lui permet de s'élancer dans les nuages ; eux aussi, ils empêchent que l'air amassé n'enlève leur demeure. »

En captivité, les Argyronètes font souvent leur nid dans un des coins de l'aquarium.

Contrairement à ce qui a lieu chez les autres Arachnides, le mâle est plus fort que la femelle. Au moment de la reproduction, le mâle vient tisser une cloche à côté de celle de la femelle et relie les deux par un tunnel creux.

« La femelle, dit Brehm, pond deux fois par an : au printemps, dans les mois de mai et de juin ; en été, dans le mois d'août ; elle construit alors, pour abriter ses œufs, une nouvelle demeure, le nid proprement dit, dont le sommet fait toujours saillie au-dessus de la surface de l'eau. C'est une sorte de cloche, très solidement construite, à tissu très résistant, divisée en deux chambres ; la supérieure contient les œufs, l'inférieure tient lieu d'habitation temporaire à la mère qui veille avec une vigilance admirable, prête à défendre ses œufs et ses jeunes. De Troisvilles observa que les jeunes Araignées commencèrent à éclore le 3 juin, et s'élevèrent jusqu'à l'air qu'elles aspirèrent. Plusieurs d'entre elles se préparèrent de petites cloches le long d'une plante qui se trouvait dans leur bassin ; mais elles n'en continuaient pas moins à aller et venir dans leur nid originel. Quelques-unes se jetèrent sur la dépouille d'une larve de Libellule qu'elles mirent en pièces comme des chiens affamés déchirent un morceau de viande. Le cinquième jour, elles effectuèrent leur mue et l'eau fut recouverte de leurs dépouilles. »

En hiver, l'Argyronète ferme l'ouverture de la cloche et reste ainsi sans bouger pour passer la mauvaise saison. D'autres fois, elle s'installe dans une coquille vide d'un Gastéropode dont elle bouche l'ouverture avec de la soie.

Acariens. — Parmi les Arachnides, les Araignées constituent le groupe des *Aranéides*. Dans notre aquarium nous aurons souvent l'occasion d'étudier un autre groupe, celui des *Acariens*. Tandis que chez les premiers le corps est divisé en deux parties distinctes, chez les Acariens, la même division n'existe pas : le corps est tout d'une venue ; sa taille est d'ailleurs très petite. Généralement, ils se présentent sous la forme de petites boules d'un rouge très vif ou plus rarement d'un vert sale. A l'état adulte, ils possèdent quatre paires de pattes et nagent dans l'eau avec une grande agilité. Il y a trois types principaux que l'on rencontrera fréquemment : les *Atax*, les *Arrénures* et les *Hydrachnes*.

Les ATAX (fig. 178) ont un corps ovoïde, des yeux très écartés, un ventre court et des palpes très longs.

FIG. 178. — Atax à pieds épineux.

Les ARRÉNURES ont un corps assez bombé, aplati à la face ventrale, rétréci à son extrémité postérieure et portent sur le dos une croix blanche à plusieurs branches ; les palpes se terminent en massue.

Les HYDRACHNES ont un corps bariolé, une taille assez grande, et des palpes munis d'un appendice en forme de griffe.

Leurs œufs sont pondus sur des plantes aquatiques. Les petites larves qui en sortent ne possèdent que trois paires de pattes. En nageant, elles vont se fixer sur un Coléoptère ou sur un Hémiptère aquatiques et vivent sur lui en parasite. Puis, à un certain moment, elles abandonnent leur hôte, muent et tombent au fond de l'eau, dans la vase où elles restent immobiles. Enfin, elles subissent une dernière mue et sortent munies de quatre paires de pattes.

CHAPITRE XVII

LES MOLLUSQUES

Utilité des Acéphales pour l'aquarium. — Anodonte des étangs. — Comment on enlève la coquille. — Description de l'animal. — Respiration. — Pourquoi Anodonte des canards ? — Curieuse reproduction. — Glochidium. — Mulette des peintres. — Mulette perlière. — Cyclas. — Dreissena — Ses tribulations — Prosobranches. — Paludine vivipare. — Lymnée des étangs. — Sa locomotion. — Planorbes. — Vitrine.

Les Mollusques se divisent en trois groupes principaux : les Acéphales, les Gastéropodes et les Céphalopodes. De ces trois groupes, le dernier seul fait défaut dans nos eaux douces ; mais les deux premiers y sont fort bien représentés.

Les Acéphales, que nous étudierons d'abord, vivent très bien dans les aquariums. Ils y sont même des hôtes précieux, car ils jouissent de la propriété d'*épurer* l'eau avec une grande rapidité ; nous verrons plus loin à quoi cela est dû.

Anodonte. — L'Anodonte des étangs (*Anodonta cygnea*) (fig. 179), une des espèces d'Acéphales les plus communes, se fait remarquer par sa grande taille qui parfois atteint 15 centimètres de longueur.

On la trouve dans les rivières parcourues par un

très faible courant, presque complètement enfouie dans la vase : on ne voit guère sortir que le bord de la coquille et le siphon.

Pour les pêcher, on pourra traîner le troubleau au hasard dans la vase. Un meilleur procédé consiste à regarder attentivement le bord ; on ne tardera pas à voir des Anodontes entre-bâillées. Si l'eau n'est pas très profonde, on les prendra avec la main ou en retournant la vase avec une bêche. Si l'eau est trop profonde pour en permettre l'accès, on prendra une baguette au saule le plus voisin ; ceci fait, on profite du moment où une Anodonte est entre-bâillée pour toucher son corps avec l'extrémité de la baguette. Aussitôt les valves se rabattent l'une sur l'autre, pincent la baguette que l'on n'a plus qu'à tirer délicatement pour entraîner l'Anodonte avec elle.

L'Anodonte, mise dans l'aquarium, ne tarde pas à entre-bâiller ses valves, en laissant voir le bord du manteau qui, en un point correspondant à la partie postérieure de l'animal, fait saillie au dehors et montre alors deux orifices, les siphons ; dans l'un, celui qui est le plus éloigné de la charnière, on voit de l'eau, chargée de particules étrangères, se précipiter avec force. Par l'autre, au contraire, on voit l'eau sortir. On voit aussi émerger du manteau un organe musculeux, contractile, servant à l'animal à se déplacer légèrement : c'est le pied.

Pour pouvoir étudier l'animal lui-même, il est nécessaire de l'extraire de sa coquille : ce n'est pas chose facile.

« Pour enlever la coquille à un animal vivant, voici

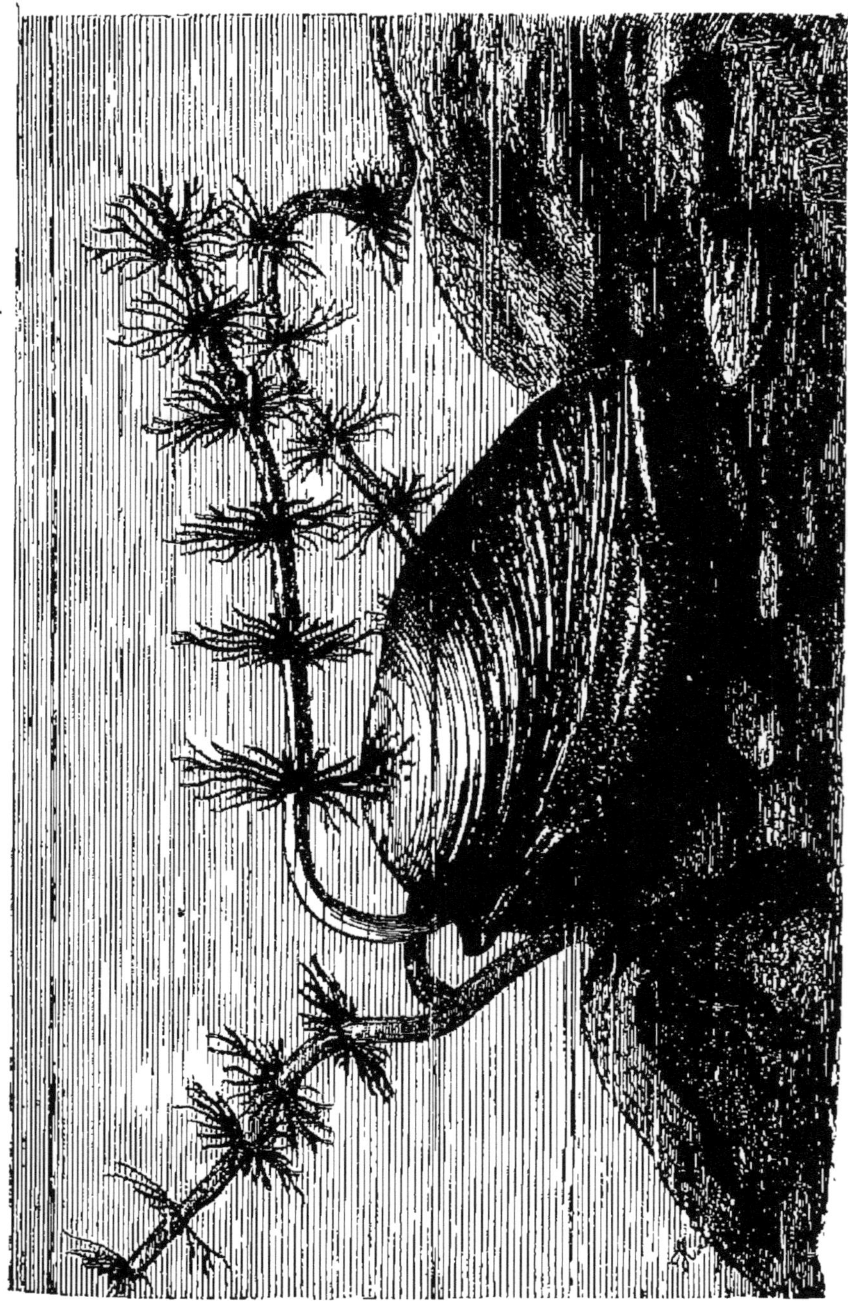

Fig. 179. — Anodonte des étangs.

comment on opère [1]. On cherche un point faible de

[1] H. Coupin, *Les Mollusques*, Paris, 1892.

l'entre-bâillement et l'on y introduit soit la lame d'un couteau, soit un morceau de bois taillé en biseau. L'objet étant ainsi introduit peu à peu, on lui fait opérer un mouvement de rotation autour de lui-même. Mais cette opération doit se faire très lentement, car la contraction des muscles est souvent assez grande pour briser la coquille. Si on attend patiemment, les muscles se fatiguent peu à peu et la coquille se laisse entre-bâiller. Lorsque l'ouverture a environ un demi-centi-mètre, on introduit entre les valves et le manteau le manche déplati d'un scapel. On rompt peu à peu les adhérences, puis on arrive sur les muscles que l'on détache en grattant à petits coups, comme si l'on voulait entrer dans la masse de la coquille. Lorsqu'un muscle est détaché, on passe à l'autre et l'opération ne présente plus rien de difficile. »

Dans ces conditions, le corps de l'animal se montre d'une mollesse excessive et enveloppé par une fine membrane à laquelle on a donné le nom de *manteau* (fig. 180). Celui-ci tapisse toute la coquille, mais tandis qu'il est soudé à lui-même dans la région de l'articulation de la coquille, c'est-à-dire dans la région dorsale, il est généralement libre au niveau de l'entre-bâillement de la coquille ; il se prolonge à la partie inférieure par un organe allongé et percé de deux canaux s'ouvrant librement à l'extérieur : c'est le *siphon*. Si l'on écarte les deux lames du manteau qui sont absolument symétriques, comme la coquille, on aperçoit le reste du corps de l'Acéphale. Tout au centre est une masse volumineuse dont le plan médian coïncide avec le plan de symétrie de l'animal : c'est la *masse viscérale*

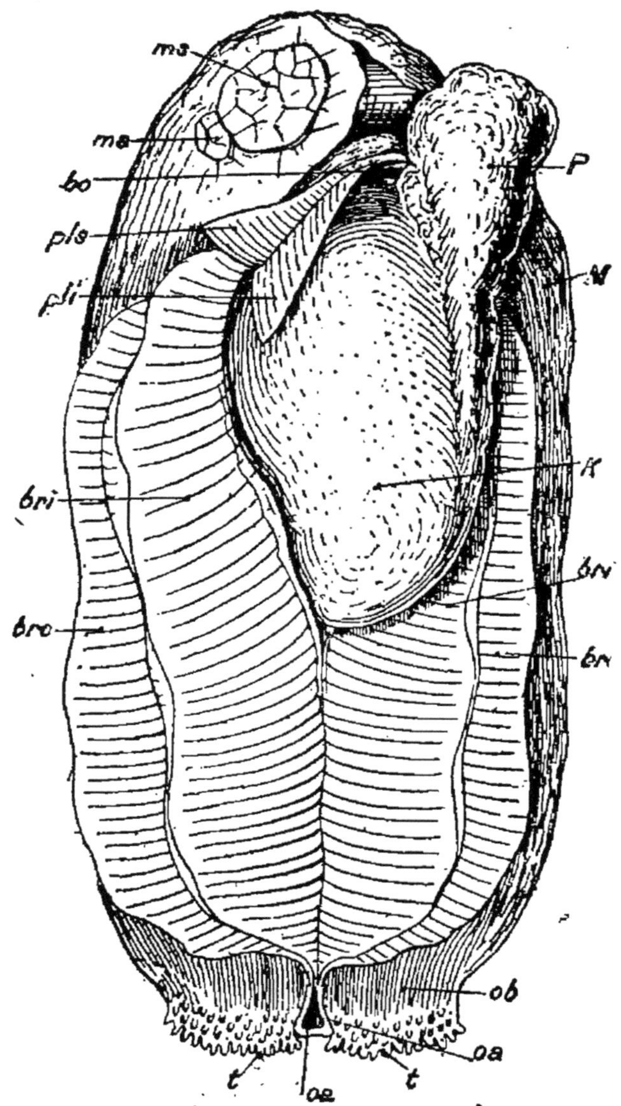

Fig. 180. — Anodonte des étangs. Animal extrait de la coquille et étalé : *ms*, muscle supérieur ; *bo*, bouche ; *pls*, palpes labiaux ; *bre*, branchie externe, *bri*, branchie interne ; *t*, siphon ; *oa*, orifice cloacal ; *ob*, orifice branchial ; K, masse viscérale ; M, manteau ; P, pied. (D'après P. Girod.)

qui porte en l'un de ses points le *pied*, organe musculeux plus ou moins turgide. En outre, entre le manteau et la masse viscérale, à droite comme à gauche, on aperçoit deux lamelles à aspect pectiné qui ne sont autres que des *branchies*. Toutes ces parties sont réunies suivant une même ligne qui correspond au dos de l'animal, tandis qu'elles sont libres du côté ventral. On voit donc que le corps de l'Anodonte peut être comparé à un livre de sept feuillets. La couverture du livre est la coquille. Le premier feuillet est un lobe du manteau ; le deuxième, la première branchie ; le troisième, la seconde branchie ; le quatrième, la masse viscérale ; le cinquième, une branchie ; le sixième, une autre branchie, et le septième un lobe du manteau.

Ainsi constitué, le corps est traversé de part en part par deux muscles dont chaque extrémité va s'insérer sur chacune des valves. L'anus est situé au-dessous du muscle inférieur. La bouche est placée au-dessous du muscle supérieur, entre lui et la masse viscérale : c'est un simple orifice entouré de quelques palpes labiaux. On ne voit aucune formation qui rappelle ce que l'on désigne sous le nom de *tête* chez les autres animaux, c'est-à-dire un appareil contenant les ganglions dits cérébraux et portant les organes des sens ; c'est de ce fait que vient le nom d'*Acéphale*.

Comment respire l'Anodonte ? Les branchies[1] sont recouvertes de nombreux cils vibratiles, qui, par leur mouvement entraînent l'eau par le siphon ventral, jusque dans

---

[1] Pour ce qui concerne l'anatomie intime de l'Anodonte, nous renvoyons le lecteur à notre ouvrage sur les Mollusques (*loc. cit.*) et à P. Girod, *Manipulations de zoologie, Invertébrés*, Paris, 1889.

là cavité du manteau. Là, elle filtre à travers les pores des branchies, passe dans leur cavité et ressort par le siphon dorsal ; c'est grâce à ce mouvement continu de l'eau que la respiration peut s'effectuer. Quant aux particules qui n'ont pas pu passer dans les branchies, elles s'agglomèrent en amas granuleux par du mucus, ou bien elles sont entraînées jusqu'à la bouche où elles servent alors à la nutrition : c'est de cette façon que l'eau de l'aquarium est filtrée.

L'Anodonte ne possède pas d'yeux, mais elle est douée d'un sens du toucher très subtil ; à peine touche-t-on les bords de son manteau, qu'elle rétracte ses siphons et ferme complètement la coquille où on ne peut lui faire de mal. Il paraît cependant que les Canards peuvent manger l'animal, même quand il serre complètement ses valves ; ce serait de cette particularité que lui viendrait son nom vulgaire de *Coquillage des Canards*.

« Mes travaux, dit O. Schmidt, au sujet du développement des *Anodonta cygnea*, ont été effectués sur des spécimens provenant d'un petit ruisseau peu profond et vaseux, dans lequel j'ai pêché ces Lamellibranches pendant des semaines en compagnie de Canards. J'ai fréquemment surpris le moment où un Canard avait suffisamment écarté la coquille, en dépit de la faiblesse de son bec, pour se trouver en mesure de s'emparer de la chair du Lamellibranche et notamment de ses branchies bondées d'embryons. »

M. A. Locard[1] n'admet pas cette description.

[1] A. Locard, *Les Huîtres et les Mollusques comestibles*, Paris, 1890 (*Bibl. scientifique contemporaine*).

« A ces faits, dit-il, nous en aurions un bon nombre d'autres à opposer. Nous citerons particulièrement le petit lac du parc de la Tête-d'Or, sur lequel on voit flotter des centaines de Cygnes blancs ou noirs et des Canards de toutes les espèces ; dans ces mêmes eaux pullulent des quantités prodigieuses d'*Anodonta cygnœa*, *Locardi*, *macrostema*, etc., qui nous semblent vivre dans la meilleure harmonie avec tous les Palmipèdes de l'endroit. Il faut dire, à la vérité, qu'on donne à ces oiseaux une nourriture probablement suffisante, qui leur permet de faire fi d'un simple Mollusque. Il est probable que, s'ils n'avaient pas autre chose à se mettre dans le bec, ils courraient la chance de s'attaquer aux plus jeunes Anodontes. Quant aux qualificatifs de *cygnœa* ou d'*anatina*, donnés par Linné, ils peuvent plus ou moins bien représenter la forme de la coquille, ou simplement montrer qu'elle est dans les mêmes milieux. De même Rossmassler pense que ce nom provient du prolongement en forme de bec de l'extrémité postérieure de la coquille. »

La reproduction de l'Anodonte est bien curieuse. Les jeunes embryons, dans les premiers stades de leur développement, se logent dans les branchies de la mère. Là chaque petit embryon sécrète une coquille munie sur ses bords de deux ongles crochus. Une glande, le byssus, secrète un long cordon et des organes sensoriels apparaissent sur le bord du manteau Ces larves, que l'on désigne sous le nom de *Glochidium*, nagent dans l'eau en ouvrant et en fermant alternativement leur coquille. Elles vont ainsi se fixer sur les

branchies d'un poisson. Arrivés là, les tissus de l'hôte
prolifèrent autour d'elles et leur forment une sorte de

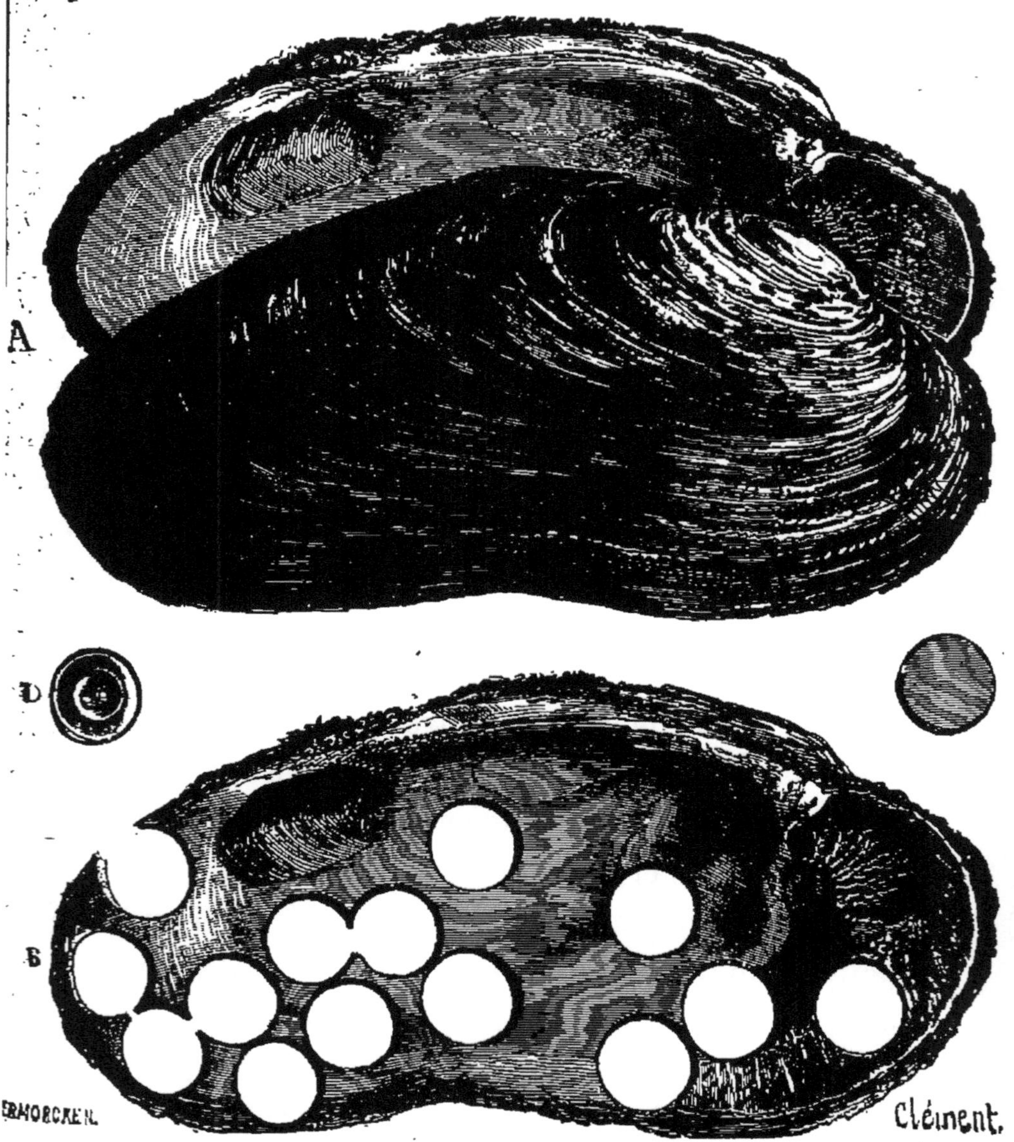

FIG. 181. — Unio sinué. Coquille entière et valve après son emploi
dans l'industrie pour la fabrication des boutons de nacre.

kyste à l'intérieur duquel s'accomplissent diverses
modifications. Le byssus disparaît, le voile fait de

même, le pied se développe, la coquille définitive se forme. Enfin le Glochidium se détache de son hôte et devient une Anodonte adulte. Donc, pour que l'Anodonte puisse se reproduire, il faut mettre des poissons dans l'aquarium ou dans l'étang.

Les Anodontes peuvent être mangées crues ou cuites comme des moules ; malheureusement elles ont souvent un goût de vase peu agréable.

Mulettes. — Les *Unios*, genre très voisin des Anodontes, sont fréquemment représentées dans nos cours d'eau par la MULETTE DES PEINTRES *(Unio pictorum)*. Son histoire est la même que celle de l'Anodonte.

Une autre espèce, fort intéressante, mais fort rare chez nous, est l'*Unio margaritifera*, la MULETTE PERLIÈRE ou Huître perlière d'eau douce : on la trouve surtout en Irlande, dans l'Oural, la Scandinavie, etc. Elle vit dans les ruisseaux peu calcaires.

La coquille de ces Mollusques atteint une grande épaisseur ; ils semblent en effet pouvoir vivre pendant quatre-vingts ans. On les recueille en grand nombre à cause des perles qu'elles peuvent renfermer et aussi pour l'emploi que l'on fait des coquilles pour fabriquer des boutons de nacre (fig. 181).

Cyclas. — Un troisième genre, bien commun, est le genre CYCLAS, dont nous représentons une espèce la *Cyclas rivicola* (fig. 182).

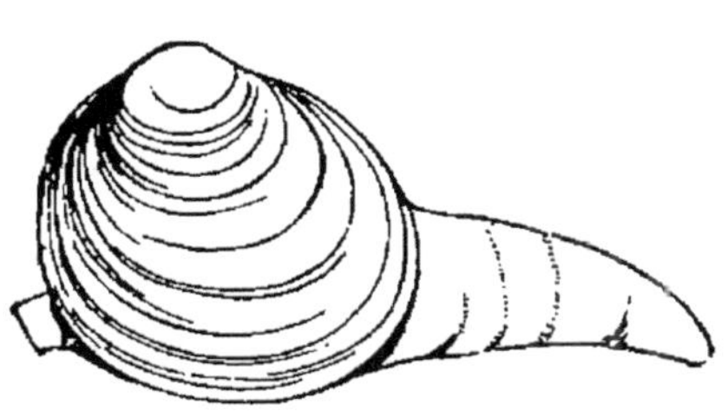

FIG. 182. — *Cyclas rivicola.*

La coquille atteint au plus 1 centimètre ; les valves

sont minces, transparentes, incolores. Au repos, on voit sortir deux siphons extrêmement nets et un pied remarquable par sa longueur, pied au moyen duquel la Cyclade se déplace avec une rapidité relativement remarquable. Elle abonde au milieu des plantes aquatiques, et particulièrement des algues vertes. Les embryons se logent dans les branchies de la mère.

Dreissène. — Les DREISSÈNES peuvent être comparées à des moules, dont le côté qui possède la charnière aurait été aplati. Leur couleur est jaunâtre ou brune, marbrée de violet ou de vert, suivant les localités. On la trouve sur les quais des grandes rivières fixée, le long des parois, par une série de fils chitineux, résistants que l'on désigne sous le nom de *byssus*.

Aux renseignements que nous avons donnés sur la Dreissena (page 99) nous ajouterons les suivants empruntés à E. von Martens, au sujet de ses migrations.

« A l'égard des Invertébrés, dit–il, la distinction des espèces est d'une date en général si récente qu'on ne peut encore parler d'aucun changement historique dans leurs lieux d'apparition. Une des rares exceptions à cette règle est due à la *Dreissena polymorpha*, non seulement en raison de ce que les naturalistes la connaissent depuis longtemps, mais encore parce qu'elle constitue dans l'Europe presque entière la seule espèce du genre et que son aspect la différencie au premier coup d'œil de tous les autres genres de coquilles d'eau douce.

« La connaissance des espèces les plus frappantes de coquilles d'eau douce de l'Allemagne ne date, à peu d'exceptions près, que de la seconde moitié du siècle passé : elle remonte à Martini (1768) et à Schröter (1769) ; les espèces danoises ont été étudiées par O.-F. Müller en 1774 ; celles de Suède, par Linné, de 1746 à 1766, celles du nord de la France, par Geoffroy, en 1767 ; et celles de l'Angleterre, en 1768, par Lister, qui les a distinguées au point de vue spécifique.

« Aucun de ces auteurs n'a observé les Dreissènes, ce qui indique qu'elles n'existaient point dans les régions explorées par eux ; cette conclusion ne se soutiendrait point, naturellement, s'il s'agissait ici d'espèces petites et difficiles à trouver ou à discerner : mais elle est tout à fait admissible lorsqu'il s'agit de ces coquilles qu'on rencontre en masse dans le Havel, dans le Tegelsee, etc., et qu'on trouve installées auprès du bord, sur des pierres et sur d'autres mollusques, ou échouées sur la rive. Tous les naturalistes du siècle passé ne les connaissent, d'après les récits de Gallas, que comme propres au sud de la Russie. La publication la plus ancienne qui signale une nouvelle apparition de ces coquilles date de l'année 1825, où C.-E. de Bär rapporte qu'elles se trouvent en masses innombrables, dans le golfe de Courlande ainsi que dans les grands cours d'eau, à une distance de plusieurs milles de la mer, pelotonnées contre les pierres et notamment contre les autres coquillages, et fixées ainsi par leur byssus.

« A la même époque, l'espèce en question fut observée tout à coup dans le Havel, non loin de Postdam et dans les lacs avoisinants, en quantités considérables. Tous les souvenirs personnels et les documents imprimés que j'ai pu recueillir à ce sujet à Berlin sont d'accord pour signaler cette même époque. Quelques années plus tard, vers 1735, l'espèce devint gênante à l'île des Paons, auprès de Postdam, en se fixant, par bancs, le long des pieux plongés dans l'eau. Depuis lors elle est demeurée en immenses quantités, dans le Havel et dans le Tegelsee, et dans ces derniers temps elle s'est montrée encore dans la Sprée, dans le voisinage immédiat de Berlin. L'apparition de cette espèce dans le Danube peut être poursuivie d'une manière sûre jusqu'en 1824; mais on ne peut établir sa présence dans ce fleuve à une époque antérieure. Jusqu'à présent elle a pénétré, en remontant le courant, depuis le Havel qui appartient au bassin de l'Elbe jusqu'à Magdebourg et à Halle. On l'a vue, en 1826, pour la première fois, à l'embouchure du Rhin ; aujourd'hui ce bassin lui appartient jusqu'à Huningue et Heidelberg. De la Hollande elle a pénétré dans la France septentrionale jusqu'à Paris et, dans ces derniers temps, elle a émigré du bassin de la Seine dans celui de la Loire. Enfin, on la connaît en Angleterre depuis 1824 ; elle a apparu d'abord dans les docks de Londres ; aujourd'hui elle habite déjà divers cours d'eau de l'Angleterre et de l'Écosse.

« Bien qu'on ne puisse accorder une confiance absolue aux chiffres indiqués relativement à la première apparition des Dreissènes dans les bassins de l'Europe centrale, la découverte simultanée de ces coquillages dans les principaux bassins de l'Allemagne et de l'Angleterre est fort significative. Dans le bassin du Rhin, elle s'avance évidemment à partir de l'embouchure en remontant le courant ; dans le bassin de l'Elbe, elle a pénétré par l'est, en suivant le Havel, et ces données fournissent déjà des indices pour s'expliquer comment s'est faite cette extension et d'où elle provient. Probablement, cette migration n'a rien de spontané, rien de volontaire ; l'espèce a été sans doute entraînée par les navires et les radeaux auxquels les coquillages se sont fixés, et les routes qu'elle a suivies sont les voies navigables, rivières ou canaux, que parcourt l'humanité. Les canaux, notamment, lui permettent de passer d'un bassin à l'autre. On a objecté à cette hypothèse la présence de ces Dreissènes dans des lacs isolés qui ne sont reliés aux cours d'eau par aucune voie navigable, comme dans le Mecklembourg, dans la Poméranie et dans la Turquie; pour l'Albanie cette objection peut être d'un certain poids ; elle a moins de valeur en ce qui concerne les régions de la Baltique, car elle montre simplement ici que, par exception, cette extension est possible à petites distances, par le fait d'autres moyens. En somme, la règle est que, dans les régions de la Baltique et de la mer du Nord, cette espèce se trouve seulement dans les eaux navigables. Quant à l'entraînement à travers la mer, vers l'embouchure du Rhin et vers l'Angleterre, un transport au milieu des bois de construction des navires me semblerait plus vraisemblable qu'un transport à la surface extérieure des bateaux au travers de l'eau de mer. Au milieu d'un amas volumineux de ces Mollusques qui se maintiennent humides entre eux, quelques individus peuvent certainement vivre plusieurs jours hors de l'eau ; ils peuvent dans ces conditions subsister plus longtemps que dans l'eau de mer qui est funeste en général à tous les coquillages d'eau douce. Dans la Baltique, l'espèce ne vit qu'à l'intérieur du golfe, on ne la trouve pas au dehors. Dans le bassin de l'Oder, je l'ai rencontrée sur l'île Wollin, uniquement du côté du golfe, et non du côté de la mer ; auprès de Swinemünde, j'ai vu des Dreissènes isolées sur le côté intérieur du quai, en compagnie des *Paludina impura* et des *Lymnœus ovatus* qui sont de vrais Gastéropodes d'eau douce ; mais je n'en ai plus vu sur le côté extérieur où l'on ne trouvait plus d'ailleurs, en fait de Gastéropodes d'eau douce, que des *Neritina fluviatilis*.

« Ainsi, il semble admissible que ces Dreissènes soient venues, non de la Baltique même, mais des contrées riveraines de la Baltique, jusque vers l'Allemagne et vers l'Angleterre. Il résulte, de toutes les recherches relatives à leur provenance, qu'elles sont parvenues en moins de dix ans, par les voies hydrauliques naturelles et artificielles, depuis le sud de la Russie jusque dans les provinces baltiques, et de là jusqu'au Havel, en suivant également les canaux intérieurs. Malheureusement on ne peut encore résoudre la question de savoir si la Dreissène doit être considérée aussi dans le bassin de la mer Noire, comme une espèce qui a immigré, à une époque historique et avec son type actuel. »

Gastéropodes. — Les Gastéropodes, mollusques à une coquille unique, turbinée, que nous pourrons étudier dans l'aquarium, se rapportent à deux types principaux : les uns, les *Prosobranches*, possèdent des branchies et peuvent par suite passer constamment leur existence sous l'eau ; les autres, les *Pulmonés*, ne possèdent qu'un poumon et ne peuvent respirer que dans l'air.

Paludine. — Les Prosobranches sont surtout représentés par le genre PALUDINA. La *Paludina vivipara* (fig. 183) : la plus grande espèce peut atteindre 3 à 4 centimètres ; sa coquille jaune verdâtre est parcourue par des lignes brunes parallèles aux tours de spire. Quand elle se promène, on aperçoit une tête molle, aplatie, portant deux tentacules. Au-dessus de la tête, on peut voir une cavité ; c'est la cavité palléale où se trouvent les branchies. La Paludine rampe sur une lame musculaire, le pied ; on remarque sur la partie supérieure et postérieure de celui-ci un organe résistant, aplati, parcouru par des spires : c'est l'*opercule*. Quand on excite l'animal, il se contracte, et rentre dans la coquille, de telle façon que l'opercule vient boucher complètement l'orifice de cette dernière : l'animal devient ainsi invisible. La Paludine met au monde des jeunes tout vivants ; c'est de là que vient son nom de *vivipare*.

Les Pulmonés sont beaucoup plus communs. On pourra en mettre quelques-uns dans l'aquarium commun. Ils dévorent les plantes : ils ont le grand inconvénient de salir l'eau très rapidement avec leur déjections. Ils ont aussi une tendance à sortir constamment de l'aquarium.

Lymnée. — La LYMNÉE DES ÉTANGS *(Lymnœa stagnalis)* (fig. 184) est connue de tout le monde. Sa coquille, mince, turbinée, se termine en pointe. Quand elle se promène sur les herbes aquatiques, on distingue, comme chez la Paludine, un pied et une tête, mais il n'y a pas d'opercule. En outre, à la place de la cavité

Fig. 183. — Paludine vivipare.

Fig. 184. — Lymnée des étangs.

branchiale, on aperçoit un grand orifice circulaire, le *pneumostome* qui conduit dans le poumon. Quand la Lymnée veut respirer, elle se rapproche de la surface et met son pneumostome au contact de l'air. Quand elle a suffisamment absorbé d'air, elle redescend et se promène de nouveau dans l'eau. Les mouvements d'ondulation du pied pendant la reptation sont curieux à examiner. Généralement le déplacement s'effectue sur les plantes ou sur les parois de l'aquarium ; mais où il devient encore plus singulier, c'est quand il s'opère à la surface de l'eau, l'animal étend la tête en bas, comme s'il prenait une surface d'appui dans l'air.

« On peut aisément, dit Johnston, par un jour d'été, voir des Lymnées errer ainsi à la surface des étangs, en décrivant de légères ondulations ou en demeurant renversées. Tandis qu'on contemple ces êtres ainsi disposés, ils changent soudain leur attitude et tombent rapidement jusqu'au fond, d'où ils remontent à la surface, habituellement, en grimpant sur quelque objet montant. Parfois cependant, j'en ai vu s'élever en ligne droite à travers l'eau; je ne m'explique le fait qu'en leur supposant la faculté de comprimer l'air dans leur cavité pulmonaire lors qu'ils veulent s'enfoncer, et de la laisser se dilater de façon à rendre leur corps plus léger lorsqu'ils veulent remonter. »

L'explication de la reptation à la surface de l'eau est plus difficile.

« On distingue, ajoute le même observateur, le long du pied, des mouvements d'ondulation insignifiants, qui ne sauraient entrer ici en ligne de compte. On peut attacher plus d'importance aux cils vibratiles qui revêtent le pied; mais on n'explique pas ainsi comment l'animal, en train de glisser, peut s'arrêter brusquement. Le point le plus difficile à résoudre et tout à fait inexpliqué jusqu'ici consiste dans l'adhérence même de l'animal à la surface de niveau. On dirait vraiment que la colonne d'air exerce sur ces corps une attraction, et qu'au moment où l'animal s'enfonce il se produit une sorte d'arrachement. Néanmoins, il m'a semblé que, pendant qu'il glisse le long de la surface, le pied s'excave légèrement, ainsi que le creux de la main, de telle sorte que l'animal flotterait comme un

Fig. 185. — Coquilles diverses de Lymnées. De gauche à droite : en haut, *L. glabra*, *L. palustris*, *L. stagnalis* ; en bas, *L. truncatula*, *L. peregra*, *L. limosa*, *L. auricularia*, *L. Monnardi*.

bateau. Son poids spécifique n'étant que peu supérieur à 1, il suffit d'une concavité minime, pour qu'ils se maintiennent juste au niveau de l'eau ; des contractions insensibles du bord du pied aplanissent cette concavité, et l'animal sombre soudain ; telle serait, à mon avis, l'explication la plus simple et la plus satisfaisante. »

Les Lymnées, comme tous les autres Pulmonés, dépo-

FIG. 186. — Planorbe corné.

sent, le long des parois de l'aquarium ou sur les plantes aquatiques, de petites masses gélatineuses, transparentes : ce sont des pontes ; au microscope, elles montrent des œufs arrondis, contenant déjà de petites coquilles ou seulement des embryons, qui, chose curieuse, tournent constamment sur eux-mêmes d'un mouvement lent et continu.

Les espèces de *Lymnœa* sont fort nombreuses ; nous représentons les coquilles des plus communes (fig. 185).

Planorbes et Vitrines. — L'histoire des Planorbes est la même que celle des Lymnées. Le corps est complètement noir et les tours de spires se font dans un même plan (fig. 186).

Enfin les Vitrines (fig. 187) et autres Pulmonés

Fig. 187. — Succinée amphibie et Vitrine fasciée.

analogues ne sont pas à proprement parler des animaux aquatiques ; ils vivent presque toujours sur les feuilles aériennes des plantes aquatiques ; quand on les met dans l'eau, ils ne tardent pas à en sortir.

CHAPITRE XVIII

LES POISSONS

Difficulté de l'élevage. — L'éternel Poisson rouge. — Cyprin doré. — Rapide description extérieure. — Nageoires. — Ligne latérale. — Introduction en Europe — Livrée. — Influence de la domestication. — Variétés chinoises. — Variété Paon. — Variété Télescope. — Retour au type. — Influence de la température. — Nourriture. — Pas trop n'en faut. — Autres poissons exotiques. — Macropode de Chine. — Construction d'un radeau. — Ponte. — Soins paternels. — Colise arc-en-ciel. — Autre radeau. — Poissons indigènes. — Epinoche aiguillonnée. — Dans l'aquarium. — Coloration des Epinoches. — Colère. — Armes de défense. — Combats. — Audace. — Nid. — Construction. — Parure de noce. — Sollicitude paternelle. — Courage. — Epinochette piquante. — Nid fixé. — Tanche. — Mimétisme. — Loches. — Baromètre vivant. — Curieuse respiration intestinale. — Carpe. — Régénération des membres. — Reproduction artificielle. — Transformation des œufs.

Tous les Poissons peuvent s'élever dans un aquarium, mais il n'en est qu'un petit nombre qui s'élèvent facilement. On peut dire cependant qu'ils vivent avec d'autant plus de facilité que le récipient qui les contient est plus grand, que l'eau est plus souvent renouvelée, que la nourriture est plus abondante et que les poissons sont plus petits : les poissons sont des animaux fort délicats, ayant des exigences multiples et variées : chaque espèce a ses habitudes avec lesquelles il faut être en parfaite connaissance pour pouvoir l'élever. Il serait trop long de passer ici en revue tous les poissons que l'on rencontre dans les eaux douces ; ce travail de bénédictin, d'ailleurs, serait d'un intérêt médiocre pour le but seulement scientifique que nous poursuivons ici. Aussi bien les conditions d'existence de chaque espèce sont encore à déterminer, de même que les mœurs de beaucoup de poissons sont encore inconnues : il y a là tout un champ d'études des plus attrayants que nous conseillons vivement à nos lecteurs d'entreprendre. En Russie, l'élevage des Poissons en aquarium est une véritable passion ; il n'y a pour ainsi dire pas une maison qui ne possède un ou plusieurs de ces appareils, les uns grands, les autres petits; mais là, ce qu'on cherche surtout, c'est le plaisir des yeux. Chez nous, il en est de même, avec cette différence qu'on se contente de regarder l'éternel *Cyprin doré* qui tourne dans son bocal comme un cheval de cirque dans un hippodrome. Et cependant que de choses intéressantes y a-t-il encore à trouver chez nos Poissons d'eau douce, même le Poisson rouge, dont les Chinois ont créé mille variétés ! Quelles sont leurs mœurs, leurs amours, leurs combats, leur reproduction, leurs instincts, etc. ? Toutes questions à étudier.

Pour nous borner, nous parlerons seulement de quelques Poissons, pris parmi les plus intéressants, tels que le Cyprin doré, l'Epinoche, l'Epinochette, etc.

Poisson rouge. — Le CYPRIN DORÉ *(Cyprinus auratus,* fig. 188) est connu de tout le monde.

Nous attirons l'attention sur la forme du corps que l'on rencontre chez tous les poissons et qui est éminemment bien construite pour permettre à l'animal de fendre l'eau. Les nageoires peuvent se ranger dans deux groupes principaux : ce sont d'abord les *nageoires impaires*, au nombre de trois, la *nageoire dorsale*, la *nageoire caudale* et, sur le ventre, la *nayeoire anale ;* ce sont ensuite les nageoires paires, les vrais membres de l'animal, ceux qui correspondent à nos bras et à nos jambes : la première paire est située tout à fait sur les côtés du corps, près de la tête ; ce

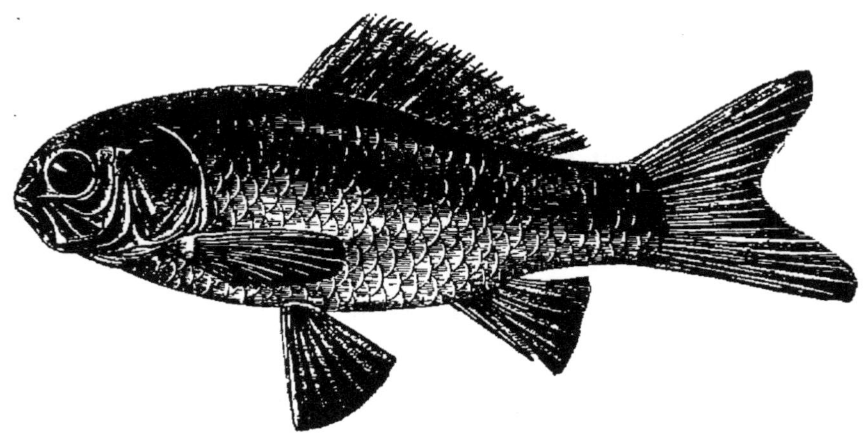

FIG. 188. — Cyprin doré (Poisson rouge).

sont les *nageoires pectorales*, les autres sont situées plus en arrière et plus ventralement, ce sont les *nageoires ventrales*. La tête est pourvue latéralement de deux gros yeux, dont la fixité donne à l'animal l'aspect stupide. En arrière de ces derniers, on voit deux sortes de clapets mobiles qui laissent une fente en arrière : ce sont les *opercules*. En les écartant légèrement, on aperçoit ce que le vulgaire appelle les *ouïes*, et qui ne sont autre chose que les branchies. Entre les branchies, il y a des fentes qui conduisent directement dans la bouche. Par les mouvements continuels des opercules, l'eau pénètre par la bouche, va baigner les branchies et ressort par l'orifice des ouïes. Tout le corps est recouvert d'écailles imbriquées les unes sur les autres comme les tuiles d'un toit, et de telle façon que leur bord libre est dirigé en arrière, disposition qui, évidemment, a pour but de faciliter la progression dans l'eau. A droite et à gauche sur les flancs, on remarque une ligne qui, partant de la tête, s'infléchit un peu et aboutit enfin à la queue : c'est la *ligne latérale*. Elle est produite par une série de trous percés chacun dans une écaille de la ligne. On a étudié ce qu'il y avait au-dessous de ces orifices ; on a reconnu que c'était des organes des sens : on n'a actuellement que des notions très vagues sur les fonctions de la ligne latérale ; on pense qu'elle sert à l'animal pour se diriger dans l'eau.

Le Cyprin doré est originaire de la Chine. On l'a importé en France, sous le règne de Louis XV. Le directeur de la Compagnie des Indes auquel ils furent envoyés en fit hommage à Mme du Barry. Actuellement le Cyprin s'est développé en Europe dans des proportions considérables ; non seulement il vit fort bien dans les aquariums, mais encore il s'est si bien acclimaté chez nous qu'il est commun dans presque tous les cours d'eau. Mais ici nous avons à faire une constatation bien intéressante au point de vue de la « plasticité » des espèces. Le Cyprin, domestiqué dans les aquariums, a la belle couleur rouge dorée que tout le monde a admirée, tandis que celui qui vit à l'état sauvage, a une teinte beaucoup plus terne, verdâtre, mordorée, rappelant celle de la carpe. Mais si l'on prend cette variété plébéienne et qu'on l'élève en captivité, au bout d'un petit nombre de générations, elle reprend sa livrée écarlate, digne d'un grand seigneur. En Chine, il en est probablement de même et il semble légitime de regarder la couleur rouge comme une conséquence de la domestication.

Dans le Céleste-Empire, on a créé une multitude de variétés des plus curieuses, dont certaines sont parfois importées en Europe. Nous ignorons les procédés que les Chinois mettent en œuvre pour fabriquer ces variétés, mais il est très probable qu'ils sont identiques à ceux qu'emploient les éleveurs pour nos animaux domestiques ; il serait fort intéressant de créer chez nous des variétés semblables.

Voici ce que M. Léon Vaillant[1] a dit de ces variétés :

« Ils (les Chinois) en ont d'abord changé la couleur ; ceci s'obtient facilement, et le poisson, dit *rouge*, dans nos aquariums pour une même ponte, est tantôt blanc, tantôt noir, avec toutes les panachures qui peuvent se rencontrer.

« Mais les habitants du Céleste-Empire l'ont modifié de façons plus profondes. Ainsi, cette longue nageoire qui court le long du dos, on est parvenu à la supprimer. On a changé la forme générale ; au lieu d'être allongé, on en a fait un animal raccourci, globuleux. Enfin, on est arrivé à modifier les nageoires terminales, de telle sorte que cette queue de poisson, que tout le monde connaît comme une lame verticale, a été dédoublée,

---

[1] L. Vaillant, *Revue des Sciences naturelles appliquées*, 1892.

formant un panache en toit à la partie postérieure du corps (var. *Paon*, fig. 189). Les Chinois distinguent de nombreuses variétés. Dans un traité publié en 1780, par Martinet et Sabatier, ouvrage inachevé, dans lequel se trouvent de magnifiques figures, ces auteurs n'en ont pas représenté moins de soixante-six, ayant chacune un nom particulier, qui fait allusion soit à la forme, soit à la couleur, soit aux mœurs. Ces variétés, il est vrai, sont du même ordre que celles admises par les horticulteurs pour les Tulipes, les Roses, etc.; nombre de ces poissons portent des noms distincts parce qu'ils offrent une panachure particulière. Cependant il y a, dans certains cas, des modifications très profondes, tel est l'animal offrant, avec la disposition si singulière de la queue en panache, l'œil sorti de l'orbite; c'est ce qu'on peut regarder comme modification extrême; cette forme a reçu de Lacépède, le nom de Poisson gros yeux (var. *Téléscope*, fig. 190). Au Muséum d'Histoire naturelle, nous avons aussi reçu, par les soins de M. Beauvais, un certain nombre de ces poissons recueillis à Sumatra. Ils avaient bien cette forme globuleuse, les yeux sortis de l'orbite et la queue en panache; on a pu avoir des pontes avec une grande facilité dans nos aquariums à plusieurs reprises, et il a été donné d'observer là un fait qui a son importance au point de vue scientifique. Les petits sont loin de ressembler tous à leurs parents. Dès la première génération, au moins moitié des produits offrent déjà une forme très voisine de celle du Poisson rouge ordinaire; chez eux, le corps n'est pas allongé et la nageoire postérieure n'est pas divisée. Dans la seconde moitié, on en trouve encore un certain nombre qui ne présentent pas toutes les anomalies, toutes les perfections, si l'on veut, puisque, pour les éleveurs, ce sont des animaux perfectionnés. Nous devons, de ce fait, tirer la conclusion que ces êtres manifestent déjà la tendance de retourner à leur type original dès qu'ils sont abandonnés à eux-mêmes, ten-

Fig. 189. — Cyprin doré. Variété Paon.

Fig. 190. — Cyprin doré. Variété Téléscope.

dance que nous retrouvons dans tous les animaux auxquels l'homme est parvenu à imposer quelque modification anormale. Nous voyons là un retour à la forme primitive, ce qui peut être invoqué comme preuve de la fixité de l'espèce, laquelle cherche invinciblement à reproduire ce qu'elle doit être à l'état neutre. »

Les Cyprins se reproduisent facilement, soit dans les

aquariums un peu grands, soit dans les étangs, soit dans les rivières, mais la condition essentielle est que les eaux ne soient pas trop froides.

Ils sont assez voraces et mangent un peu tout ce qu'on leur donne, plantes, mie de pain, etc. Mais ils préfèrent de beaucoup les larves de Chironome, les Vers rouges dont nous avons parlé. C'est un spectacle assez amusant de voir plusieurs Cyprins se disputer un même Ver. Les Cyprins ne sont pas très farouches; ils s'apprivoisent facilement au point de venir chercher eux-mêmes le Ver à la main qui le leur présente.

Quand on élèvera des Cyprins dans des étangs ou dans des bassins, il faudra veiller à ce qu'ils ne prennent pas une trop grande extension, car ils font périr les autres poissons de nos eaux douces. Témoin l'histoire suivante, d'après M. L. Vaillant. « Dans la grande île de Madagascar, ceci menace de devenir un véritable fléau. Il y a environ une vingtaine d'années, on fit présent à la reine Rhanavalo, de Poissons rouges, dont pendant quelque temps elle se fit une distraction. Toutefois, la lassitude vint et elle ordonna de verser ces animaux dans un des bassins du jardin attenant au palais. Les Poissons rouges, puisqu'ils avaient de la chaleur, y trouvèrent des conditions particulièrement favorables; aussi ne tardèrent-ils pas à s'y multiplier au delà de toute espérance. Dans ces pays tropicaux, les pluies excessivement abondantes et fréquentes font souvent déborder ces bassins qui se déversent alors dans les rivières; aussi les Poissons rouges ne tardèrent-ils pas à franchir les bornes de l'enclos dans lequel ils étaient primitivement placés, pour se répandre dans les cours d'eau du pays, et il se passa, mais sur une beaucoup plus grande échelle, la propagation étant plus rapide, ce qui se passe dans les étangs, ils se mirent à manger le frai de tous les poissons d'eau douce. »

Macropode. — A côté du Cyprin, poisson exotique, définitivement introduit en Europe, il faut en citer un autre, le MACROPODE DE CHINE *(Macropus viridi-auratus)*, qui, par les soins de Carbonnier, est devenu chez nous un animal domestique, se reproduisant très facilement dans nos aquariums: cependant, pour qu'il vive bien il faut que l'eau ne descende pas au-dessous de 20 degrés. Au moment de la reproduction, le mâle se transforme complètement et prend ce qu'on appelle une *parure de noce,* qui consiste surtout en un allongement considérable des nageoires impaires et en une modification de la teinte qui devient bleu verdâtre avec des bandes brunâtres.

Ce qu'il y a de particulier chez le Macropode, c'est la manière dont il protège ses œufs. Le mâle fait émerger sa tête à la surface de l'eau et ingurgite une bulle d'air qui se revêt d'une couche mucilagineuse. Ceci fait, il plonge et lâche sa bulle qui remonte à la surface et y demeure sans éclater. Il recommence le même manège nombre de fois ; finalement, sur la surface de l'eau repose un radeau à aspect écumeux. Quand le nid est achevé, le mâle va chercher la femelle, l'amène au-dessous du radeau et la sollicite à pondre. Celle-ci ne se fait pas trop prier : les œufs étant plus légers que l'eau remontent et se placent d'eux-mêmes sous le radeau. S'il en est qui s'égarent, le mâle va les chercher avec sa bouche et les ramène en lieu sûr. Quand la ponte est achevée, la femelle s'en va et ne s'en occupe plus. Le mâle, au contraire, met un peu d'ordre à l'arrangement des œufs et veille sur eux avec une grande sollicitude jusqu'à leur éclosion : dès lors, il abandonne sa progéniture à elle-même.

Colise. — Le COLISE ARC-EN-CIEL, poisson chinois introduit aussi en France par Carbonnier, agit différemment. Il tresse un radeau sur la vase. Quand cet édifice est terminé, le Colise vient chercher des bulles d'air qu'il introduit au-dessous du radeau; les bulles soulèvent ce dernier petit à petit et l'amènent jusqu'à la surface où il prend une forme de cloche : c'est, on le voit, un mode de construction qui rappelle de très près celui de l'Argyronète.

Mais, c'est assez parlé des poissons exotiques, « cultivés » en France. Passons aux poissons indigènes.

Épinoche. — Tout aussi intéressant, en effet, sinon plus, est le poisson si commun, appelé ÉPINOCHE AIGUILLONNÉE *(Gasterosteus aculeatus)* (fig. 191).

En France, l'Épinoche est fort commune, on pourrait presque dire qu'il n'y a pas un petit ruisseau, qu'il n'y a pas un étang où l'on n'en puisse trouver. Avec un troubleau on pêche très facilement ces petits poissons.

Quand on les met dans l'aquarium, ils entrent dans une grande colère, nageant dans tous les sens, et vont se cogner si fort aux parois que certains en périssent; puis le calme se rétablit lentement et ils finissent par vivre comme si de rien n'était. Mais, il ne faut pas les

exciter, car ils sont d'une irritabilité sans pareille ; la
colère se manifeste, un peu comme pour nous, par des
changements de couleur. « Les diverses passions, dit
Brehm, exercent une grande influence sur la coloration
des Épinoches. La colère du vainqueur transforme la
couleur vert argenté de son corps en teintes les plus
vives ; le ventre et la mâchoire inférieure deviennent d'un
rouge vif, le dos passe du jaune rougeâtre au vert clair ;

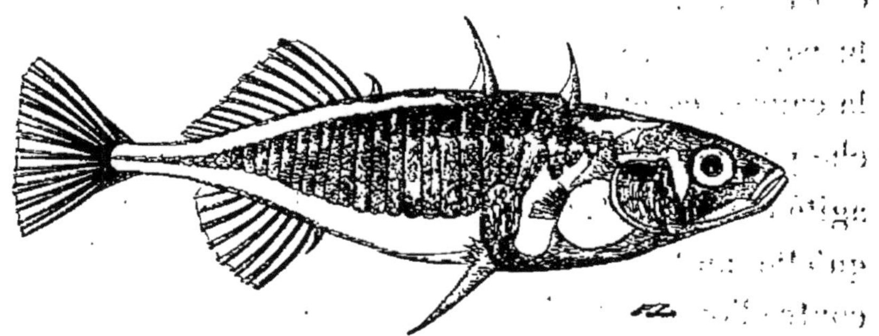

Fig. 191. — Épinoche aiguillonnée.

l'œil luit d'un vert d'émeraude, cette coloration ne
dure parfois qu'un instant, et, le vainqueur est-il vaincu
à son tour, il pâlit de suite, tandis que l'adversaire, de
gris, de terne qu'il était, revêt immédiatement la brillante parure de triomphateur. Evers a fait à ce sujet de
nombreuses et curieuses observations, et rien qu'en
voyant la coloration de ses petits hôtes, il pouvait savoir
quels étaient, pour ainsi dire, les sentiments qui les
faisaient agir. Tout mâle qui s'était emparé de la place
qui lui convenait était paré des plus brillantes couleurs;
ceux qui aspiraient à prendre cette place, de gré ou de
force, étaient également parés ; si, brusquement, une
Épinoche, soit un mâle, soit une femelle, devenait d'un

rouge rosé, on pouvait affirmer qu'elle se préparait au combat ; si la coloration disparaissait soudain, il était certain que l'animal avait échoué dans son entreprise, et que, tout honteux de sa défaite, il redevenait humble, ainsi que cela convient à un vaincu. Lorsqu'un animal paré de toutes ses couleurs était brusquement placé dans un autre bassin, la parure disparaissait de suite et ne revenait pas tant que la bête était au repos. Parfois, cependant les Épinoches isolées ainsi se coloraient brusquement, sans qu'on pût bien exactement en savoir la cause ; essentiellement irritable et despote, l'Épinoche prenait feu et se mettait en colère contre un roseau agité par le vent, contre un grain de sable ou un caillou qu'elle ne trouvait sans doute pas bien placé, parfois contre l'ombre de l'observateur. »

Ce qui caractérise surtout les Épinoches, c'est qu'une partie de leur nageoire dorsale et leurs nageoires ventrales sont remplacées par des épines, des aiguillons aigus et très mobiles (fig. 192) ; au repos, ils sont presque invisibles, appliqués qu'ils sont contre la peau. Mais vient-on à effrayer l'animal, les épines se redressent avec un air menaçant pour blesser leur ennemi. Confiantes sans doute dans ces armes défensives, les Épinoches sont très batailleuses ;

Fig. 192. — Épines de l'Épinoche aiguillonnée (très grossies).

ces combats souvent homériques peuvent être observés facilement dans les aquariums.

Ils sont aussi très voraces, vivant d'insectes, de mollusques et même d'autres poissons. On a vu une Épinoche qui, en cinq heures, avait dévoré 75 Vandoises, petits poissons de nos eaux douces.

« Quelquefois, raconte plaisamment Jonathan Franklin, un petit fier-à-bras prend la résolution insolente de persécuter un des membres de la communauté, quinze à vingt fois plus gros que lui, par exemple une carpe douce, désarmée, inoffensive. J'ai été témoin oculaire d'un engagement dans ce genre-là. Une Carpe se tenait immobile à mi-eau, à peine une légère ondulation se faisait remarquer dans une de ses nageoires. Elle semblait rêver. Tout à coup une Épinoche, les épines dressées et armée d'une vivacité de coup d'œil dont on croirait difficilement ces petites créatures susceptibles, se précipite avec la rapidité de l'éclair, donne un choc à la nageoire de la Carpe, et bat en retraite. La Carpe désapprouvant cette manière de saluer le monde, se meut et va chercher un autre lieu de repos ; mais, hélas! elle ne trouve pas ce que cherchait Dante : la paix. Son persécuteur n'est point d'humeur à se laisser si vite déconcerter dans ses plans; il renouvelle ses attaques. C'est maintenant à la queue de l'animal qu'il en veut. La pauvre Carpe ne cherche point à user de représailles; cette patience, néanmoins, ne touche point le cœur de son ennemi. Sa jolie queue et ses nageoires, hier si coquettes (je parle de la Carpe), pendent maintenant en lambeaux. »

Les Épinoches nagent généralement tout près de la surface de l'eau et souvent en bande : quand elles rencontrent un ennemi, elles unissent leurs efforts.

Mais ce qu'il y a de plus remarquable dans l'Épinoche, c'est son ingéniosité à fabriquer un nid. Nous prendrons comme exemple le nid de l'ÉPINOCHE A QUEUE LISSE, très commune aux environs de Paris *(Gasterosteus leiurus)* (fig. 193).

Pour pouvoir assister aux différentes phases de la reproduction des Épinoches, il est nécessaire de mettre un certain nombre de ces animaux, mâles et femelles, dans un aquarium assez grand, dans lequel on aura garni le fond d'une couche assez épaisse de vase et dont l'eau contiendra un certain nombre de plantes aquatiques. Ici, comme chez tant de poissons, c'est le mâle seul qui s'occupe de la progéniture. Il va chercher des fragments de plantes aquatiques, des algues, des conferves et vient les étaler à la surface de la vase. Il entre-croise les brins dans tous les sens et se frotte contre eux en sécrétant un mucus qui les agglutine entre eux et les colle à la vase. Bientôt sur celle-ci repose un épais tapis vert qui, bien que solidement fixé, tend, grâce à sa densité, à remonter. L'Épinoche le sait bien ; aussi va-t-elle récolter avec sa bouche des petits cailloux qu'elle dépose sur le tapis de verdure. De nouveau, elle construit un tapis vert et le fixe de la même façon. Quand cette première ébauche est suffisamment solide, l'Épinoche, agissant toujours de la même façon, en exhausse les bords petit à petit de manière à former finalement une sphère creuse présen-

FIG. 193. — Épinoche à queue lisse et son nid.

tant deux orifices, l'un circulaire très net, l'autre plus irrégulier.

Pendant tout le temps de cette intéressante opération, on a pu assister à des changements de teintes non moins remarquables. L'Épinoche, qui naguère encore était d'une couleur verdâtre assez terne, s'est revêtu d'une brillante livrée : le dos devient d'un beau vert émeraude, l'œil devient plus vif, l'abdomen et les joues deviennent du plus beau rouge vermeil. Dans tout l'éclat de son corps, il cherche, parmi les Épinoches femelles de son voisinage, une épouse digne de lui. Quand il a fait son choix, il s'en rapproche, tourne autour d'elle, lui fait mille gracieusetés. La femelle, finalement touchée de tant d'amabilité, condescend à pénétrer dans le nid : elle entre par l'orifice circulaire et ressort par l'orifice irrégulier; au moment où elle traverse la cavité du nid, elle dépose ses œufs. Ceci fait, elle s'éloigne et ne s'occupe plus de sa progéniture. Le mâle cependant veille, il rétablit de son mieux le désarroi causé par la femelle, bouche complètement l'orifice irrégulier et se place tout près de l'orifice d'entrée qu'il ne va plus dès lors quitter de quelque temps. On le voit ainsi immobile, gardant son nid avec un soin jaloux et en faisant manœuvrer constamment ses nageoires pectorales. Ce mouvement continu est destiné à n'en pas douter, à créer dans l'eau des courants qui renouvellent sans cesse le liquide en contact avec les œufs. De temps à autre, il fait pénétrer sa tête dans le nid pour voir si tout est bien en ordre et ressort pour faire le guet à la porte. Et, je vous prie de le croire, ce n'est pas là une sinécure, car le nid est l'objet de la convoitise des autres Épinoches et des autres poissons. Il n'est pas jusqu'à la femelle elle-même qui, mère dénaturée, ne cherche à pénétrer dans le nid pour en dévorer les œufs. Dans la défense de son nid, le mâle se montre d'une audace et d'un courage à toute épreuve.

« Le mâle, dit L. Vaillant, lorsque les ennemis ne sont pas très nombreux, n'hésite pas à aller à leur rencontre et les attaque avec une énergie extraordinaire. Certains observateurs, Coste en particulier, prétendent qu'il peut faire preuve, dans d'autres cas, d'une intelligence surprenante pour écarter les ennemis, si leur trop grand nombre l'effraie, car, ayant crainte de ne pas être assez fort pour les vaincre, il a recours à la ruse. Il s'écarterait du nid, se précipitant à la recherche d'une proie imaginaire : les autres poissons le voyant aussi affairé et s'imaginant qu'il doit y avoir là quelque bon morceau à prendre, abandonnent le nid de l'ingénieux Épinoche pour le suivre. Il parviendrait, par ce stratagème, à éloigner le déprédateur. Cette garde si active ne dure pas moins de quinze à vingt jours, pendant lesquels le mâle s'occupe d'une manière constante à soigner les œufs, à les protéger de toute espèce de manière. »

C'est bien pis quand on transporte un nid et son mâle dans un autre aquarium peuplé déjà d'Épinoches. Evers raconte qu'il vit, dans ces conditions, ces dernières se précipiter avec une impétuosité sans exemple sur le nid dont elles arrachèrent les brindilles et sur le mâle qu'elles tentèrent de mettre à mort et qui se défendit avec l'énergie du désespoir. Evers tenta alors de soustraire une partie des œufs à la voracité de ces furies.

« Ce que nous vîmes alors, raconte-t-il, ne serait pas cru si nous ne l'avions absolument vu. A peine avais-je retiré le bâton à l'aide duquel j'avais découvert une partie du nid, que deux ou trois femelles se précipitèrent vers le nid pour en dévorer les œufs, mais avant qu'elles pussent y parvenir le mâle s'était élancé prompt comme l'éclair, avait repris de suite son ancien rôle de héros, et, par d'adroits mouvements en zigzag, les aiguillons dressés et menaçants, la gueule largement ouverte, repoussait les femelles terrifiées ; c'était une chasse furieuse, des combats incessants, des tournoiements rapides comme le vent ; bientôt le mâle effraya tellement'des femelles que, timides, elles se réfugièrent dans le coin le plus reculé de l'aquarium ; elles pâlirent toutes alors, tandis que le vainqueur se revêtit de la pourpre la plus brillante. Le mâle se mit en devoir de restaurer la maison ; les brins d'herbe furent de nouveau remis en ordre et l'édifice ne tarda pas à être reconstruit dans son état primitif. »

Ce récit n'est-il pas aussi palpitant que celui du combat des Horaces et des Curiaces ? Quand les jeunes sont éclos, ils veulent sortir du nid, comme les jeunes oiseaux, mais le mâle les force à réintégrer le domicile paternel. Ce n'est que quand ils sont suffisamment armés pour la lutte pour l'existence qu'il leur donne la clef des champs, si l'on peut employer cette métaphore « aérienne ».

Épinochette. — L'ÉPINOCHETTE PIQUANTE *(Gasterosteus pungitius)* (fig. 194) est moins commune que l'Épinoche. Elle en diffère surtout en ce que son dos est garni tout du long d'épines disposées un peu à la manière des dents d'un peigne. Au lieu de construire son nid dans la vase, elle l'attache à niveau à des plantes aquatiques (fig. 195). Pendant la construction,

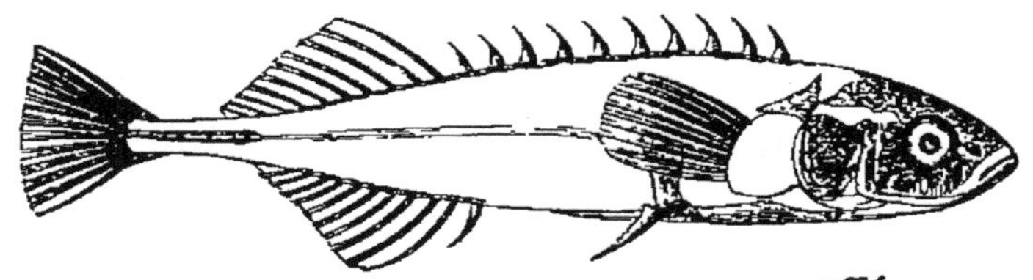

FIG. 194. — Épinochette piquante.

on remarque une manœuvre des plus singulières ; quand le nid est près d'être achevé, l'Épinochette y pénètre et se met à tourner rapidement sur elle-même autour de son axe longitudinal : il est probable qu'en agissant ainsi, les épines du dos jouent le rôle de carde et régularisent par ce fait les brindilles qui tapissent la cavité intérieure destinée à recevoir les œufs.

Nous avons développé l'histoire des Épinoches pour montrer que, chez les poissons, même parmi les plus vulgaires, on peut trouver, des faits curieux et inté-ressants : le nombre des poissons d'eau douce [1] est fort grand. Le lecteur pourra faire lui-même des observa-tions. Nous indiquerons ici quelques expériences faciles.

[1] Émile Blanchard, *Les Poissons des eaux douces de la France.* Paris, 1880. — Brehm, *Les Poissons.* Édition française par E. Sauvage. Paris, 1889. — Cuvier et Valenciennes, *Histoire naturelle des Poissons.* Paris, 1829-1846.

FIG. 195. — Épinochette piquante et son nid.

Tanche. — Certains poissons possèdent la propriété de modifier la couleur de leur tégument, de manière à la faire concorder avec celle du milieu où ils se trouvent : c'est un cas de *mimétisme* [1].

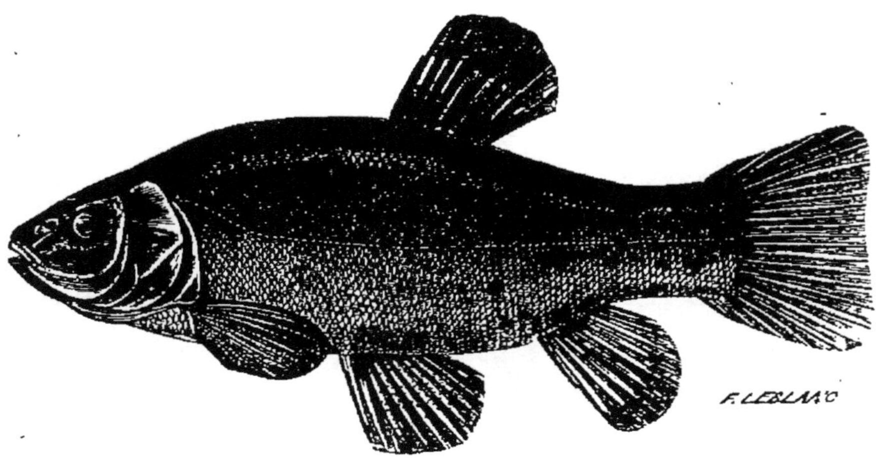

Fig. 196. — La Tanche.

Dans nos eaux douces, on pourra le constater chez la TANCHE (fig. 196). On prend trois vases plein d'eau : on met dans le premier des herbes vertes ; dans le second, de la poudre de charbon, et dans le troisième, de la craie blanche. Dans chacun d'eux on place une Tanche et au bout de trois heures, on retire les poissons de leur élément. On peut alors contempler un spectacle des plus curieux. La Tanche du premier vase a pris une belle teinte vert bronzé qui la dissimule dans les herbes. Chez la Tanche du second vase, le tégument est devenu très foncé. Enfin la troisième Tanche est devenue incolore, au point que l'on aperçoit la couleur du sang

[1] H. Coupin, Le Mimétisme (*Revue Encyclopédique*, 2e année).

et des muscles au travers la peau. L'expérience réussit bien surtout avec des jeunes poissons.

Loches. — Les LOCHES (fig. 197) se conservent très facilement dans les aquariums. Elles nous présentent deux faits tout à fait particuliers : c'est d'une part d'être sensibles aux changements barométriques et d'autre part de pouvoir respirer l'air en nature.

« La Loche franche, dit E. Blanchard, est le petit poisson que des amateurs se plaisent à entretenir dans des bocaux de cristal, pour le plaisir d'épier ses mouvements gracieux et agiles, de voir son corps si bien tacheté, si agréablement moucheté, si finement pointillé, miroitant de reflets dorés lorsque la lumière joue à sa surface, ou encore de posséder un baromètre vivant. Dans l'opinion populaire, la Loche est très habile à marquer le changement de l'atmosphère. Elle monte en effet, vers la surface de l'eau si l'orage se fait sentir. La cause de cette manœuvre, ignorée de beaucoup de personnes, est simple et témoigne, de la part du petit animal, d'un curieux instinct, peut-être d'une lueur d'intelligence. Dans les temps chauds et orageux, les insectes ailés volent, on le sait, en rasant la surface des étangs et des rivières ; le petit poisson se tenant à fleur d'eau, se trouve alors admirablement placé pour les happer au passage. C'est du reste un instinct qui existe chez beaucoup d'espèces. »

En temps ordinaire, dans l'aquarium, la Loche se rapproche de la surface de l'eau en sortant son museau hors du liquide. Dans cette position, elle avale une certaine quantité d'air, que, par la compression de son

Fıg. 197. — La Loche franche, la Loche d'étang, la Loche de rivière.

opercule, elle fait pénétrer dans le tube digestif. En même temps, de l'anus sortent avec un petit sifflement des bulles d'un gaz qui a été reconnu pour être de l'acide carbonique. Ainsi la Loche respire l'air dissous avec ses branchies, tandis qu'elle peut en même temps respirer par son tube digestif jouant le rôle de poumon. On peut supprimer l'une ou l'autre des respirations sans nuire à l'animal.

« Un *Cobitis* (Loche), dit P. Regnard, est placé dans un appareil traversé par un courant d'eau aérée, et disposé de telle façon que l'animal peut avaler à volonté le gaz qui est au-dessus de l'eau, pour l'expulser d'autre part dans un tube gradué. Le gaz qui surnage étant de l'hydrogène pur, l'animal peut vivre dans ces conditions, sans inconvénient, comme lorsqu'il est maintenu sous l'eau aérée.

« Nous avons observé de plus ce fait intéressant : c'est que le poisson semble en quelque sorte avoir conscience de l'inutilité, dans ce cas, de sa respiration intestinale, et au lieu de rejeter par l'anus 8 centimètres cubes de gaz par heure, comme il le ferait en avalant l'air ordinaire, il n'expulse plus qu'un centimètre cube d'hydrogène environ dans le même temps. Si on remplace l'atmosphère d'hydrogène par une atmosphère d'oxygène, les autres conditions restant les mêmes, on voit que la quantité de ce gaz rendue par l'anus est également diminuée et varie entre 5 et 6 centimètres cubes à l'heure. Dans le premier cas, l'atmosphère étant inerte, l'animal, pour suppléer à la respiration intestinale suspendue, augmente le nombre des mouvements respiratoires des ouïes ; dans le deuxième cas, les deux modes respiratoires se ralentissent simultanément, l'oxygène pénétrant dans le sang par la muqueuse intestinale en quantité plus considérable. »

Carpe. — Chez la CARPE COMMUNE (fig. 198), on pourra constater un fait curieux de regénération. Avec des ciseaux, on coupe toutes les nageoires, tant les paires que les impaires : au bout de six mois, elles sont complètement repoussées. Pendant tout le temps de cette restauration, l'animal demeure vertical, la tête en bas.

Reproduction artificielle. — Enfin, avec la PERCHE, le GARDON, la CARPE (fig. 198), le GOUJON, la TANCHE, le CYPRIN DORÉ, on pourra facilement effectuer la reproduction artificielle, reproduction qui, faite en grand, a une importance si considérable au point de vue pratique et industriel [1].

On reconnaît que le moment est venu d'effectuer l'opération, quand la femelle a les flancs distendus et qu'en opérant une légère pression sur son corps les œufs tendent à s'écouler. Le mâle est également à point, quand, en le comprimant, il laisse écouler une liqueur blanchâtre, la laitance. On met alors dans un cristallisoir de l'eau de 14 à 16 degrés (Perches) ou de 16 à 20 degrés (Carpes et Tanches). On fait d'autre part des petits bouquets de bruyère, de plantes aquatiques ou des brindilles de toutes sortes. Trois person-

---

[1] Voyez A. Gobin, *La Pisciculture en eaux douces.* Paris, 1889 *(Bibl. des connaissances utiles).*

nes sont dès lors nécessaires pour opérer simultanément.

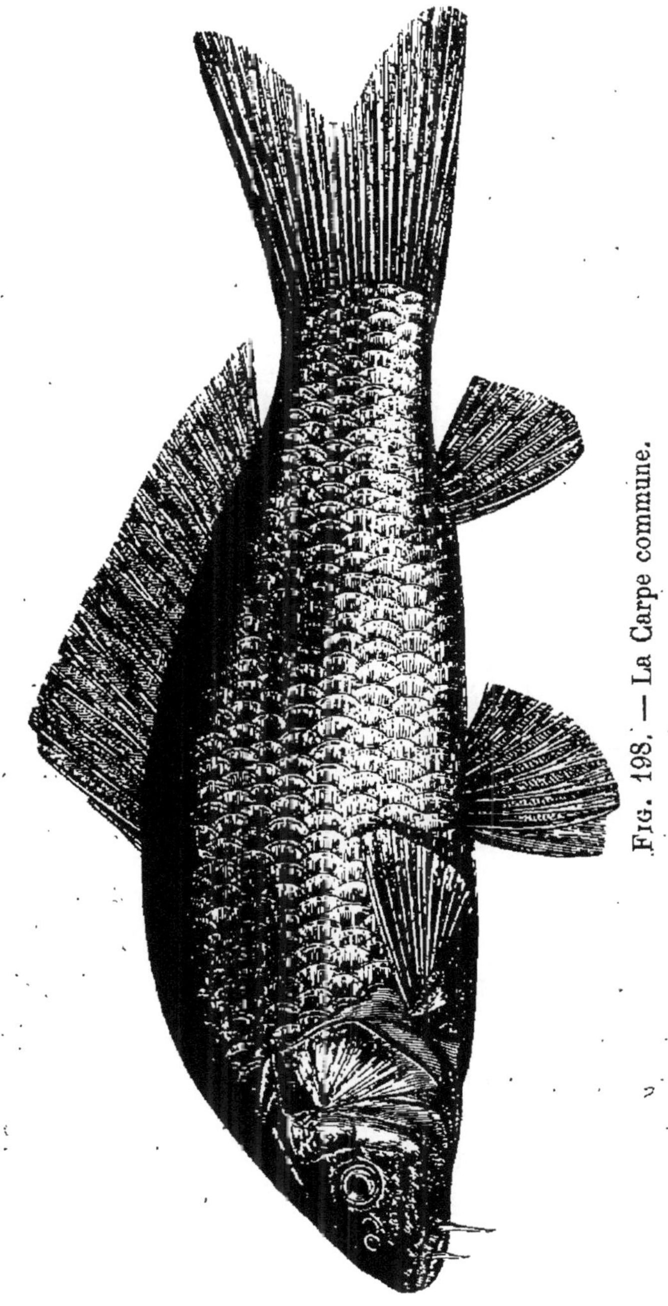

FIG. 198. — La Carpe commune.

L'un prend dans l'aquarium une femelle, la comprime et fait écouler les œufs dans le cristallisoir (fig. 199).

La deuxième personne agit de même avec le mâle, dont

FIG. 199. — Ponte artificielle.

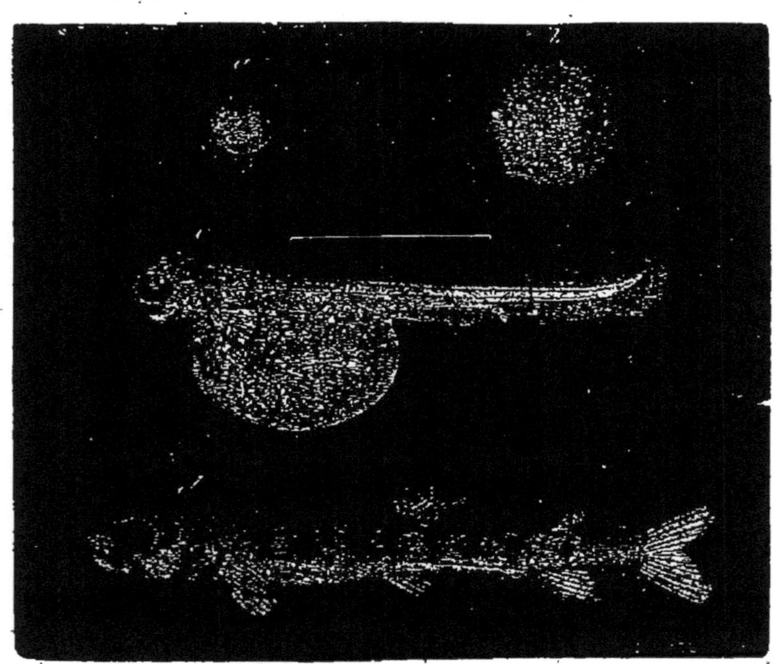

FIG. 200. — Alevin de Saumon.

elle extrait la laitance qui coule dans le même récipient.
Enfin la troisième personne, armée du petit balai,

remue le tout : les œufs s'accrochent aux brindilles, et, ayant subi l'action de la laitance, sont prêts à se développer. On laisse le tout dans l'eau que l'on a soin de renouveler fréquemment. On peut ainsi, chaque jour, suivre pas à pas, le développement des œufs et leurs merveilleuses transfonsrmatio en embryon (fig. 200).

CHAPITRE XIX

LES BATRACIENS ET LES REPTILES

Les Grenouilles. — Tableau des espèces françaises. — La chasse. — Dans l'aquarium. — Mouvements respiratoires de la gorge. — Nourriture. — Coassements. — Sacs de renforcement. — Grenouille rousse. — Grenouille agile. — Crapaud accoucheur. — Pelodyte ponctué. — Pelobate brun. — Pelobate cultripède. — Ponte. — Œufs. — Segmentation. — Jeune têtard. — Branchies externes. — Branchies internes. — Apparition des pattes postérieures. — Membres antérieurs. — Perte de la queue. — Crapauds. — Rainettes. — Conservation. — Baromètre vivant. — Changement de couleur. — Nourriture. — Urodèles. — Triton crêté. — Parure de noce. — Voracité. — Mue. — Ponte. — Autres tritons. — Salamandres. — Axolotes. — Historique. — Amblystome. — Reptiles. — Cistude d'Europe. — Ponte.

Les Batraciens, surtout pendant les premières phases de leur développement, constituent un des principaux ornements de l'aquarium et donnent lieu à des observations fort intéressantes.

Les Anoures, c'est-à-dire les Batraciens qui, à l'état adulte, sont dépourvus de queue, sont représentés dans nos eaux douces par les Grenouilles et jusqu'à un certain point par les Rainettes et les Crapauds.

Grenouilles. — Les GRENOUILLES de France sont peu nombreuses ; elles peuvent facilement se distinguer les unes des autres, à l'aide du tableau dichotomique suivant [1].

1. *Tympan distinct.* 2
   Tympan non distinct 6

2. *Doigts palmés.* 3
   Doigts non palmés 5

3. *Une bande noire en travers de la tempe* 4
   Pas de bande noire. . . . . Grenouille verte.

4. *Membre antérieur ramené le long du tronc n'atteignant pas le niveau de l'œil* . . . . Grenouille rousse.
   Membre antérieur ramené le long du tronc dépassant le niveau de l'œil. . . . . Grenouille agile.

5. *Corps très verruqueux.* . . . . Alyte.
   Corps peu verruqueux. . . . . . . Pelodyte ponctué.

6. *Dessus de la tête protégé par un bouclier osseux* . . . 7
   Dessus de la tête non protégé par un bouclier osseux. Ventre rouge avec des taches noires . . . . . . Sonneur.

7. *Ergot de couleur noire.* . . . . . Pelobate cultripède.
   Ergot de couleur jaunâtre. . . . . . . Pelobate brun.

Ces diverses espèces à l'état adulte se comportent par rapport à l'eau de façons fort diverses. On sait en effet que, toutes, elles respirent l'air atmosphérique avec des poumons, mais que certaines d'entre elles vivent dans l'eau et n'en sortent que pour venir respirer. C'est ainsi que la

[1] Brehm, *Les Reptiles et les Batraciens.* Édition française par E. Sauvage, Paris, 1889.

GRENOUILLE VERTE (fig. 201) est très aquatique, elle ne sort de l'eau que pour venir se chauffer au soleil ou bien absorber un peu d'air. D'ailleurs, outre la respiration pulmonaire, les Grenouilles présentent une respiration cutanée parfois très active, et qui ne peut s'effectuer que lorsque la peau est humide, d'où la nécessité de venir se retremper souvent dans l'eau.

On capture difficilement des Grenouilles avec le troubleau, à moins que l'étang n'en contienne beaucoup. Voici un procédé plus fructueux. On se sert d'une ligne de pêche ordinaire, dont on termine le fil non par un hameçon, mais par une simple épingle pliée sur elle-même. On passe dans celle-ci un petit morceau de drap rouge vif ou même un simple pétale de coquelicot. Ceci fait, on tend la ligne, de telle sorte que l'objet coloré soit juste à fleur d'eau. Les Grenouilles paraissent avoir une affection très vive pour le rouge : à peine l'une d'elles a-t-elle aperçu le pétale rutilant qu'elle se lance dessus, le happe avec vivacité... et se trouve prise.

Dans les aquariums, les Grenouilles sont des hôtes assez gênants, surtout parce qu'elles cherchent constamment à s'échapper. Il est préférable d'avoir un aquarium pour elles seules, un bocal de conserves par exemple, mais il sera bon de fermer l'ouverture très solidement, avec une toile ficelée autour du goulot.

Si l'on veut observer la natation, on mettra dans le récipient, beaucoup d'eau, mais à la condition de mettre un objet quelconque, soit un rocher, soit une planchette flottante, soit une petite échelle, qui permettra

Fig. 201. — La Grenouille verte.

aux Grenouilles de venir se reposer et surtout de respirer l'air atmosphérique.

Si on tient seulement à les conserver vivantes, on mettra une petite épaisseur d'eau telle qu'une Grenouille, reposant sur le fond, soit à moitié dans l'air et à moitié dans l'eau. Dans ces conditions, elles pourront respirer; on observera attentivement les mouvements qu'effectue leur gorge, mouvements qui ont pour objet de faire pénétrer l'air dans leur poumon.

On nourrit les Grenouilles avec des Mouches ou toute autre bestiole, mais elles peuvent rester longtemps sans manger. En mettant des Insectes vivants, on verra la Grenouille les attraper en dardant sur eux sa langue, qui, contrairement à la nôtre, s'insère à la partie *antérieure* du maxillaire inférieur. On remarquera aussi en arrière des yeux, deux cercles très nets : ce sont les membranes du tympan, qui, ici, sont à fleur de peau.

On pourra étudier aussi les coassements; on les provoque en saisissant une Grenouille par une des pattes antérieures et en pinçant celle-ci fortement. Chez le mâle, on voit saillir des bords de la bouche, deux gros sacs arrondis, membraneux, deux sortes de petits ballons jouant le rôle de caisses de renforcement.

On reconnaît facilement la femelle du mâle, ce dernier possédant à la base du pouce une verrue volumineuse, surtout au printemps, où elle atteint toute sa taille.

La Grenouille rousse a, à peu de choses près, les mêmes mœurs que la Grenouille verte.

La Grenouille agile est surtout méridionale; elle

est très peu aquatique. Hors le moment de la reproduction, elle préfère se promener dans les prés et les
bois. Le mâle seul coasse au moment des amours ; il
émet alors un bruit rappelant le *rouen, rouen*, produit
par l'air qui s'échappe d'une bouteille vide que l'on
tient sous l'eau pour la remplir.

L'ALYTE ou Crapaud accoucheur (fig. 202) est très

Fig. 202. — L'Alyte ou Crapaud accoucheur.

commun ; sa taille ne dépasse pas 10 centimètres.
C'est le plus terrestre de nos hôtes ; il fera grise mine
dans l'aquarium. Dans la nature, il se promène dans
les vieilles carrières, le long des murailles, dans les
prés. Mais ce qu'il présente de vraiment curieux, c'est
que le mâle porte les œufs attachés à ses pattes postérieures. « Fatio, dit F. Lataste, suppose que le mâle,

chargé de son précieux fardeau, se retire aussitôt sur

Fig. 203. — Le Pélobate cultripède.

le sol, où il attend, dans le jeûne et la retraite, le moment d'aller porter ses œufs à l'eau. Il n'en est rien. Il
continue à sortir tous les soirs de son trou pour faire sa

FIG. 204. — Le Sonneur à ventre de feu.

provision d'humidité et de nourriture. J'en ai vu se promenant ainsi avec des œufs à tous les degrés de développement, et ils n'en paraissaient pas fort gênés. »

Si on les tourmente cependant, ou si on les réduit en captivité, ils s'en débarrassent et les laissent sur le sol pour ne plus les reprendre.

Le PELODYTE PONCTUÉ se reconnaît à sa forme élégante, élancée. Comme la précédente, cette espèce est très peu aquatique, elle ne va à l'eau qu'au moment de la reproduction. Elle attache ses œufs sous forme de grappes aux herbes ou aux branches de bois mort.

Le PELOBATE BRUN va rarement à l'eau ; lorsqu'il s'y rend par hasard, il s'enfonce dans la vase.

Le PELOBATE CULTRIPÈDE (fig. 203) habite les sables du littoral méditerranéen. Comme le Pelobate brun il pond des œufs sous forme de cordons.

Le SONNEUR *(Bombinator)* (fig. 204) est assez commun en France, mais il se conserve difficilement en captivité. Au premier abord, on le prend pour un Crapaud à cause de sa peau rugueuse. Le dos est brun terreux ; le ventre, orangé avec des taches bleues presque noires. Pendant presque tout l'été, il reste à l'eau, à quelque distance du rivage. A l'automne seulement, il va se promener dans les champs. Quand on vient alors à le tracasser, il prend une position des plus comiques, il se renverse sur le dos, creuse son échine, relève ses cuisses et se met les pattes antérieures dans les yeux, comme un enfant coléreux à qui l'on voudrait prendre sa tartine de confiture. Le Sonneur aurait un chant assez doux que l'onomatopée *houhou, houhou,*

houhou, rend assez bien. Au mois d'avril, il pond vingt
à trente pelotes d'œufs. En hiver, même dans les aquariums, il s'enfonce dans la vase et tombe dans un sommeil léthargique.

C'est tout ce que nous dirons des Grenouilles adultes.
quoique leur anatomie et leur physiologie, nous révè-
leraient une multitude de faits curieux et instructifs.

Tétards. — Le point sur lequel nous voulons insister ici est relatif au développement des Grenouilles.

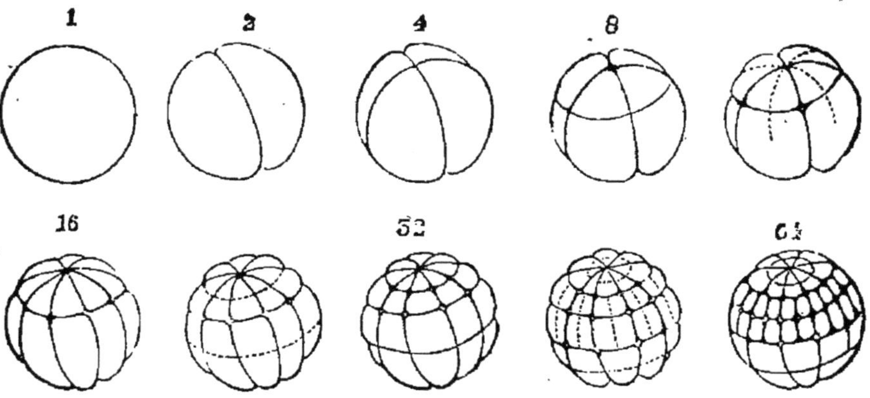

Fig. 205. — Segmentation de l'œuf de la Grenouille. Les numéros
placés au-dessus des figures indiquent le nombre des segments
au stade figuré.

Toutes, qu'elles aient des habitudes terrestres, ou
aquatiques, viennent finalement déposer leurs œufs
dans l'eau. Les œufs, au moment de la ponte, sont entourés par une masse gélatineuse, d'abord peu volumineuse, mais qui, au contact de l'eau, absorbe une
quantité considérable de liquide; il en résulte une
masse gélatineuse, soit irrégulière, soit disposée en
cordons et dont l'ensemble est plusieurs fois aussi gros
que la Grenouille qui l'a déposée.

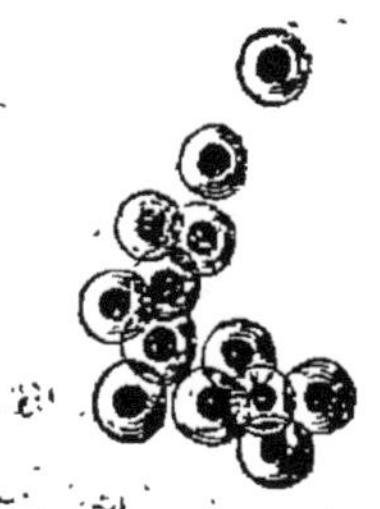

FIG. 206. — Œufs
de Grenouille.
Gr. nat.

FIG. 207. — Œufs,
grossis.

FIG. 208. — Œuf
montrant la larve.

FIG. 209. — Larves immédiatement
après la ponte.

FIG. 210. — Têtard avec
branchies externes.

FIG. 211. — Têtard avec
branchies externes, grossi.

FIG. 212. — Têtards dont
les branchies externes
disparaissent

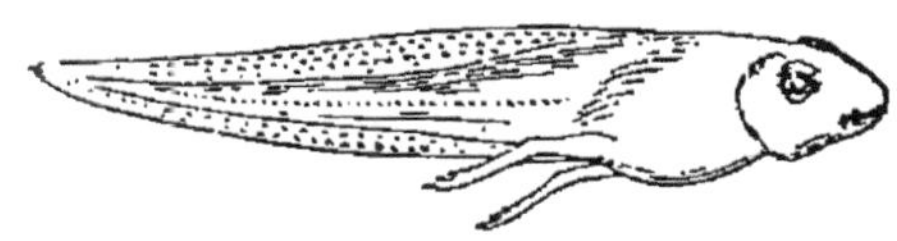

FIG. 213. — Naissance des membres
postérieurs.

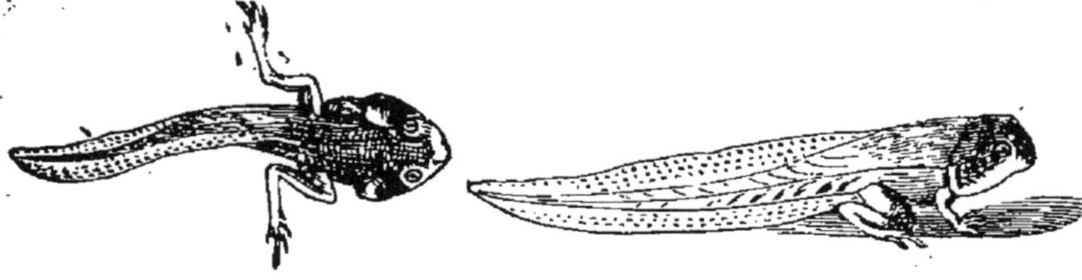

Fig. 214. — Les membres postérieurs se développent beaucoup.

Fig. 215. — Naissance des membres antérieurs.

Fig. 216. — Disparition de la queue.

Fig. 217. — Jeune Grenouille.

Fig. 218. — Vue de profil d'un jeune têtard.

Fig. 219. — Vue par la face ventrale d'un têtard un peu âgé.

Fig. 220. — Têtard plus âgé, dans lequel le repli operculaire a presque entièrement recouvert les branchies.

k, b, Branchies externes ; *m,* bouche ; *n,* sac nasal ; *e,* œil ; *o,* vésicule auditive ; *z,* mandibule cornée ; *s,* ventouses ventrales ; *d,* repli operculaire.

Lorsque l'on examine une de ces pontes si fréquentes dans les mares, on aperçoit une multitude de grains brunâtres, arrondis qui représentent les œufs. Pour voir ce que tout cela devient, on place la masse glaireuse dans un bocal dont on changera l'eau de temps en temps. Chaque jour on pourra noter les modifications qui s'opèrent dans chaque œuf et les métamorphoses nombreuses qu'il éprouve avant de devenir Grenouille ; c'est là un spectacle des plus attachants. Muni d'une forte loupe, on peut suivre pas à pas les différentes phases de la segmentation, phases qui sont représentées par la figure 205. On voit l'œuf se diviser d'abord en deux segments, puis successivement en 4, 8, 16, 32, 64, etc. Mais chaque segment devenant de plus en plus petit, la segmentation devient très confuse.

En attendant un jour ou deux d'ailleurs, on voit que l'œuf s'est transformé en un petit *Têtard* noir, (fig. 208) avec une tête assez volumineuse et une queue effilée. On le voit s'agiter péniblement, puis grossir un peu et enfin se frayer un chemin à travers la masse glaireuse, pour se trouver en définitive, libre dans l'eau. A ce moment, il sera indispensable de mettre dans l'aquarium quelques plantes aquatiques, du cresson par exemple. On voit dans ces conditions les jeunes Têtards aller s'attacher aux tiges et aux feuilles du cresson et y rester presque immobiles (fig. 209). Prenons-en un en particulier et examinons-le à la loupe, il nous montrera trois parties, une tête assez volumineuse, un corps un peu renflé et une queue membraneuse, aplatie latéralement. A la face ventrale de la tête on aperçoit au

centre la bouche, et de chaque côté, deux petites cupules, les ventouses, au moyen desquelles le Tétard s'accroche aux plantes. Enfin, de part et d'autre du cou, il
y a deux panaches fort élégants ; ce sont les *branchies
externes* (fig. 210, 211).

Laissons le Tétard en repos et examinons-le quelque temps après. Les branchies externes disparaissent
peu à peu (fig. 212), mais elles sont remplacées (cela
n'est pas visible à la loupe) par des *branchies internes*,
analogues à celles des Cyprins ou des Carpes. A ce moment le Tétard a notablement grossi : il abandonne sa
situation fixée et se met à nager avec agilité dans l'eau.
On le voit manger avec avidité les fragments de plantes
ou simplement les impuretés de l'eau. Son corps grossit
rapidement et rien n'est joli comme de voir ces futures
Grenouilles nager avec les ondulations de leur queue.
Suivant les espèces et suivant les conditions nutritives,
les Tétards restent plus ou moins longtemps à cet
état.

Quand ils ont atteint une certaine taille, on voit
apparaître à la base de la queue, deux moignons qui
grandissent et se transforment en pattes (fig. 213, 214).
Ce sont les membres postérieurs. Dès ce moment, les
poumons commencent à se développer ; il est nécessaire, si l'on veut ne pas voir les Tétards mourir
asphyxiés, de placer dans l'aquarium des objets quel-
conques qui leur permettront de venir respirer à l'air.

Puis, de la même façon, on voit se développer les
membres antérieurs (fig. 215). La queue est encore
très grande ; elle diminue rapidement et finit par dispa-

raître (fig. 216) ; nous avons dès lors une petite Grenouille (fig. 217).

Crapauds. — Les CRAPAUDS viennent aussi pondre
dans l'eau ; leurs Têtards présentent les mêmes métamorphoses que celles des Grenouilles.

Rainettes. — Les RAINETTES ne sont autres que des
Grenouilles arboricoles dont les doigts sont terminés
par des ventouses.

La *Rainette verte* (fig. 221) se conserve très bien
dans des bocaux dont on ferme l'ouverture avec de la
mousseline, et dont l'intérieur contient une petite couche d'eau et une petite échelle. La couleur verte de ces
jolies Grenouilles est vraiment superbe. Souvent on
les voit plaquées contre les parois du bocal auxquelles
elles tiennent par leurs ventouses,

Beaucoup de personnes élèvent chez elles des Rainettes, en guise de baromètres.

« Les Grenouilles d'arbres ou Rainettes, dit A. Du-
méril, annoncent la pluie par leurs croassements. On
peut donc, comme le fait Rœsel, se faire un hygro-
mètre ou un hygroscope vivant en mettant un de ces
animaux dans un vase où l'on a soin de lui donner de
l'eau et des Insectes pour sa nourriture.

« Un chirurgien de Breslau, ajoute-t-il, a conservé
ainsi une même Rainette pendant sept années consécu-
tives. On a parfois occasion de voir plusieurs de ces
animaux conservés dans le but que j'indique et munis
dans leur prison de verre, d'une petite échelle dont
l'ascension par la Rainette donne lieu de supposer que
le temps restera sec. Son prochain changement nous est

bien souvent annoncé, dans la Ménagerie du Museum ;
par le bruyant coassement de ces animaux à l'approche
de l'orage. »

C'est ici le cas de rappeler les paroles prononcées

Fig. 221. — Rainette verte.

par le maréchal Vaillant devant l'Académie des sciences
à l'époque où y fut discuté le projet d'établir de nombreux postes d'observations météorologiques sur toute
l'étendue du territoire français et sur nos possessions
de l'Afrique septentrionale. Il disait, en insistant sur
la nécessité des observations de ce genre dans notre
colonie, alors même qu'elles n'auraient pas une exacti-

tude scientifique absolue : « La Grenouille du père
Bugeaud, aussi bien que sa casquette, égaye encore
aujourd'hui les bivouacs de nos soldats en Afrique. Ce
grand homme de guerre, qui a tant fait pour l'Algérie,
ense et aratro, consultait sa Rainette avant de mettre
ses troupes en marche pour une expédition. »

Un autre fait intéressant que nous présente la Rainette est la propriété que nous avons déjà constatée
chez la Carpe, de pouvoir changer de couleur et de s'a-
dapter ainsi au milieu dans lequel elle vit. Quand
une Rainette se pose sur une feuille, elle prend une
belle couleur verte. Au contraire, quand elle repose sur
l'écorce d'un arbre, elle prend des reflets bruns ou roux.
Grâce à cette propriété, elle échappe à l'œil le mieux
exercé.

Comme les Grenouilles et les Crapauds, les Rainettes
pondent leurs œufs dans l'eau, sous la forme de petites
masses glaireuses. Quinze jours après la ponte, les
jeunes têtards commencent à sortir ; deux mois après,
ils sont transformés en Rainettes.

« La Nourriture de la Rainette verte, dit Brehm, se
compose d'Insectes, Mouches, petits Coléoptères ; elle
ne recherche que les proies vivantes et en mouvement
et dédaigne les animaux morts. Sa vue perçante et
sans doute aussi son ouïe fort développée l'avertissent
de la présence des Insectes, principalement des Mouches et des Moucherons qu'elles semblent préférer à
tout. Elle observe attentivement ces animaux, s'élance
brusquement sur eux, la gueule toute grande ouverte,
et se sert de sa langue pour les entraîner au fond de

son gosier. C'est vraiment un spectacle fort curieux que de voir la Rainette guetter patiemment une Mouche posée sur quelque feuille, s'approcher doucement, presque invisible grâce à la couleur qui la fait confondre avec le feuillage, puis, arrivée à distance convenable, s'élancer parfois à près d'un pied de distance; il est rare que la Rainette manque sa proie. Gredler et Günther ont observé sur les Rainettes qu'ils nourrissaient avec de grosses Mouches, que ces Batraciens s'aidaient de leurs pattes de devant pour porter leur nourriture à la bouche. »

En captivité, les Rainettes se conservent fort bien ; on les nourrit avec toutes sortes d'Insectes.

« La Rainette [1] s'habitue vite à la captivité, à ce point qu'elle vient chercher sa nourriture entre les doigts de son gardien et qu'elle voit parfaitement si on prend une Mouche pour la lui offrir. »

Brehm rapporte qu'un ami de sa famille avait apprivoisé une Rainette verte à ce point qu'elle connaissait l'heure à laquelle on avait l'habitude de lui donner à manger.

Dans la cloche dans laquelle elle se trouvait, on avait suspendu une petite planchette au moyen de quatre fils ; la Rainette grimpait dessus et se tenait là jusqu'à ce qu'on lui donnât un Ver de farine ou un Insecte. Lorsque la cloche était ouverte, la bête la quittait et se promenait dans la chambre, sautant de ci de là et venait

---

[1] Brehm, *Les Reptiles et les Batraciens*, édition française par E. Sauvage, Paris, 1889.

parfois se poser sur la main de son gardien, attendant sa nourriture, puis, celle-ci obtenue, rentrait d'elle-même dans sa prison.

Glaser a pu observer pendant près de trois ans une Rainette et voir que cet animal faisait preuve d'une sorte d'intelligence.

La bête était absolument habituée à son gardien, et, lorsque celui-ci s'approchait, se mettait en mesure d'avaler l'Insecte qu'on allait lui présenter. Par les jours de beau temps, elle se glissait hors de sa cage, en soulevait le couvercle en papier, se posait sur le rebord du verre et de ce poste semblait explorer tous les environs : parfois elle cherchait à attraper les Mouches qui volaient

Fig. 222. — Triton crêté.

dans son voisinage ou se mettait en chasse à la nuit tombante. Tandis que l'on pouvait facilement la saisir quand elle était dans son vase, elle ne se laissait pas prendre du moment qu'elle se trouvait en liberté.

« On remarqua un matin qu'elle n'était plus dans sa cage ; nulle part dans la chambre on ne put la dénicher ; on supposa qu'elle s'était échappée au dehors en se glissant sous la porte. Le lendemain matin, un des enfants constata que la fugitive était revenue dans sa prison ; la bête était toute noire et l'on sut ainsi où elle avait passé le jour et la nuit. Elle s'était retirée au-dessus du coude du tuyau de poêle et s'était ainsi soustraite à toutes les recherches. Depuis, on vit souvent l'animal suivre la même voie et aller se poster à l'endroit qu'il avait choisi. »

On peut conserver les Rainettes en captivité pendant de longues années ; il faut pour cela leur fournir une abondante nourriture ; en hiver, elles s'engourdissent et tombent dans une sorte de sommeil léthargique.

Tritons. — Les Batraciens que nous venons d'étudier jusqu'ici sont tous dépourvus de queue à l'état adulte : ce sont les *Anoures*. Ceux que nous allons passer maintenant en revue conservent leur appendice caudal toute leur vie : ce sont les *Urodèles*.

De ce nombre sont les Tritons et en particulier le Triton crêté *(Triton cristatus)* (fig. 222), animal très fréquent dans les étangs ou dans les petites lagunes. Sa forme est comparable à celle d'un lézard ; le dos, couvert de verrues nombreuses est généralement noir ou brun. Le ventre, au contraire est d'un beau jaune orangé, avec des taches noires d'un joli effet.

La queue est aplatie latéralement ; le corps est arrondi chez la femelle. Chez le mâle le dos est orné sur la ligne médiane du dos d'une crête déchiquetée, surtout développée au moment de la reproduction.

Dans l'aquarium, le Triton se promène au milieu des herbes, reste au fond de l'aquarium et vient respirer de temps à autre à la surface en nageant d'une manière assez gauche.

Les Tritons doivent être placés dans un aquarium fermé, car ils montrent toujours une tendance à en sortir. Ils sont très carnassiers ; on les nourrit avec

des Vers de terre, des Vers rouges, etc. ; lorsqu'ils
n'ont pas assez à manger ils se dévorent entre eux.

Fig. 223. — Triton Alpestre.

Au printemps, on peut observer la mue : le Triton
se débarrasse de son épiderme en s'aidant de ses pattes

antérieures et la dépouille a la forme d'une très fine
membrane transparente qui affecte les mêmes con-
tours que l'animal. Les œufs sont pondus isolés sur des
feuilles de plantes aquatiques, que le Triton plie avec
ses pattes postérieures. Pendant les treize jours qui
suivent la ponte, on pourra observer les curieux changements qui s'opèrent dans l'œuf. Passé cette époque,

Fig. 224. — Têtard de Triton.

le jeune embryon encore bien incomplet devient libre.
Au moyen des filaments dont sa tête est pourvue sur les
côtés, il s'accroche aux plantes et reste immobile pendant un certain temps. On observe que les pattes d'abord
à l'état de simples moignons se développent de plus en
plus, en même temps que sur les côtés de la tête apparaissent les grands panaches branchiaux, rouges,
extrêmement élégants (fig. 224). Le Triton devient plus
actif, il nage, il mange, il se déplace, puis ses branchies s'atrophient, son corps grandit, ses poumons se
développent et il se transforme en Triton adulte.

Le Triton crêté n'est pas la seule espèce que l'on trouve
en France et que l'on puisse élever dans un aquarium.

Le Triton marbré est encore plus joli : les doigts ne

sont pas palmés, la peau du dos est rugueuse et le ventre
de couleur verdâtre.

Fig. 225. — Salamandre terrestre.

Le TRITON DE BLASIUS est intermédiaire sous le rapport de la couleur entre les deux espèces précédentes, en ce que son ventre est orangé et le reste de son corps vert ; on le rencontre surtout en Bretagne.

Le TRITON ALPESTRE (fig. 223) est brunâtre ; on distingue sur ses flancs deux ou trois rangées de grosses taches noires.

Le TRITON PALMÉ se reconnaît à sa petite taille et ses doigts palmés ; il est très commun en France.

Le TRITON VULGAIRE est lisse, avec des taches noires sous le ventre ; sa couleur varie extrêmement suivant le sexe, l'âge et la localité.

Tous ont les mêmes mœurs.

Salamandres. — Les SALAMANDRES se distinguent facilement des Tritons en ce que leur queue est cylindrique. Ce sont des animaux terrestres et qui, par suite, ne sont pas à l'état adulte des animaux d'aquarium. Mais il n'en est pas de même de leurs Têtards que l'on pourra rencontrer dans les flaques d'eau.

La SALAMANDRE TERRESTRE (fig. 225) pond dans l'eau une centaine d'œufs contenant des Têtards déjà tout formés. A peine au contact du liquide, ceux-ci brisent leur enveloppe et sortent. Les Têtards ont, à leur naissance, environ 30 millimètres de long ; les membres sont très grêles et les branchies en forme de houppe épaisse flottent sur les côtés de la tête. Leur métamorphose s'effectue plus vite dans l'aquarium que dans la nature.

Axolotls. — Les AXOLOTLS (fig. 226) ne se trouvent pas spontanément en France. On en vend cependant

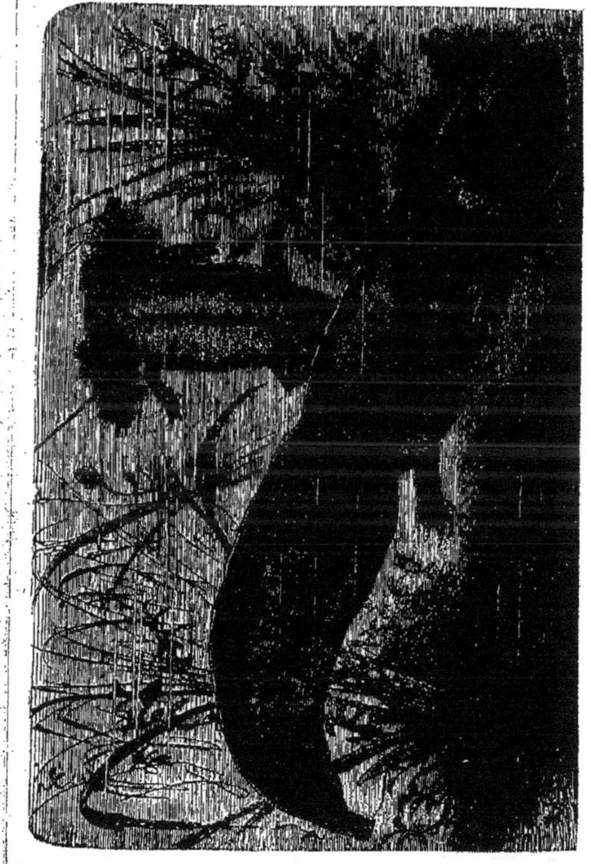

Fig. 226. — L'Axolotl.

dans le commerce ; elles proviennent alors soit du Mexique, soit des États-Unis.

Leur corps est volumineux, très noir et très disgracieux : il ne présente qu'une partie assez élégante, c'est la tête, pourvue latéralement de panaches branchiaux très développés. On peut trouver aussi souvent des Axolotls albinos dont la robe est complètement blanche.

L'Axolot lest une bête historique en raison des discussions auxquelles elle a donné lieu.

En effet, en 1864, le Muséum d'Histoire Naturelle, ayant reçu un certain nombre d'Axolotls les mit dans un aquarium. Au bout d'un an environ, l'une d'elles se mit à pondre des œufs desquels sortirent des axolotls. On sait que tous les autres batraciens ne pondent que lorsqu'ils ont des poumons. Avait-on donc affaire ici à une larve pondeuse, ou à un adulte à respiration aquatique ?

Une observation nouvelle vint confirmer la première manière de voir : une autre axolotl modifia complètement son aspect. La teinte au lieu d'être uniformément noire, se macula de taches jaunes ; la crête médiane qui va du sommet de la tête jusqu'à l'extrémité de la queue s'atrophia et disparut ; l'appendice caudal devient cylindrique, la tête s'élargit ; enfin, les houppes branchiales se flétrirent et semblèrent rentrer dans le corps.

On ne fut pas peu étonné quand l'on vit que l'on avait devant les yeux un animal terrestre que l'on connaissait depuis fort longtemps, l'*Amblystome* (fig. 227) et dont on ne connaissait pas le moins du monde la parenté avec l'Axolotl !

D'après ce que nous avons vu des autres batraciens,

Fig. 227. — L'Amblystome.

il n'y a pas de doute, l'Amblystome est l'animal adulte,

l'Axolotl n'est que la larve ou Têtard. Mais par une exception très curieuse le têtard peut pondre des œufs et donner ainsi naissance à d'autres Têtards semblables à lui. Pour faciliter la métamorphose, il faut mettre les Axolotls dans un aquarium avec très peu d'eau de façon à les forcer à respirer l'air en nature; il faut aussi leur donner une nourriture abondante.

Tortue d'eau. — Les REPTILES sont des animaux essentiellement terrestres : aussi n'est-il pas étonnant que, dans notre aquarium, nous ne puissions étudier qu'une seule espèce, la Tortue d'eau ou CISTUDE D'EUROPE (*Cistudo lutraria*) (fig. 229).

A l'état naturel, on les trouve dans le sud-ouest de la France, dans les eaux courantes, plus souvent dans les marais.

La carapace de la Tortue d'eau se distingue de celle la Tortue de terre en ce qu'elle est aplatie, peu bombée et d'une couleur noire piquetée parfois de petits points jaunes. Sa taille est très variable : les plus petites que l'on trouve facilement chez les marchands de poissons rouges, sont les plus jolies à mettre dans l'aquarium.

Elles nagent assez facilement, mais elles préfèrent rester immobiles au fond de l'aquarium, ou dans la vase. De temps à autre seulement, elles viennent respirer à la surface.

On les nourrit avec de petits morceaux de viande ou des larves d'Insectes. Elles aiment particulièrement les petits poissons et c'est un spectacle amusant que de voir les Cistudes à l'apparence si massive courir sus aux poissons que l'on met dans le même aquarium qu'elles.

Pour observer la ponte, ce qui est assez difficile, il faut disposer de la terre de façon à ce qu'une partie soit dans l'air et l'autre dans l'eau. On voit alors la Tortue

Fig. 228. — La Tortue d'eau ou Cistude d'Europe.

sortir du liquide et creuser dans le sol une excavation conique avec sa queue d'abord et ses pattes postérieures ensuite. Au bout d'une heure, le trou a atteint 10 centimètres de diamètre. Ceci étant fait, on voit un œuf saillir qui aussitôt est délicatement recueilli par une patte et doucement descendu jusqu'au fond du trou. Un second œuf arrive ; il est descendu de même avec l'autre patte. La Cistude pond environ une dizaine d'œufs qui, entourés d'une coque calcaire, ressemblent à des œufs de poule plus petits et plus arrondis : leur longueur est de 4 centimètres ; leur largeur, de 2 centimètres. Ils sont blancs et légèrement tachés de gris. La ponte a lieu au mois de mai. Ce n'est qu'au mois d'avril de l'année suivante que les jeunes Tortues éclosent et se rendent à l'eau comme des petits canards, avec cette différence que l'œil maternel ne les surveille pas : dès leur naissance, ils font connaissance avec ce qui domine tous les êtres vivants, le *Struggle for life.*

FIN

TABLE DES MATIÈRES

FIN DE LA TABLE DES MATIÈRES

Lyon — Imp. Pitrat Aîné, **A. Rey** Successeur, 4, rue Gentil. — 5336

ÉCONOMIE RURALE
AGRICULTURE, HORTICULTURE, VITICULTURE, ÉLEVAGE

CONSTRUCTIONS AGRICOLES
ET ARCHITECTURE RURALE
Par J. BUCHARD
Ingénieur agronome

1 vol. in-18 jésus, de 392 pages, avec 143 figures, cartonné. 4 fr.

Matériaux de construction ; préparation et emploi ; maisons d'habitation ; étables, écuries, bergeries, porcheries, basses-cours, granges, magasins à grains et à fourrages, laiteries, pressoirs, fontaines, abreuvoirs, citernes, pompes hydrauliques agricoles ; drainage ; disposition générale des bâtiments, alignements, mitoyenneté et servitudes ; devis et prix de revient.

LE MATÉRIEL AGRICOLE
MACHINES, INSTRUMENTS, OUTILS EMPLOYÉS DANS LA PETITE ET LA GRANDE CULTURE
Par J. BUCHARD
Ingénieur agronome

1 vol. in-18 jésus, de 384 pages, avec 142 figures, cartonné. 4 fr.

LES ANIMAUX DE LA FERME
Par E. GUYOT
Agronome éleveur

1 vol. in-18 jésus, de 344 pages, avec 146 figures, cartonné. 4 fr.

Anatomie, physiologie et fonctions des animaux domestiques ; utilisation ; valeur économique ; le cheval, le bœuf, le mouton, le porc ; races, alimentation, reproduction, amélioration, maladies, logements ; le chien et le chat ; poules, dindons, pigeons, canards, oies, lapins, abeilles.

GUIDE PRATIQUE DE L'ÉLEVAGE DU CHEVAL
Par L. RÉLIER
Vétérinaire principal au Haras national de Pompadour

1 vol. in-18 jésus, de 388 pages, avec 128 figures, cartonné. 4 fr.

Organisation et fonctions, extérieur (régions, aplombs, proportions, mouvements, allures, âge, robes, signalements, examen du cheval en vente) ; hygiène (différences individelle, agents hygiéniques, maréchalerie) ; reproduction et élevage (art des accouplements).

ENVOI FRANCO CONTRE UN MANDAT SUR LA POSTE.

L'ESSAI COMMERCIAL DES VINS

ET DES VINAIGRES

Par Jules DUJARDIN

1 vol. in-18 jésus, de 350 pages, avec 70 figures, cartonné.   4 fr.

Examen des raisins. — Essai du mout, dosage de l'alcool, de l'extrait sec, des cendres, du sucre, du tanin, de la glycérine, etc. — Recherche du vin de raisins secs, du plâtre, de l'acide salycilique, de la sacharine, des colorants, etc. — Examen microscopique des vins malades. — Analyse et essai des vinaigres.

LE VIN

ET LA PRATIQUE DE LA VINIFICATION

Par Victor CAMBON

Président de la Société de viticulture de Lyon

1 vol. in-18 jésus, de 350 pages, avec 80 figures, cartonné.   4 fr.

Le raisin et le mout. — La fermentation. — Composition et analyse du vin. — Vinifications spéciales. — Maladies du vin. — Altérations et sophistications du vin. — La production du vin dans le monde. — Livraison et transport du vin. — Les effets physiologiques du vin.

LES MALADIES DE LA VIGNE

ET LES MEILLEURS CÉPAGES FRANÇAIS ET AMÉRICAINS

Par J. BEL

1 vol. in-18 jésus, avec 50 figures, cartonné. . . . . 4 fr.

Maladies cryptogamiques de la vigne. — Accidents provoqués par les perturbations atmosphériques. — Maladies causées par les insectes. — Terrains qui conviennent à la vigne. — Les meilleurs cépages français et américains.

L'INDUSTRIE LAITIÈRE

LE LAIT, LE BEURRE ET LE FROMAGE

Par E. FERVILLE

Chimiste-agronome

1 vol. in-18 jésus, de 384 pages, avec 87 figures, cartonné. 4 fr.

Le lait ; essayage ; vente : lait condensé ; le beurre ; la crème ; système Swartz ; écrémeuses centrifuges ; barrattage ; délaitage mécanique ; margarine ; fromages frais et affinés, fromages pressés et cuits ; construction des laiteries ; comptabilité ; enseignements.

ENVOI FRANCO CONTRE UN MANDAT POSTAL

LE PETIT JARDIN
Par D. BOIS
Aide-naturaliste de la chaire de culture au Muséum

1 vol. in-18 jésus, de 352 pages, avec 149 figures, cartonné. 4 fr.

Création et entretien du petit jardin; les instruments; le sol; les engrais; l'eau; la multiplication; les semis; le greffage; le bouturage; la taille des arbres; le jardin d'agrément; le jardin fruitier; le jardin potager; les travaux mois par mois; les maladies des plantes et les animaux nuisibles.

LES PLANTES D'APPARTEMENT
Par D. BOIS

1 vol. in-18 jésus, de 360 pages, avec 150 figures, cartonné. 4 fr.

Les palmiers, les fougères, les orchidées, les plantes aquatiques; les corbeilles et les bouquets; les plantes de fenêtre; le jardin d'hiver; culture en pots; conservation des plantes en hiver; choix des plantes et arbrisseaux d'ornement suivant leur destination, etc.

LES ARBRES FRUITIERS
Par G. BELLAIR
Jardinier en chef des Parcs nationaux et de l'Orangerie de Versailles, Professeur à la Société d'horticulture

1 vol. in-18 jésus, de 360 pages, avec 100 figures, cartonné. 4 fr.

Le matériel et les procédés de cultures; les cultures spéciales; la vigne, le poirier, le pommier, le pêcher, le prunier, le cerisier, etc; restauration des arbres fruitiers; conservation des fruits.

LES ENGRAIS
ET LA FERTILISATION DU SOL
Par Albert LARBALETRIER
Professeur de chimie agricole et industrielle à l'École d'agriculture du Pas-de-Calais.

1 vol. in-18 jéssus, 352 pages avec 74 figures, cart. . . 4 fr.

L'alimentation des plantes. — La terre arable. — Les amendements. — Les engrais végétaux. — Les engrais animaux. — Les engrais mixtes. — Le fumier de ferme. — Les engrais chimiques et leur emploi.

ENVOI FRANCO CONTRE UN MANDAT SUR LA POSTE.

LES INSECTES NUISIBLES
Par Louis MONTILLOT
Membre de la Société entomologique de France.

1 vol. in-18 jésus, 306 p., avec 156 fig., cart. . . . . . 4 fr.

Histoire et législation ; les forêts ; les céréales et la grande culture ; la vigne, le verger et le jardin fruitier ; le potager ; le jardin d'ornement ; la maison.

L'AMATEUR D'INSECTES
CARACTÈRES ET MŒURS DES INSECTES
CHASSE, PRÉPARATION ET CONSERVATION DES COLLECTIONS
Par Louis MONTILLOT

1 vol. in-18 jésus, de 350 pages, avec 100 figures, cart. . 4 fr.

Organisation ; histoire, distribution géographique et classification ; chasse et récolte ; ustensiles, pièges et procédés de capture ; description, mœurs et habitat ; les collections; rangement et conservation.

LA PÊCHE ET LES POISSONS DES EAUX DOUCES
Par Arnould LOCARD

1 vol. in-18 jésus, 352 p., avec 174 fig., cart. . . . . . 4 fr.

Description des poissons ; engins de pêche; lignes, amorces, esches, appâts; pêche à la ligne ; pêches diverses; nasses, filets.

LA PISCICULTURE EN EAUX DOUCES
Par A. GOBIN
Professeur départemental d'agriculture du Jura

1 vol. in-18 jésus, 352 pages, avec 93 figures, cart. . . 4 fr.

Les eaux douces ; les poissons ; reproduction naturelle; procédés de la pisciculture; exploitation des lacs ; eaux saumâtres; acclimatation des poissons de mer en eaux douces et inversement; faunule des poissons d'eau douce de la France.

LA PISCICULTURE EN EAUX SALÉES
Par A. GOBIN

1 vol. in-18 jésus, 352 p., avec 105 fig., cart. . . . . . . 4 fr.

Les eaux salées; les poissons; reproduction naturelle; poissons migrateurs et sédentaires ; étang salés ; réservoirs et viviers ; homards et langoustes, moules et huîtres.